五笔打字速成

张应梅 编著

电子工业出版社
Publishing House of Electronics Industry
北京·BEIJING

内容简介

本书从认识和熟悉键盘操作开始,详细介绍了五笔打字的相关知识,主要内容包括:学习五笔打字前的准备工作、认识汉字输入法、五笔输入法入门基础、汉字的拆分方法、使用五笔输入汉字、简码与词组的输入、98版五笔字型输入法和五笔打字在Word中的应用。

本书注重原理的讲解和技能的提高,语言通俗易懂、内容丰富、结构清晰、操作性强,并且配有超值赠品,不仅适合想学习五笔打字的初学者,也可作为五笔打字培训班和文字录入人员的学习教材。

未经许可,不得以任何方式复制或抄袭本书之部分或全部内容。
版权所有,侵权必究。

图书在版编目(CIP)数据

五笔打字速成 / 张应梅编著. — 北京:电子工业出版社,2017.4
(新电脑课堂)
ISBN 978-7-121-31167-3

Ⅰ. ①五… Ⅱ. ①张… Ⅲ. ①五笔字型输入法－基本知识 Ⅳ. ①TP391.14

中国版本图书馆CIP数据核字(2017)第060538号

策划编辑:牛 勇
责任编辑:石 倩
印　　刷:天津嘉恒印务有限公司
装　　订:天津嘉恒印务有限公司
出版发行:电子工业出版社
　　　　　北京市海淀区万寿路173信箱　邮编:100036
开　　本:880×1230　1/32　　印张:6.5　　字数:262千字
版　　次:2017年4月第1版
印　　次:2021年3月第11次印刷
定　　价:33.80元

凡所购买电子工业出版社图书有缺损问题,请向购买书店调换。若书店售缺,请与本社发行部联系,联系及邮购电话:(010)88254888,88258888。
质量投诉请发邮件至zlts@phei.com.cn,盗版侵权举报请发邮件至dbqq@phei.com.cn。
本书咨询联系方式:010-51260888-819 faq@phei.com.cn。

Foreword
前言

这，是一个星光闪耀的**传奇**：

- 诞生于2002年1月，是一套"元老级"计算机基础类丛书，已上市10多个子系列、200多个图书品种，正版图书累计销量达数百万册……
- 面世以来屡获佳绩，并被无数电脑爱好者与初学者交口称赞与追捧。
- 图书品种覆盖电脑应用多个方面，适合零基础与初级水平读者学习。
- 曾获"全国优秀畅销书"等荣誉。
- 曾独创多种课程结构和学习方法，是图解式教学方法的先行者，内容精彩丰富的多媒体教学视频也一直是亮点之一……

……

这，就是知名计算机基础类丛书品牌——新电脑课堂！今天，新版图书重装上阵，用**更优秀的品质和内容、更贴心的阅读体验**回馈多年来广大电脑爱好者的认可与厚爱！

欢迎走进"新电脑课堂"，您将体验到不一般的学习感受！这个课堂将指引您轻松走入广阔、精彩的电脑世界，畅享科技之趣！

想看书学电脑，图书怎么选？

- 一看图书难易程度和包含的知识是否适合个人需求。
- 二看图书的学习结构是否符合个人的需求、阅读体验是否舒适。
- 三看书中的案例是否实用、精彩，最好能直接借鉴、使用。
- 四看配套资源是否超值，例如视频教程是否直观、生动、易于领会，是否赠送有价值的配套资源。

"新电脑课堂"丛书的特点

- **针对初学，从零起步**：一线教学专家精心编写，知识点选取完全依据初学者的主流需求、学习习惯和接受能力。
- **结构合理，逐步提高**：图书学习结构切合初学者的特点和习惯。通过多种内容栏目的精巧设置，引导读者循序渐进并逐步提高。
- **精选案例，学练结合**：以实用为宗旨，知识点融入应用案例中讲解；图解方式的案例讲解，图文并茂，条理清晰，轻轻松松理解重点和难点。

❖ **赠品超值，内容精彩**：配套资源包含精彩辅助教学视频，还附带其他免费教学视频、电子书等超值赠品！

了解了"新电脑课堂"丛书的特点，相信正在为如何选书而发愁的您，心里已经有了明确的选择。

丛书作者

本套丛书的作者均是多年从事电脑应用教学和科研的专家或学者，有着丰富的教学经验和实践经验，这些作品都是他们多年科研成果和教学经验的结晶。本书主要由张应梅编写，参与本书编写工作的还有：罗亮、孙晓南、谭有彬、贾婷婷、朱维、张应梅、李彤、余婕等。由于作者水平有限，书中疏漏和不足之处在所难免，恳请广大读者及专家不吝赐教。

读者服务

微信扫码回复：31167

- 获取本书配套资源
- 获取各种共享文档、线上直播、技术分享等免费资源
- 加入读者交流群，与更多读者互动
- 获取博文视点学院在线课程、电子书20元代金券

目 录

第1章 学习五笔前的准备工作

1.1 认识键盘分区 /2
- 1.1.1 主键盘区 /2
- 1.1.2 功能键区 /4
- 1.1.3 编辑键控制区 /4
- 1.1.4 数字小键盘区 /5
- 1.1.5 指示灯区 /6

1.2 掌握正确的打字方法 /6
- 1.2.1 什么是基准键位 /6
- 1.2.2 十指的键位分工 /6
- 1.2.3 正确的打字姿势 /7
- 1.2.4 击键要领 /8

1.3 指法练习 /9
- 1.3.1 英文字符输入练习 /9
- 1.3.2 数字和符号输入练习 /11

1.4 课堂练习 /11
1.5 课后答疑 /12

第2章 认识汉字输入法

2.1 初识汉字输入法 /15
- 2.1.1 汉字输入法的分类 /15
- 2.1.2 汉字的基本输入流程 /15

2.2 输入法的设置与切换 /16
- 2.2.1 安装第三方输入法 /16
- 2.2.2 切换输入法 /18
- 2.2.3 认识输入法状态栏 /18
- 2.2.4 添加与删除输入法 /20

2.3 使用搜狗拼音输入法 /22
- 2.3.1 输入特殊字符 /22
- 2.3.2 使用模糊音输入 /22
- 2.3.3 拆分输入 /23
- 2.3.4 使用人名输入方式 /24
- 2.3.5 输入网址 /24

2.4 初步了解五笔字型输入法 /24
- 2.4.1 五笔字型输入法的原理 /24
- 2.4.2 五笔字型输入法的学习流程 /25

2.5 汉字的特殊输入方式 /25
- 2.5.1 手写输入汉字 /25
- 2.5.2 语音输入汉字 /27

2.6 课堂练习 /30
2.7 课后答疑 /30

第3章 五笔输入法入门

3.1 汉字的编码基础 /33
- 3.1.1 汉字的3个层次 /33
- 3.1.2 汉字的5种笔画 /33
- 3.1.3 汉字的3种字型 /34

3.2 五笔字根的区和位 /36
- 3.2.1 认识键盘的区和位 /36
- 3.2.2 使用区位号定位键位 /37

3.3 认识五笔字根 /37

3.3.1　基本字根　/37
　　3.3.2　认识键名字根　/38
　　3.3.3　认识成字字根　/38
3.4　五笔字根速记技巧　/39
　　3.4.1　字根键盘分布图　/39
　　3.4.2　掌握字根分布规律　/39
　　3.4.3　字根助记词　/40
3.5　课堂练习　/45
3.6　课后答疑　/46

第4章　汉字的拆分方法

4.1　字根间的结构关系　/48
　　4.1.1　"单"结构　/48
　　4.1.2　"散"结构　/48
　　4.1.3　"连"结构　/48
　　4.1.4　"交"结构　/49
4.2　汉字的拆分原则　/49
　　4.2.1　"字根存在"原则　/49
　　4.2.2　"书写顺序"原则　/50
　　4.2.3　"取大优先"原则　/50
　　4.2.4　"能散不连"原则　/50
　　4.2.5　"能连不交"原则　/51
　　4.2.6　"兼顾直观"原则　/51
4.3　常用汉字与难拆汉字拆分示例　/52
　　4.3.1　常用汉字拆分　/52
　　4.3.2　难拆汉字拆分解析　/57
4.4　课堂练习　/59
4.5　课后答疑　/60

第5章　使用五笔输入汉字

5.1　键面汉字的输入　/62
　　5.1.1　输入键名汉字　/62
　　5.1.2　输入成字字根　/62
5.2　键外汉字的输入　/63
　　5.2.1　刚好四码汉字的输入　/63
　　5.2.2　超过四码汉字的输入　/64
　　5.2.3　不足四码汉字的输入　/65
5.3　常见偏旁部首的输入　/67
　　5.3.1　单字根偏旁的输入　/67
　　5.3.2　双字根偏旁的输入　/68
5.4　重码和万能键的使用　/68
　　5.4.1　重码的选择　/68
　　5.4.2　万能键的使用　/69
5.5　课堂练习　/70
5.6　课后答疑　/70

第6章　简码和词组的输入

6.1　简码的输入　/73
　　6.1.1　一级简码的输入　/73
　　6.1.2　二级简码的输入　/73
　　6.1.3　三级简码的输入　/75
6.2　词组的输入　/75
　　6.2.1　输入二字词组　/75
　　6.2.2　输入三字词组　/76
　　6.2.3　输入四字词组　/77
　　6.2.4　输入多字词组　/77
　　6.2.5　自定义词组　/78
6.3　课堂练习　/78
6.4　课后答疑　/79

第7章 98版五笔字型输入法

7.1 认识98版五笔字型输入法 /82
  7.1.1 98版与86版的区别 /82
  7.1.2 98版五笔对码元的调整 /82
7.2 98版五笔码元的键位分布 /84
  7.2.1 码元的区和位 /84
  7.2.2 码元的键盘分布 /84
  7.2.3 码元助记词 /85
7.3 输入汉字与词组 /85
  7.3.1 输入键面汉字 /85
  7.3.2 输入键外汉字 /86
  7.3.3 输入简码 /87
  7.3.4 输入词组 /88
  7.3.5 补码码元 /89
7.4 课堂练习 /90
7.5 课后答疑 /90

第8章 五笔打字在Word中的应用

8.1 Word 2016基础操作 /93
  8.1.1 启动与退出Word2016 /93
  8.1.2 新建文档 /94
  8.1.3 保存文档 /95
  8.1.4 打开文档 /96
  8.1.5 关闭文档 /96
8.2 输入与编辑文档 /97
  8.2.1 输入文档内容 /97
  8.2.2 选择文本 /98
  8.2.3 删除文本 /99
  8.2.4 移动与复制文本 /99
  8.2.5 查找与替换文本 /100
  8.2.6 撤销与恢复操作 /102
8.3 美化文档 /103
  8.3.1 设置文本格式 /103
  8.3.2 设置段落格式 /105
  8.3.3 插入图形和艺术字 /107
  8.3.4 插入图片 /108
8.4 打印文档 /109
  8.4.1 页面设置 /109
  8.4.2 打印预览 /110
  8.4.3 打印输出 /110
8.5 课堂练习 /111
8.6 课后答疑 /111

附录A 五笔字根速查表

第 1 章
学习五笔前的准备工作

　　学习五笔打字，当然离不开键盘的使用。本章将对键盘的分区、操作方法等知识进行介绍，学好本章的知识可以为后面的学习奠定坚实的基础。

本章要点：
- ❖ 认识键盘分区
- ❖ 掌握正确的打字方法
- ❖ 指法练习

2 五笔打字速成

1.1 认识键盘分区

> **知识导读**
> 五笔字型输入法将成千上万个汉字按照一定规律分布在键盘的各个键位上，因此，要学习五笔打字，首先应对键盘的结构有所了解。在五笔字型输入法中，通常将键盘分为5个区域，分别是主键盘区、功能键区、编辑键控制区、数字小键盘区和指示灯区。

1.1.1 主键盘区

主键盘区也称打字键区，是使用最频繁的一个区域，主要用于文字、符号及数据等内容的输入。主键盘区是键盘中键位最多的一个区域，由数字键0~9、字母键A~Z和符号键，以及一些特殊控制键组成。

1. 字母键

字母键位于主键盘区的中心，键面上印有大写英文字母，包括从A~Z的26个字母键，按下某个键位，便可输入对应的小写英文字母。

2. 数字与符号键

数字与符号键位于字母键的上方和右方，共计21个，且每个键面上都有上下两种字符，因而又称双字符键。

在数字与符号键的键面上，上面的符号称为上挡字符，下面的符号称为下挡字符，主要包括数字、标点符号、运算符号和其他符号。如果直接按下数字或符号键，会输入相应键的下挡字符，即对应的数字或符号；如果按住"Shift"键的同时再按下数字或符号键，会输入上挡字符。

3. 特殊控制键

特殊控制键主要包括"Tab"键、"Caps Lock"键、"Shift"键、"Ctrl"键、"Windows"键、"Alt"键和空格键等。

- Tab键：称为制表键，每按一次该键，可以使光标向右移动一个制表位。该键多用于文字处理中的格式对齐操作，也可用于文本框间的切换。
- Caps Lock键：称为大写字母锁定键，用于大小写字母输入状态的切换。系统默认状态下，输入的英文字母为小写，按下该键后，可将字母键锁定为大写状态，此时输入的字母为大写字母；再次按下该键可取消大写锁定状态。
- Shift键：称为上挡键，在主键盘区的左下边和右下边各有一个，作用相同。该键用于输入上挡字符，以及大小写字母的临时切换。
- Ctrl键：称为控制键，在主键盘区的左下角和右下角各有一个，通常和其他键组合使用，是一个供发布指令用的特殊控制键。
- Alt键：称为转换键，在主键盘区的左右各有一个，通常与其他键组合使用。
- Windows键：又称"开始"菜单键，位于"Ctrl"键和"Alt"键之间，左右各有一个，该键键面上标有Windows徽标。在Windows操作系统中，按下该键可弹出"开始"菜单。
- 空格键：位于主键盘区的最下方，是键盘上唯一没有标识且最长按键。按下该键时会输入一个空格，同时光标向右移动一个字符。
- 右键菜单键：该键位于右"Ctrl"键的左侧，按下该键后会弹出相应的快捷菜单，其功能相当于单击鼠标右键。
- Enter键：称为"回车键"，位于右"Shift"键的上方，是电脑操作中使用最为频繁的键之一。该键有两个作用，一是确认并执行输入的命令，二是在录入文字时按下该键可实现换行，即光标移至下一行行首。
- BackSpace键：称为退格键，位于"Enter"键的上方，按下该键可删除光标前1个字符或选中的文本。

不同的键盘,其退格键的标志可能会有所不同。有些键盘的退格键键面上印有英文"Backspace"字样,而有些键盘的退格键键面上则印的是箭头"←"标志。

1.1.2 功能键区

功能键区位于主键盘区的上方,由"Esc"键和"F1~F12"键组成,主要用来完成某些特殊的功能。

- ❖ Esc键:称为取消/退出键,其功能是取消输入的指令、退出当前环境或返回原菜单。
- ❖ F1~F12键:在不同的程序或软件中,"F1~F12"键各自的功能有所不同。例如按下"F1"键一般会打开帮助菜单,按下"F5"键会刷新当前窗口,按下"F10"键会激活当前程序的菜单栏。

> **提 示**
> "F1~F12"键还常与其他控制键组合使用,例如使用"Alt+F4"组合键可关闭当前窗口。

1.1.3 编辑键控制区

编辑控制键区位于主键盘区右侧,集合了所有对光标进行操作的键位及一些页面操作功能键,用于在进行文字处理时控制光标的位置。

- ❖ Print Screen SysRq键:称为屏幕拷贝键,按下该键可将当前屏幕内容以图片的形式复制到剪贴板中。

> **提 示**
> 将屏幕内容以图片的形式复制到剪贴板后,可在画图软件、其他图像处理软件或Word等程序中粘贴该图片。

- ❖ Scroll Lock键:称为滚屏锁定键。一些软件会采用相关技术让屏幕自行滚动,按下该键可让屏幕停止滚动,再次按下该键可让屏幕恢复滚动。
- ❖ Pause Break键:称为暂停键,按下该键可使屏幕显示暂停,按"Enter"键后屏幕继续显示。若按下"Ctrl+Pause Break"组合键,可强行中止程序的

运行。

- Insert键：称为插入键。编辑文档时，按下该键可在插入状态与改写状态之间进行切换。

> **技巧**
> 当处于插入状态，输入字符时光标右侧的字符将向右移动一个字符位置；当处于改写状态，输入的字符将覆盖光标后的字符。

- Delete键：称为删除键。在录入文字时，按下该键会删除光标右侧的一个字符。
- Home键：称为行首键。在文字处理软件环境下，按下该键，光标会快速移至当前行的行首。按下"Ctrl+Home"组合键，光标会快速移至整篇文档的首行行首。
- End键：称为行尾键，该键的作用与"Home"键相反，按下该键光标会快速移至当前行的行尾。按下"Ctrl+End"组合键，光标会快速移至整篇文档的最后一行行尾。
- Page Up键：称为向上翻页键。编辑文档时，按下该键可将文档向前翻一页。
- Page Down键：称为向下翻页键，该键的作用与"Page Up"键相反，按下该键可将文档向后翻一页。
- 光标移动键：位于编辑控制键区最下方的4个带箭头的键，分别是↑、↓、→和←。按下光标移动键，光标会按箭头所指的方向移动。

1.1.4 数字小键盘区

数字小键盘区位于编辑控制键区的右边，主要用来输入数字和算术符号，适合银行职员、财会人员等经常接触大量数据信息的专业用户使用。

数字小键盘区中有一个"Num Lock"键，称为数字锁定键，用于控制数字键区上下挡的切换。

默认情况下，按下数字键区中的数字键，即可直接输入相应的数字（此时上挡键位有效），当按下"Num Lock"键时，则表示数字键区处于光标控制状态（此时下挡键位有效），此时无法输入数字。再次按下该键，便可返回到数字状态。

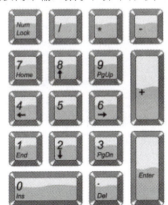

1.1.5 指示灯区

状态指示灯区位于功能键区的右侧,共有3个指示灯,主要用于提示键盘的工作状态。

- ❖ Num Lock指示灯:由数字小键盘区的"Num Lock"键控制,该灯亮时,表示数字小键盘区处于数字输入状态。
- ❖ Caps Lock指示灯:由主键盘区的"Caps Lock"键控制,该灯亮时,表示字母键处于大写状态。
- ❖ Scroll Lock指示灯:由编辑控制键区的"Scroll Lock"键控制,该灯亮时,表示屏幕被锁定。

1.2 掌握正确的打字方法

> **知识导读**
> 对键盘的分区有所了解后,还应掌握双手在键盘上的分工、正确的打字姿势及击键要领等知识。只有掌握这些知识,才能更好、更快地学会五笔输入法。

1.2.1 什么是基准键位

主键盘区是最常用的键区,通过它可以实现各种文字和控制信息的录入。在主键盘区的正中央有8个基准键位,包括"A、S、D、F、J、K、L"和";"。其中,"A、S、D"和"F"键为左手的基准键位,"J、K、L"和";"为右手的基准键位。

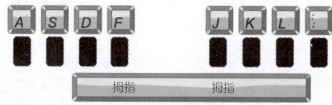

基准键位的正确指法为:开始打字前,先将左手食指轻放在"F"键上,小指、无名指和中指依次放在"A、S"和"D"键上,然后将右手食指轻放在"J"键上,中指、无名指和小指依次放在"K、L"和";"键上,最后将双手的大拇指轻放在空格键上。

> **提 示**
> 基准键位中的"F"键和"J"键键面上各有一个突起的小横杠或小圆点,这是两个定位点。操作者在不看键盘的情况下,可通过凭借手指触觉迅速定位左右手食指,从而寻找到基准键位。

1.2.2 十指的键位分工

手指的键位分工是指手指和键位的搭配,即将键盘上的按键合理地分配给10个手指,让每个手指都有明确的分工,在击键时各司其职。

除了大拇指只负责空格键外,其余8个手指各有一定的活动范围,每个手指负责一定范围的键位，其键盘键位分工介绍如下。

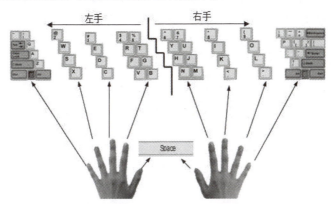

- ❖ 左手小指：1、Q、A、Z及左边的所有键。
- ❖ 左手无名指：2、W、S、X键。
- ❖ 左手中指：3、E、D、C键。
- ❖ 左手食指：4、5、R、T、F、G、V、B键。
- ❖ 右手食指：6、7、Y、U、H、J、N、M键。
- ❖ 右手中指：8、I、K、,键。
- ❖ 右手无名指：9、O、L、.键。
- ❖ 右手小指：0、P、；、/及右边的所有键。

> **提示**
>
> 对于初学者来说，在操作键盘时，应严格按照手指的正确分工操作，每个手指不能越位，否则容易击错键位，从而导致输入错误，打字速度也无法提高。

除了已经分配的8个基准键位外，主键盘区中的其他按键都按照各个手指的自然移动进行合理分配。例如，放置于"F"键上的左手食指，往上移动可敲击"R"键，往下移动可敲击"V"键。

1.2.3 正确的打字姿势

无论是娱乐还是办公，操作键盘时都应该保持正确的坐姿，这样能减轻使用电脑的疲劳，防止长期使用电脑对身体造成的危害，并能提高击键速度和准确性。

掌握正确的键盘操作姿势，要做到以下几点。

- ❖ 人体正对键盘，腰背挺直，双脚自然落地，身体距离键盘20cm左右。
- ❖ 两臂放松自然下垂，两肘轻贴于体侧，与身体保持5~10cm距离，两肘关节接近垂直弯曲，敲打键盘时，手腕与键盘下边框保持1cm左右的距离。
- ❖ 椅子高度适当，眼睛稍向下俯视显示器，应在水平视线以下15°~20°左右，尽量使用标准的电脑桌椅。
- ❖ 将键盘空格键对准身体正中，手指保持弯曲，形成勺状放于键盘的基本键位上，左右手的拇指则轻放在空格键上，然后稳、快、准地击键，力求实现"盲打"，即打字时不看键盘。

- 将文稿稍斜放于电脑桌的左边,使文稿与视线处于平行,打字时眼观文稿,身体不要跟着倾斜。

> **提示**
> 长时间使用电脑,容易使眼睛产生疲劳,对视力造成影响。因此,在使用电脑一段时间后,可以采用远眺、做眼保健操等方式减轻眼睛的压力。

1.2.4 击键要领

对于初学者来说,要熟练操作键盘,提高击键速度,还需要掌握一些必要的击键要领。

下面为大家罗列出一些初学者务必掌握的击键要领,以供读者学习和参考。

1. 字母键的击法

敲击字母键时需要注意以下几点。

- 手腕要平直,手臂保持静止,只有手指部分在运动,切忌让上身其他部位接触到工作台或键盘。
- 手指要保持弯曲,稍微拱起,指尖后的第一关节微呈弧形,分别放在键位的中央。
- 进行输入操作时,将手抬起,只伸出要击键的手指。完成击键动作后,立即收回手指,不要将手指停留在已经击过的键上而不收回。
- 输入过程中动作要敏捷,敲击时不可用力太大。

2. 空格键的击法

空格键的击键方法如下。

- 将左、右手大拇指迅速垂直向上抬1~2cm,然后向下敲击,每击一次输入一个空格。
- 当击"F"键左方的键后,用右手大拇指击空格键;当击"J"键右方的键后,用左手大拇指击空格键。

3. 回车键的击法

初学者应注意,回车键的正确击法为:用右手小指击"Enter"键后立即回到基准键位上,在此过程中,小指要弯曲,以免按到";"键。

> **提示**
> 初学者一定要严格按照正确的手指分工、击键方法进行操作,为提高打字速度奠定良好的基础。此外,还应养成"盲打"的习惯,否则一旦养成错误的习惯就很难纠正了。

1.3 指法练习

> **知识导读**
> 初学者在掌握了十指的键盘分工和正确的击键方法后,还需要进行大量的输入练习,才能熟记各键的位置,实现运指如飞。读者可用记事本或者写字板进行指法练习,以记事本为例,启动方法为:单击"开始"按钮,然后依次单击"所有程序"→"附件"→"写字板"命令。

1.3.1 英文字符输入练习

启动写字板或者记事本程序后,首先按下"Ctrl+空格"组合键将输入法切换至英文输入状态,然后按照由简到繁、由易到难的顺序练习指法,培养手感。只要用户按照顺序反复练习,相信不久就可以达到"运指如飞"的境界。

1. 基准键位练习

在电脑上练习指法时,需要先打开练习软件,如"记事本",然后确认任务栏中的输入法图标为 ![] (英文输入状态),若不是,则按下"Ctrl+空格"组合键切换到英文输入状态。

一切准备就绪之后,请在"记事本"中输入以下字符,培养击键的感觉并熟悉基准键位之间的距离。注意在录入时尽量不看键盘,靠手的感觉去寻找键位。

ffff	jjjj	aaaa	ssss	dddd	kkkk	llll	;;;;
ald;	kasf	jdlf	a;dk	kalf	sjk;	d;al	jsdl
fakj	lafk	js;s	fkdj	aldk	kja	j;sf	ksal
jsll	f;ad	d;lf	fkss	sdlk	fj;a	ls;d	skfa
;ald	skja	ksjl	alkf	d;sd	jfaa	jd;s	kdja

2. G和H键与基准键位的混合练习

"G"键在"F"键的右边,由左手食指进行击键,"H"键在"J"键的左边,由右手食指进行击键。在练习过程中注意按"G"键或"H"键后要立即回到基准键位上,例如在击"G"键时,左手食指向右平移一个键的距离便可击"G"键,击键完成后手指立即回到"F"键上。在"记事本"中输入以下字符,将"G"和"H"键与基准键位进行混合练习。

gggg	hhhh	gghh	hhgg	ggff	hhjj	fghj	aldj
sld;	kfjs	jhaf	gskd	g;sl	lajd	jgak	hskj
jals	hdgk	dlj;	skfj	lajd	ajd;	jhsf	hslg
dl;g	a;k	;kdh	jdag	kfla	;akd	jshs	dksh
kflf	dhgs	jfal	jfha	gajd	hskl	fakd	;adj
hgal	dfla	gksl	hdfk	jg;s	fdkd	kjal	hldj

3. 上下排键位练习

基本键位的上一排字母键称为上排键位。对上排键位进行输入练习时，先将手指放在基准键位上，然后按照手指的键位分工进行相应的击键，击键完成后手指迅速回到相应的基本键位。

例如，在击"W"键时，左手无名指从"S"键出发，向上移动一个键的距离便可击"W"键，击键完成后中指立即回到"S"键上。击"I"键时，右手中指从"K"键出发，向上移动一个键的距离便可击"I"键，击键完成后食指立即回到"K"键上。

按照击键规则，反复在"记事本"中输入以下字符，练习上排键位的操作。

tttt	rrrr	eeee	wwww	qqqq	yyyy	uuuu	iiii
oooo	pppp	oqir	urwp	iqeu	pwiu	rute	oywu
itqi	yowp	ueoq	oiuu	teqo	wiye	eiuq	touq
pruq	iyqe	oroi	yqeo	iwtu	ryei	pque	uwpr
tqpi	ritu	ywoe	ueyq	utyw	ueoq	rwtr	ywpi

基本键位的下一排字母键称为下排键位，练习方法和上排键位的练习方法基本一样。例如，在击"V"键时，左手食指从"F"键出发，向下移动一个键的距离便可击"V"键。

按照击键规则，反复在"记事本"中输入以下字符，练习下排键位的操作。

bbbb	vvvv	cccc	xxxx	zzzz	nnnn	mmmm	vnvn
nbnb	zmcn	xmnv	vmzn	mnzn	bmxb	cmzn	cmnz
xmcz	nvzb	mxnz	czxm	cxmv	xzmn	nxzb	ncbz
nvcz	bnxc	mcnz	vmcz	xnxm	nvcz	xbcz	mxnz
nvzm	vnxc	mnzb	mzmn	xncz	ncnb	xvbm	vznc

4. 大小写指法练习

在没有使用"Caps Lock"键的情况下，输入大写字母时需要配合"Shift"键来完成。例如：要输入大写字母"A"，先按住"Shift"键不放，再按下"A"键即可。

按照击键规则，反复在"记事本"中输入以下字符，练习大、小写字母的输入。

kdPf	jeui	kYnG	dWMa	Pvin	xBhu	hZsc	Lirn
Tmdo	mdQi	qoPd	NeiH	hAoX	Yusk	Gjeu	KnuY
Ctin	miUS	maKE	Ynis	Fing	odni	nJdj	Xqer
niqF	HEjl	nFil	iemK	Ausv	Cinw	moPB	Lxun
ndYs	PSfh	Ding	nqiV	eXkR	naeU	wsiJ	osCh

1.3.2 数字和符号输入练习

在进行数字和符号的输入练习时,分两种情况,一种是利用主键盘区输入数字和符号,另一种是利用数字小键盘区输入数字。

1. 利用主键盘区输入数字和符号

主键盘区中的数字键和符号键都是双字符键,每个按键键面上都有上下两个字符,例如 "2" 键, "2" 为下挡字符,直接按下该键可输入 "2"; "@" 为上挡字符,输入时需要配合 "Shift" 键来完成。

按照击键规则,反复在 "记事本" 中输入以下数字和符号,以熟悉数字键和符号键的位置。

1122	3344	5566	7788	9900	--==	\\;;	[][]
'',,	..//	!!@@	##$$	%%^^	&&**	()()	__++
||::	{}{}	""??	<><>	``~~	9*12	3%92	{87}
@73&	40^#	[6]5	{}[]	$029	1?4!	5&\0	4+8=
98!?	7(%)	6;39	60>5	6/4=	|-2|	7-2=	&@83

2. 利用数字小键盘区输入数字

当需要输入大量的数字时,可利用数字小键盘区来完成。反复在 "记事本" 中输入以下字符,练习数字小键盘区的操作。

0000	1111	2222	3333	4444	5555	6666	7777
8888	9999	….	++++	----	****	////	2815
9115	1807	4672	3591	8715	0.25	7.68	9055
7*69	8/12	4+73	5-91	2.67	3+16	0.59	38*5
48+9	51/7	26-0	4265	7266	0.98	4922	72.5

> **提示**
> 由于初学者对键盘各键位不熟悉,练习时准确率较低,但不要太过心急,只要反复练习,通过记忆掌握各个键位的标准位置,就可逐步实现 "盲打"。

1.4 课堂练习

练习一:在写字板中输入一篇英文短文

▶ **任务描述:**

本练习在记事本中输入下面的英文短文,以帮助用户熟悉字母、符号以及控制键的使用。

The Windsor Historical Society opened a new permanent exhibition titled "Windsor:Bridging Centuries, Bridging Cultures"Tuesday night.Showcasing 400 years of Windsor history,this display tells the stories of all the people who have made Windsor the unique place that it is.

"There was a great interest in personal Windsor stories,"said exhibit coordinator and curator Erin Stevic."Windsor's story is all about being in an important location."she said.

Windsor,located between what would become Springfield and Hartford,was settled on an essential waterway that provided a location for vital commerce.The two-gallery display leads visitors through the settling of Windsor,the vocations which were once found here,the importance of the Connecticut River and the transition to farming and industry.

The attendees at the exhibition's opening reception noticed the spacious arrangement of the displays."We have created a space where classes can sit."said Stevic,who did a lot of the work for the exhibit from her new home in Ohio. "But,for me,the interactive parts of the exhibit are going to be great for students of all ages."she commented.

▶ 操作思路：

打开"记事本"程序，然后练习录入上述英文短文。注意在输入过程中，需要配合使用大小写锁定键"Caps Lock"和上挡选择键"Shift"。

练习二：使用打字练习软件进行指法练习

▶ 任务描述：

本练习将在打字练习软件（例如"金山打字通"）中进行指法练习，目的是通过分阶段的练习提高使用键盘的熟悉度和打字的速度。

▶ 操作思路：

练习时应使用正确的打字姿势和打字指法，并有意识地慢慢记忆键盘各个字符的位置，体会不同键位上的字键被敲击时手指的感觉，逐步养成不看键盘的输入习惯。

1.5 课后答疑

问：104键键盘和107键键盘的区别在哪里？这两种键盘的操作方法一样吗？

答：104键键盘与107键键盘相比，仅仅是少了Power、Sleep和Wake Up三个电源控制键，其他大部分键位及其功能都是相同的，键盘手指分工与操作方法也一样。

问：使用数字小键盘区输入数字时，需要遵循什么击键规则？

答：除了主键盘区有明确的手指分工外，数字小键盘区也讲究手指分工。数字小键盘区由右手操作，大拇指负责0键，食指负责1、4和7键，中指负责2、

5和8键，无名指负责3、6和9键。其中，4、5和6三个键为基准键位，而5键为定位键，与主键盘区中F键和J键的作用相同。

问：在Word文档中进行指法练习时，输入一个字符后，后面的字符被自动删除是怎么回事？

答：在Word中有"插入"和"改写"两种文本输入状态。当处于"插入"状态时，键入的字符将插入到光标插入点处，其后的文本会向后移动；当处于"改写"状态时，键入的字符将覆盖现有内容，即输入一个字符后，其后面的字符会被自动删除。按下键盘上的"Insert"键，即可在"插入"与"改写"状态间进行切换。

第2章
认识汉字输入法

直接敲击键盘只能输入英文字母、符号和数字，如果需要输入汉字，就必须借助于汉字输入法。本章将介绍汉字输入法的分类、常见的汉字输入法，以及输入法的设置和切换等内容，并讲解使用拼音输入法、手写和语音输入汉字的基本方法。

本章要点：

- ❖ 初识汉字输入法
- ❖ 输入法的设置与切换
- ❖ 使用搜狗拼音输入法
- ❖ 初步了解五笔字型输入法
- ❖ 汉字的特殊输入方式

2.1 初识汉字输入法

> **知识导读**
> 电脑是外国人发明的,使用键盘只能输入英文和符号等,要想输入汉字,就必须使用汉字输入法,下面我们就一起来认识汉字输入法。

2.1.1 汉字输入法的分类

汉字输入法的种类很多,如五笔字型输入法、拼音输入法和区位码输入法等,并且这些输入法还可以进一步细分。尽管汉字输入法有很多种,但就其编码方式来说,主要分为以下3种。

- ❖ 音码:以汉字的读音为基准对汉字进行编码,这类输入法简单易学,不需要特殊的记忆,直接输入拼音便可输入汉字。但是,这类输入法重码率高,难于处理不认识的生字,且输入速度相对较慢。目前常见的音码输入法有搜狗拼音输入法、QQ拼音输入法、微软拼音输入法等。
- ❖ 形码:是根据汉字的字形来进行编码的,具有重码少,不受方言干扰等优点,即使发音不准或者不认识部分汉字也不影响汉字的输入,从而达到较高的输入速度。但是,这类输入法要求记忆编码规则、拆字方法和原则,因此学习难度较大。目前常见的是王码五笔字型输入法,以及以此为基础开发的搜狗五笔输入法、QQ五笔输入法等。
- ❖ 音形码:此类输入法将汉字的拼音和字形相结合进行编码,例如二笔输入法、郑码等。学习音形码输入法不需要专门培训,打字速度较快,适合对打字速度有要求的非专业人士使用。

2.1.2 汉字的基本输入流程

目前常见的汉字输入法主要分为拼音输入法和五笔输入法两大类,下面分别介绍使用这两种输入法输入汉字的基本流程。

1. 拼音输入法

拼音输入法主要通过拼音来输入汉字,其操作简单且不需要记忆编码,因此应用范围较广。拼音输入法通常分为全拼和简拼两种方式,全拼输入是指输入汉字或词组的完整拼音,如需要输入"号"字,可键入"hao",此时候选框中会列出所有"hao"读音的汉字,按下"2"键,即可输入"号"字。如需要输入"天空",可键入"tiankong",然后按下"1"键或空格键。

简拼主要用于词组输入,是指输入词组拼音的部分字母,对于包含zh、ch、sh的音节也可只取前一个字母,如需要输入"明天",可键入"mt"、 "mtian"或"mingt",然后在候选框中进行选择。

2. 五笔输入法

五笔输入法是一种形码输入法,它通过输入字根(由笔画组成,与常说的偏旁部首类似)达到输入汉字的目的。使用五笔输入法输入汉字的流程更为简单,不管是输入单个汉字还是输入词组,均只需要输入最多4位编码即可。例如要输入"熊"字,只需键入编码"cexo";要输入词组"知道",只需键入编码"tdut"即可。

> **提 示**
>
> 王码五笔输入法有86版和98版之分,目前大多数五笔输入法都是以86版王码五笔输入法为蓝本进行编码的,详细知识点将在后面的章节中进行介绍。

2.2 输入法的设置与切换

知识导读
在使用某种输入法输入汉字前,我们还有必要了解输入法的一些相关操作,如切换输入法、添加输入法等。

2.2.1 安装第三方输入法

无论安装哪种五笔字型输入法,都需要先到网上下载其安装程序。成功获取五笔字型输入法的安装程序后,运行安装程序,然后根据安装向导提示即可安装五笔字型输入法。不同版本的五笔输入法,其安装向导界面可能会有所不同,但方法都大同小异。下面以安装王码大一统五笔普及版为例,介绍安装五笔字型输入法的具体操作方法。

步骤1 选择安装语言

01 双击王码大一统五笔普及版安装程序图标,在弹出的"选择安装语言"对话框中选择"简体中文"选项。
02 单击"确定"按钮。

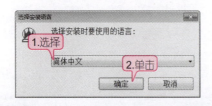

步骤2 单击"下一步"按钮

在弹出的"安装-王码大一统五笔普及版软件"对话框中单击"下一步"按钮。

步骤3 同意协议

01 打开"许可协议"界面,选中"我同意此协议"单选项。
02 单击"下一步"按钮。

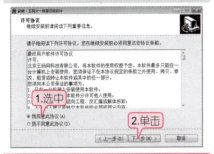

步骤4 设置安装位置

01 打开"选择目标位置"界面,单击"浏览"按钮,设置程序的安装位置。
02 单击"下一步"按钮。

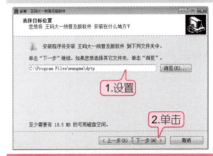

步骤5 单击"安装"按钮

打开"准备安装"界面,单击"安装"按钮。

步骤6 开始安装

开始安装王码大一统五笔普及版输入法,并显示安装进度。

步骤7 单击"确定"按钮

弹出对话框提示用户"如果输入法列表没有更新,则可能需要重新启动计算机",单击"确定"按钮关闭该对话框。

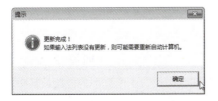

步骤8 完成安装

弹出对话框提示用户完成安装,单击"完成"按钮关闭该对话框即可。

2.2.2 切换输入法

默认情况下,输入法图标显示在任务栏中的通知区域处,且显示为英文输入状态,以M图标显示。若要切换到其他输入法,则单击输入法图标,在弹出的菜单中选择需要的输入法即可。切换输入法后,通知区域中的输入法图标会相应改变,并同时显示该输入法的状态栏。

此外,我们还可以通过以下方法切换输入法。

- ❖ 按下"Ctrl+Shift"组合键,可在多个输入法之间轮流切换。
- ❖ 在汉字输入法状态下,按下"Ctrl+空格"组合键可以回到英文输入状态,再次按下"Ctrl+空格"组合键可以返回刚才的汉字输入法状态。

2.2.3 认识输入法状态栏

切换到汉字输入法后,屏幕上通常都会出现相应的输入法状态条,其主要作用是用来进行中/英文、全/半角等输入状态的切换。下面以王码大一统五笔输入法为例,介绍通过状态条改变输入状态的方法。

1. 中/英文输入切换

在王码大一统五笔输入法状态条中,🕮是中/英文切换按钮,对其单击可在中文输入状态和英文输入状态之间进行切换。默认情况下,中/英文切换按钮显示为🕮,表示当前处于中文输入状态,此时可输入中文,单击该按钮可切换到英文输入状态,并显示为En,此时可输入英文字母。

> **📶 技 巧**
> 按下键盘上的"Caps Lock"键,可快速在中英文输入状态之间进行切换。

2. 全/半角切换

王码大一统五笔输入法状态条中的☽图标用于进行全/半角切换,默认显示为☽图标,表示当前为半角输入状态;单击后将转换为〇图标,表示当前为全角输入状态。

在全角输入方式下输入的字母、字符和数字均占一个汉字的位置,其中标点符号为中文标点符号，如下面左图所示。在半角输入方式下，输入的字母、字符和数字只占半个汉字的位置，标点符号为英文标点符号，如下面右图所示。

> **技 巧**
> 按下"Shift+空格"组合键，可快速在全角和半角输入状态之间进行切换。

3. 中/英文标点符号切换

在输入法状态条中，中/英文标点切换按钮默认显示为 ，表示当前处于中文标点输入状态，此时可输入中文标点，单击该按钮可切换到英文标点输入状态，并显示为 ，此时可输入英文标点。

> **技 巧**
> 按下"Ctrl+."组合键，可快速在中文和英文标点输入状态之间进行切换。

4. 打开/关闭软键盘

输入法状态条中的图标用于打开或关闭软键盘。使用软键盘可以输入多种特殊符号及字符。

右键单击软键盘开/关切换图标，可在弹出的快捷菜单中选择软键盘类型，如选择"数学符号"，可打开数学符号软键盘，此时单击软键盘上的键可输入对应的数学符号。

5. 输入法软件设置

在王码大一统五笔输入法状态条中,单击 图标打开"王码大一统五笔字型普及版汉字输入法软件设置"对话框,在该对话框中可选择使用何种版本五笔(86版、98版和新世纪版),还可分别对三个版本的输入法软件进行设置。

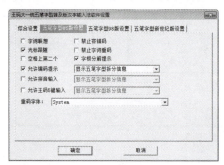

2.2.4 添加与删除输入法

对于一些不常用的输入法,我们可以将其从输入法选择列表中删除。若用户的输入法选择菜单中没有所需的输入法,或想再次使用已删除的输入法,可以通过输入法添加功能添加所需的输入法。

1. 删除输入法

将输入法从输入法列表中删除的具体操作方法如下。

步骤1 单击"语言首选项"链接	步骤2 单击"选项"链接
01 单击通知区域中的输入法图标。 02 在弹出的输入法列表中单击"语言首选项"链接。	弹出"时间和语言"窗口,在"语言"栏中单击"中文"选项下方的"选项"按钮。

步骤3 删除输入法

01 弹出"语言选项"窗口,在"键盘"栏单击需要删除的输入法。
02 单击该输入法右侧的"删除"按钮即可。

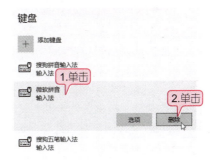

2. 添加输入法

安装了输入法之后,该输入法会自动添加到输入法列表中,如果要将已经删除的输入法添加到输入法列表中,可通过下面的方法实现。

步骤1 单击"添加键盘"按钮

重复上一节中的第1和第2步操作,打开"语言选项"窗口,单击"添加键盘"按钮。

步骤2 选择输入法

在弹出的窗口中单击需要添加的输入法。

步骤3 添加成功

此时所选的输入法已经成功添加到输入法列表中。

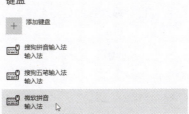

2.3 使用搜狗拼音输入法

知识导读

搜狗拼音是目前使用较多的一款拼音输入法，它的词库以较快的速度搜罗了网上出现的新词和热词，而且使用十分简单、方便。使用搜狗拼音输入法时，除了通过常规的全拼、简拼和混拼3种输入方式输入汉字外，还具有输入特殊字符、模糊音输入和拆分输入等功能。本节将以"搜狗拼音输入法5.1正式版"为例，对这些功能进行讲解。

2.3.1 输入特殊字符

使用搜狗拼音输入法时，不仅可以通过软键盘输入特殊字符，还可通过对话框输入。

具体操作方法为：单击输入法状态条中的"菜单"按钮，在弹出的菜单中单击"表情&符号"命令，在弹出的子菜单中选择符号类型，弹出"搜狗拼音输入法快捷输入"对话框，在列表框的左侧可选择符号类型，然后在列表框中单击需要输入的符号即可输入。输入完成后，单击"关闭"按钮关闭对话框即可。

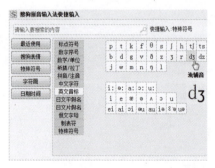

2.3.2 使用模糊音输入

搜狗拼音输入法的模糊音输入方式是专为容易混淆某些音节的用户所设计的。

例如汉字"你（ni）"和"李（li）"的拼音容易混淆，开启模糊音输入功能后，输入拼音"li"，候选框中会同时提供拼音为"li"和"ni"的汉字。

默认情况下，模糊音输入方式已开启，如果希望手动设置需要支持的模糊音，可按下面的操作步骤实现。

步骤1 单击"设置属性"命令

01 单击输入法状态条中的"菜单"按钮。

02 在弹出的菜单中单击"设置属性"命令。

步骤2 单击"模糊音设置"按钮

01 弹出"搜狗拼音输入法设置"对话框,切换到"高级"选项卡。

02 在"智能输入"栏中单击"模糊音设置"按钮。

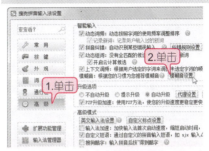

步骤3 设置模糊音

01 弹出"搜狗拼音输入法-模糊音设置"对话框,勾选需要支持的模糊音前的复选框。

02 设置完成后单击"确定"按钮。

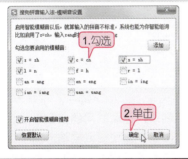

步骤4 保存设置

返回"搜狗拼音输入法设置"对话框,单击"确定"按钮保存设置即可。

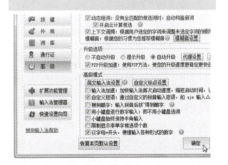

> **提示**
> 在"搜狗拼音输入法"对话框的"智能输入法"栏中,若单击"纠错规则设置"按钮,可对一些容易输错的拼音进行设置,以便自动识别。

2.3.3 拆分输入

在输入一些似曾相识的汉字时,却因为不知道读音而无法输入,如"淼"、"焱"等字,此时可通过搜狗拼音输入法提供的拆分输入功能输入,即直接输入生僻字的组成部分的拼音即可。

例如,要输入"孬"字,可输入拼音"buhao",候选框中会出现一个

"6.孬（nāo）"的选项，此时按下"6"键便可输入"孬"字。

2.3.4 使用人名输入模式

搜狗拼音输入法提供了人名输入模式，通过该模式可快速输入人名。例如输入拼音"liangjingru"，搜狗拼音输入法会自动组出一个或一个以上人名，且第一个以红色显示。

如果需要更多的人名选择，可按"；+R"组合键进入人名模式，此时候选框中会显示多个人名。当需要退出人名输入模式时，按"；"键即可。

2.3.5 输入网址

搜狗拼音输入法的网址输入模式是特别为网络设计的便捷功能，使用户能够在中文输入状态下输入几乎所有的网址。只要输入以"www."、"http："、"ftp："、"telnet："和"mailto："等开头的字符时，会自动进入英文输入状态，然后便可输入诸如"sina.com"之类的网址。

例如要输入网址"www.baidu.com"，先输入"www."，接着输入网址"baidu.com"，完成输入后按下空格键即可。

2.4 初步了解五笔字型输入法

知识导读

五笔字型输入法的出现主要是为了解决汉字录入速度的问题，它不受汉字读音影响，只要能写出汉字，即可正确打出该字。使用五笔输入法不仅能输入单字，还能输入词组，大大提高了汉字的录入速度。本节将对五笔字型输入法的工作原理进行简单介绍，使初学者对五笔字型输入法有一个初步的了解。

2.4.1 五笔字型输入法的原理

1986年，五笔字型输入法创始人王永民教授推出了"五笔输入法86版"（又称为王码五笔86版）。为了使五笔输入法更加完善，王永民教授于1998年又推出了98版五笔字型输入法。但总的来说，不论是86版还是98版，其工作原理都一样。

五笔字型输入法的基本原理为：先将汉字拆分成一些最常用的基本单位，

叫做字根。字根可以是汉字的偏旁部首，也可以是部首的一部分，甚至是笔画。取出这些字根后，按其一定的规律分类，并依据科学原理分配在键盘上作为输入汉字的基本单位。当需要输入汉字时，将汉字按照一定规律拆分为字根，然后依次按下键盘上与字根对应的键，组成一个代码，系统会根据输入的代码，在五笔输入法的字库中检索出需要的字，这样便可输入想要的汉字了。

例如，"蜕"字可以拆分成"虫、丶、口、儿"4个字根，按照五笔编码规则，这4个字根对应的按键字母分别为"J、U、K、Q"，只要依次敲击这4个字母键就可以输入"蜕"字。

2.4.2 五笔字型输入法的学习流程

使用五笔字型输入法时，首先要将汉字拆分为字根，才能根据字根所对应的键位组成编码，最终录入汉字，因此学习五笔字型输入法时，大概可以分为以下几个阶段。

- ❖ 了解五笔字型输入法的基础知识及编码规则。
- ❖ 了解字根在键盘上的分布位置，即字根所对应的键位。
- ❖ 五笔字型输入法中汉字的拆分方法。
- ❖ 记忆字根，并根据拆分方法对汉字进行拆分输入。
- ❖ 掌握简码和词组的输入方法。

2.5 汉字的特殊输入方式

知识导读

除了使用前面介绍的输入法输入汉字，我们还可以通过手写和语音的方式输入汉字，下面将进行详细介绍。

2.5.1 手写输入汉字

用手写方式输入汉字如同用笔在纸上写字一样方便，用户只需配置一块手写板即可方便地进行汉字输入。这对于暂时还不会电脑打字又需要进行汉字输入的用户而言，是一种不错的选择。

进行手写输入需要配备手写板和手写笔，购买手写输入设备后，根据说明书上的提示将手写板的USB接头与电脑的USB接口进行连接，然后安装相应的识别软件就可以使用了。下面以清华紫光全能王手写板为例，介绍在电脑中手写输入汉字的具体操作。

步骤1 启动程序

双击桌面上的"清华紫光全能王手写识别系统"图标，启动识别软件（图标名称根据手写板不同而不同）。

步骤2 光标定位

将鼠标光标定位到需要输入汉字的位置，这里以"记事本"为例，将光标定位到记事本程序中。

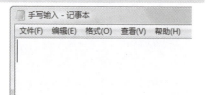

步骤3 手写汉字

使用手写笔在手写板上写下要输入的汉字，此时屏幕上会用彩色的线条显示笔头经过的痕迹。例如在手写板上写一个"你"字。

步骤4 识别输入

稍等片刻，输入的笔画会自动转换为文本输入到记事本中。

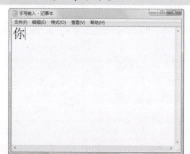

步骤5 手写汉字

接下来再使用手写笔在记事本中写下"好"字。

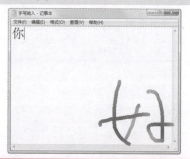

步骤6 识别输入

稍等片刻，输入的笔画会自动转换为文本输入到记事本中。

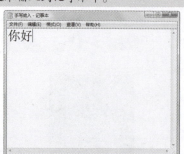

步骤7 显示关联词

当输入一个汉字后，识别软件会自动提示显示该字的关联词语。

步骤8 输入关联词

使用手写板上的选择按键,或使用鼠标单击需要输入的关联词,即可输入。

> **提 示**
>
> 手写板的识别能力是有限的,因此用户在使用手写笔书写汉字时应尽量工整,不要太潦草。

2.5.2 语音输入汉字

语音输入可通过Windows的语音识别功能和专门的语音输入法实现。本节将以Windows 10中的语音识别功能为例进行介绍。

1. 配置语音识别向导

第一次使用Windows语音识别时,需要对其进行配置,具体操作如下。

步骤1 启动程序

01 单击"开始"按钮,打开"开始"菜单。
02 单击"所有程序"→"Windows轻松使用"→"Windows语音识别"命令。

步骤2 单击"下一步"按钮

在弹出的"设置语音识别"对话框中单击"下一步"按钮。

步骤3 选择麦克风类型

01 在弹出的对话框中选择使用的麦克风类型,本例选择"耳机式麦克风"单选项。
02 单击"下一步"按钮。

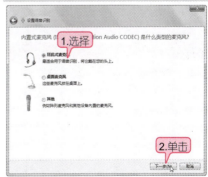

步骤4　调整麦克风音量

插入耳机式麦克风，根据对话框上的提示朗读文字，测试麦克风音量大小，若大小合适，单击"下一步"按钮。

步骤5　启用文档审阅功能

01 在弹出的对话框中单击"启用文档审阅"单选项。

02 单击"下一步"按钮。

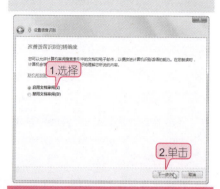

步骤6　选择激活模式

01 在界面中选择需要的激活模式，这里选择"使用语音激活模式"单选项。

02 单击"下一步"按钮。

步骤7　设置是否在开机时自动运行

01 在对话框中设置是否在开机时运行语音识别功能，若不需要，则取消勾选"启动时运行语音识别"复选框。

02 单击"下一步"按钮。

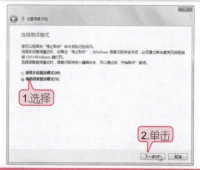

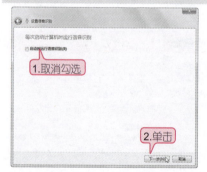

步骤8　运行程序

如果不需要查看语音训练教程，则单击"跳过教程"按钮。设置完成后，即可弹出"Windows语音识别"窗口。

2. 使用Windows语音识别功能输入文字

对Windows语音识别进行配置后，再次启动该程序时就无须进行设置了。下面介绍如何使用Windows语音识别功能输入文字。

步骤1　启动Windows语音识别

通过"开始"界面启动"Windows语音识别"程序，打开Windows语音识别窗口，此时程序处于休眠状态。

步骤2　唤醒语音识别程序

对着麦克风说出"开始聆听"，唤醒Windows语音识别。

步骤3　打开记事本

对着麦克风说出"打开记事本"，即可打开记事本窗口。

步骤4　输入文本

对着麦克风说出需要输入的文字，例如"黄河"，此时记事本窗口中输入的内容为"皇后"。识别有误，下一步进行更正。

步骤5　更正文字

如果语音识别出来的文字有误，对着麦克风说出"更正皇后"，将会弹出"替换面板"对话框，说出正确的文本的编号，如"4"。
选择确认后对着麦克风说"确定"即可。

步骤6　显示文本内容

在返回的记事本窗口中，即可看到更正后的文字。

2.6 课堂练习

练习一：练习输入法的基本操作

▶ **任务描述：**

练习安装第三方输入法、切换输入法以及删除输入法等操作，以帮助读者熟练掌握输入法的基本操作。

▶ **操作思路：**

01 安装一个非系统自带的输入法工具，如搜狗拼音或王码五笔输入法。
02 单击任务栏中的输入法图标，在弹出的快捷菜单中选择需要的输入法。
03 打开"时间和语言"对话框，在其中将不需要的输入法删除。

练习二：用搜狗拼音输入法输入一篇短文

▶ **任务描述：**

练习在记事本程序中输入下面的短文，以帮助读者熟悉使用搜狗拼音输入法。

"茶里乾坤大，壶中日月长"。品茶之味，悟茶之道，就是要用雅性去品，要用心灵去悟。茶分为：绿茶、红茶、白茶、黄茶、青茶、黑茶、花草茶。茶不同，茶韵和茶味就不同。

茶是一种情调、一种沉默、一种忧伤、一种落寞。也可以说是记忆的收藏，在任何一个季节里饮茶，每个人都宛若一片茶叶，或早或晚要融入这变化纷纭的大千世界。在融会的过程中，社会不会刻意地留心每一个人，就像饮茶时很少有人在意杯中每一片茶叶一样。茶叶不会因融入清水不为人在意而无奈，照样只留清香在人间。

人生在世，求淡雅之美，淡名，淡利，无争，无夺。一切自然，一切脱俗，一切入幽美邈远的意境去。方为一盏无味而至味的茶，淡雅，吾之所求。淡雅，吾之所愿！

▶ **操作思路：**

01 打开记事本程序，然后切换到搜狗拼音输入法状态。
02 输入上述短文，注意在输入过程中需要配合上挡键"Shift"输入某些符号。

2.7 课后答疑

问：在系统任务栏中的通知区域处，如果输入法图标 M 不见了，该怎么办？

答：使用鼠标单击任务栏的空白处，在弹出的快捷菜单中依次单击"工具栏"→"语言栏"命令,输入法图标就会显示出来了。

问:拼音输入法好用,还是五笔输入法好用?

答:不论是拼音输入法还是五笔输入法都有各自的优缺点,用户可以根据自己的需要选择使用。拼音输入法有易学易用的优点,只要会汉语拼音,便可轻松使用拼音输入法输入汉字,但拼音输入法重码较多,经常需要选字,因此其打字速度相对较慢;五笔输入法的优点是,不管认识不认识的汉字,只要会写,就可以打出该字,重码也较少,但在学习五笔时需要记忆五笔字根。不过一旦掌握五笔输入法的技巧,其打字速度是远远超过拼音输入法的,这一点对于文秘、文字录入员等职业尤为重要。

第3章
五笔输入法入门

学习五笔字型输入法,必须掌握其编码方式及字根在键盘上的分布规律。本章从汉字的基础知识入手,讲解汉字、字根和笔画间的关系,以及汉字的3种字型,然后对五笔字根和字根在键盘上的分布位置等知识进行讲解。学好本章的知识对提高五笔打字速度很有帮助。

本章要点:
- 汉字的编码基础
- 五笔字根的区和位
- 认识五笔字根
- 五笔字根速记技巧

3.1 汉字的编码基础

> **知识导读**
> 五笔字型输入法是一种形码类输入法，它与汉字的读音完全无关。因此，要正确使用五笔字型输入法输入汉字，就必须先了解汉字的结构。

3.1.1 汉字的3个层次

在五笔字型输入法中，无论多复杂的汉字都是由字根组成，而字根又是由笔画组成。例如，"扛"字是由"扌"和"工"两个字根组成，其中"扌"由"一、亅、丿"组成，"工"由"一、丨、一"组成。再如，"刘"字由"文"和"刂"两个字根组成，其中"文"由"丶、一、丿、丶"组成，"刂"由"丨、亅"组成。

由此可见，根据汉字的组成结构，可将汉字划分为笔画、字根和单字3个层次。

1．笔画

笔画就是通常所说的横、竖、撇、捺和折。在五笔字型输入法中，每个汉字都是由这5种笔画组合而成。

2．字根

字根是由若干笔画交叉复合而形成的相对固定的结构，它是构成汉字最基本的单位，也是五笔字型编码的依据。例如"苦"字由"艹"、"古"组成，这里的"艹"、"古"就是字根。

3．单字

单字就是将字根按照一定的顺序组合起来所形成的汉字。例如将字根"力"和"口"两个字根组合起来就形成了汉字"加"。

3.1.2 汉字的5种笔画

笔画是指在书写汉字时一次写成的连续不间断的一个线段。在五笔字型输入法中，只考虑笔画的运笔方向，而不计其轻重长短，依此可将汉字的诸多笔画归结为横（一）、竖（丨）、撇（丿）、捺（丶）和折（乙）5种基本笔画。

在五笔字型输入法中，这5种基本笔画的含义如表3-1所示。

表3-1

笔画名称	代号	笔画走向	笔画及变形笔画	例字
横	1	从左到右	一、㇀	体 地
竖	2	从上到下	丨、亅	干 利
撇	3	从右上到左下	丿	大 分
捺	4	从左上到右下	丶、㇏	夫 文
折	5	带转折	乙、㇄、㇕、㇇、㇆、㇂、ㄙ	乃 去

3.1.3 汉字的3种字型

汉字的字型指构成汉字的各字根之间的结构关系。在五笔字型输入法中，汉字由字根组合而成，即便是同样的字根，也会因组合位置的不同而组成不同的汉字。根据汉字字根间的组合位置，可以将汉字分为左右型、上下型和杂合型3种字型，如表3-2所示。

表3-2

字型	字型代号	图示	例字
左右型	1		体、明
			树、湖
			招、枪
			部、邵
上下型	2		志、丕
			意、鼻
			型、货
			森、花
杂合型	3		回、园
			凶、幽
			同、内
			勺、司
			区、过
			东、本

1. 左右型

左右型汉字的字根在组成位置上属于左右排列的关系，如"好"、"估"和"加"等字。左右型汉字又包括以下几种情况。

- 标准左右型排列：标准左右型排列的汉字可分为左、右两个部分，如"如"字。
- 左中右型排列：左中右型排列的汉字可分为左、中、右3个部分，如"湖"字。

- 其他左右型排列：在汉字中还有一种较为特殊的左右型汉字，该类型汉字的左半部分或右半部分是由多个字根构成的，在五笔输入法中仍然将其视为左右型汉字。例如："邵"字的左半部分为上下两部分，"培"的右半部分为上下两部分。

2. 上下型

上下型汉字的字根在组成位置上属于上下排列的关系，如"思"、"背"和"舅"等字。上下型汉字又包括以下几种情况。

- 标准上下型排列：标准上下型排列的汉字可分为上、下两个部分，如"李"字。
- 上中下型排列：上中下型排列的汉字可分为上、中、下3个部分，如"鼻"字。

- 其他上下型排列：还有一种较为特殊的上下型汉字，这类汉字的上半部分或下半部分是由多个字根构成的。例如："想"字上半部分为左右两个字根，"品"字的下半部分为左右两部分。

3. 杂合型

若一个汉字的各组成部分之间没有简单明确的左右型或上下型关系，这个汉字就称为杂合型汉字。该类型的汉字主要包括以下几种情况。
- ❖ 全包围型：组成该类型汉字的一个字根完全包围了汉字的其余组成字根，如"困"字。
- ❖ 半包围型：组成该类型汉字的一个字根并未完全包围汉字的其余组成字根，如"边"字。

- ❖ 连笔型：组成该类型汉字的字根之间是紧密相连的，这类汉字通常是由一个基本字根和一个单笔画组成的，如"且"字。
- ❖ 孤点型：组成汉字的字根中包含"点"笔画，该"点"笔画未与其他字根相连，这种类型的汉字称为孤点型汉字，如"术"字。

- ❖ 交叉型：组成该类型汉字的字根之间是交叉重叠的关系，如"申"字。
- ❖ 独体型：这类汉字由单独的字根组成，如"小"字。

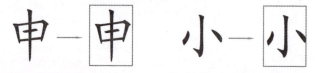

3.2 五笔字根的区和位

知识导读

五笔字型输入法将汉字的字根有规律地分配在主键盘区的25个键位上，依次按不同的键即可输入不同的汉字，因此了解五笔字根的键盘分配是学习五笔字型输入法很重要的一步。

3.2.1 认识键盘的区和位

在五笔字型输入法中，根据每个字根的起笔笔画，可将这些字根划分为横、竖、撇、捺和折5个"区"，并分别用代号1、2、3、4和5表示区号。

例如，"木"字的起笔是横，因此归为横区，即第1区；"目"字的起笔是竖，因此归为竖区，即第2区；"月"字的起笔是撇，因此归为撇区，即第3区；"主"字的起笔是捺，因此归为捺区，即第4区；"又"字的起笔是折，因此归为折区，即第5区。

表3-3

键盘分区	起笔笔画	键位
第1区	横	G、F、D、S、A
第2区	竖	H、J、K、L、M
第3区	撇	T、R、E、W、Q
第4区	捺	Y、U、I、O、P
第5区	折	N、B、V、C、X

　　从上表中可看出，每个区包括5个键，将每个键称为一个位，可分别用代号1、2、3、4和5表示位号。将每个键所在的区号作为第1个数字，位号作为第2个数字，两个数字合起来就表示一个键位，即"区位号"。例如，"S"键的区号为1，位号为4，区位号就为14；"H"键的区号为2，位号为1，区位号就为21。

> **提 示**
> 在五笔输入法中，Z键不包括在字根的5个区中。Z键被定义为万能键，当对汉字某部分的编码不清楚时，可以用字母"Z"来代替。

3.2.2 使用区位号定位键位

　　区位号确定后，键盘上除"Z"键外的25个字母键便有了唯一的编号，例如，"K"键的区位号是23，"D"键的区位号是13。同时，根据区位号也可以反推出其代表的字母键，例如，区位号55对应的键为"X"，区位号45对应的键为"P"。

3.3 认识五笔字根

> **知识导读**
> 字根是五笔字型输入法的灵魂，要掌握五笔字型输入法，就必须知道什么是五笔字根，字根有何用途，本节将对这些知识点进行讲解。

3.3.1 基本字根

　　字根是构成汉字的基本单位，是指由若干笔画交叉连接而形成的相对不变的结构。在五笔输入法中,把组字能力很强,而且在日常文字中出现频率很高的字根,称为基本字根,如"亻、氵、车、阝、纟"等。

五笔输入法中归纳了130个基本字根,均匀地分布在A~Y共25个键位上,所有汉字都可以拆成这些基本字根,即汉字可看作是由基本字根组成的。例如,"树"字由基本字根"木"、"又"和"寸"组成,"记"字由基本字根"讠"和"己"组成。

3.3.2 认识键名字根

在五笔字根键盘中,除了"X"键以外,其余每个键的左上角都有一个完整的汉字字根,这个字根是该组字根中最具代表性且使用最频繁的成字字根,称为键名汉字,共计24个。

3.3.3 认识成字字根

在各键位的键面上除了键名汉字以外,本身是汉字的字根称为成字字根。例如"F"键上的"士"、"二"、"十"、"寸"和"雨";"L"键上的"甲"、"四"、"车"和"力"等;"Y"键上的"文"、"方"和"广"。

成字字根的取码规则是:先键入该字根所在的键位(俗称"报户口"),然后按照书写顺序依次键入它的第一个笔画、第二个笔画和最后一个笔画所在的键位。下面举例说明。

❖ "干":"干"是位于"F"键上的成字字根,根据编码规则应先输入字根所在键位,然后输入首笔画"一"、次笔画"一"和末笔画"丨"所在键位,其编码为"FGGH"。

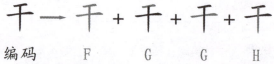

编码　　　　F　　　G　　　G　　　H

❖ "由":"由"字是位于"M"键上的成字字根,根据编码规则先按下该字根所在键位,再按下首笔画"丨"、次笔画"乙"和末笔画"一"所在键位,即五笔编码为"MHNG"。

由 → 由 + 由 + 由 + 由
编码　　M　　H　　N　　G

> **技巧**
> 在成字字根中,有些汉字的笔画只有2笔,对于这类字只需输入该字根所在键位,以及其首尾两个笔画所在键位即可。由于编码不足4码,因此需要以空格键补齐。

3.4 五笔字根速记技巧

知识导读
从前面的知识中我们了解到五笔字根是按照一定的规律分布在键盘的各个键位上的,下面将对字根在键盘上的分布位置进行详细介绍。

3.4.1 字根键盘分布图

　　五笔字根在键盘上的分布是以字根的首笔画属于哪一区为依据的,例如字根"十"的首笔画是"一",就归为"横"区,即第1区;"目"字的起笔是竖,就归为竖区,即第2区;"月"字的起笔是撇,就归为撇区,即第3区;"主"字的起笔是捺,就归为捺区,即第4区;"又"字的起笔是折,就归为折区,即第5区。王码五笔输入法86版的字根键盘分布如下图所示。

3.4.2 掌握字根分布规律

　　五笔字根并不是杂乱无章地分布在25个字母键上,而是有章可循的。根据字根的分布规律,可更好地理解字根,记忆字根。

　　1. 字根与键名汉字形态相近

　　在五笔字根键盘中,除了"X"键以外,其余每个键的左上角都有一个键名汉字。在五笔字根键盘中,那些与键名汉字相似的字根,都分布在该键名汉字所在的键位上。

　　例如,"L"键的键名汉字为"田",近似的字根有"甲、四"等;"N"

键的键名汉字为"巳",近似的字根有"己、巴"等;"U"键的键名汉字为"立",近似的字根有"六、辛"等。

2. 首笔笔画代号与区号一致,次笔笔画代号与位号一致

"字根首笔笔画代号与区号一致,次笔笔画代号与位号一致"是指字根以区位号的方式显示在键盘上。例如,"上、止"的首笔笔画都为竖,竖起笔的区号为2;次笔画都为横,横起笔的区号为1。因此对应的区位号都为21,而区位号"21"对应的键位为"H"。

以此类推,就会发现许多键位中的字根符合这一规律。

- ❖ 第一笔画为横:第二笔画是横,在G键(区位号11),如"戈";第二笔画是竖,在F键(区位号12),如"士、十、寸、雨";第二笔画是撇,在D键(区位号13),如"犬、古、石、厂"。
- ❖ 第一笔画为竖:第二笔画是横,在H键(区位号21),如"上、止";第二笔画是折,在M键(区位号25),如"由、贝"。
- ❖ 第一笔画为撇:第二笔画是横,在T键(区位号31),如"竹、夂";第二笔画是竖,在R键(区位号32),如"白、斤";第二笔画是捺,在W键(区位号34),如"人、八";第二笔画是折,在Q键(区位号35),如"儿、夕"。
- ❖ 第一笔画为捺:第二笔画是横,在Y键(区位号41),如"言、文、方、广";第二笔画是竖,在U键(区位号42),如"门";第二笔画是折,在P键(区位号45),如"之、冖"。
- ❖ 第一笔画为折:第二笔画是横,在N键(区位号51),如"已、己、尸";第二笔画是竖,在B键(区位号52),如"也";第二笔画是撇,在V键(区位号53),如"刀";第二笔画是捺,在C键(区位号54),如"又、厶";第二笔画是折,在X键(区位号55),如"纟、幺"。

3. 字根的笔画数与位号一致

基本笔画"一、丨、丿、丶、乙"也是相应键位的字根,它们还可组合为其他字根,如"氵、丷、彡"等,它们在键盘上的分布具有如下规律。

- ❖ 基本笔画都只有1笔,位于每个区的第1位,即字根"一、丨、丿、丶、乙"的区位号分别为11,21,31,41和51。
- ❖ 两个基本笔画的复合笔画位于每个区的第2位,即字根"二、刂、彡、冫、巜"的区位号分别为12,22,32,42和52。
- ❖ 3个基本笔画复合起来的字根位于每个区的第3位,即字根"三、川、彡、氵、巛"的区位号分别为13,23,33,43和53。

3.4.3 字根助记词

为了能熟记字根,五笔字型输入法的创始人王永民教授为每一个键位上的

字根编写了一句口诀，即"助记词"。助记词基本包括了五笔字型输入法中的所有字根，读起来朗朗上口，增强了学习的趣味性。

五笔字根助记词分老助记词和新助记词两种，接下来分别进行介绍。

1. 五笔字根老助记词

五笔字根老助记词如表3-4所示。

表3-4

1区	2区	3区	4区	5区
G键：王旁青头戋(兼)五一	H键：目具上止卜虎皮	T键：禾竹一撇双人立，反文条头共三一	Y键：言文方广在四一，高头一捺谁人去	N键：已半巳满不出己，左框折尸心和羽
F键：土士二干十寸雨	J键：日早两竖与虫依	R键：白手看头三二斤	U键：立辛两点六门疒	B键：子耳了也框向上
D键：大犬三羊古石厂	K键：口与川，字根稀	E键：月彡（衫）乃用家衣底	I键：水旁兴头小倒立	V键：女刀九臼山朝西
S键：木丁西	L键：田甲方框四车力	W键：人和八，三四里	O键：火业头，四点米	C键：又巴马，丢矢矣
A键：工戈草头右框七	M键：山由贝，下框几	Q键：金勺缺点无尾鱼，犬旁留叉儿一点夕，氏无七(妻)	P键：之宝盖，摘礻（示）衤（衣）	X键：慈母无心弓和匕，幼无力

2. 五笔字根新助记词

五笔字根新助记词如表3-5所示。

表3-5

1区	2区	3区	4区	5区
G键：王旁青头戋（兼）五一	H键：目具上止卜虎皮，还有H走字底	T键：禾竹一撇双人立，反文条头共三一，矢字取头去大底	Y键：言文方广在四一，高头一捺谁人去	N键：已半巳满不出己，左框折尸心和羽
F键：土士二干十寸雨，莫忘F革字底	J键：日早两竖与虫依，归左刘右乔字底	R键：白手看头三二斤，矢字去人取爪皮	U键：立辛两点六门疒	B键：子耳了也框向上
D键：大犬三羊古石厂，左页龙头着丶记	K键：口与川，字根稀	E键：月彡（衫）乃用家衣底，采头取头去木底	I键：水旁兴头小倒立	V键：女刀九臼山朝西

（续表）

1区	2区	3区	4区	5区
S键：木丁西	L键：田甲方框四车力，血下罢上曾中间，舞字四竖也需记	W键：人八登祭头在W	O键：火业头，四点米	C键：又巴马，丢矢矣
A键：工戈草头右框七，共头革头升字底	M键：山由宝贝，骨头下框几	Q键：金勺缺点无尾鱼，犬旁留叉儿一点夕，氏无七(妻)	P键：之宝盖建到底，摘ネ(示)衤(衣)	X键：慈母无心弓和匕，幼无力

3. 字根助记词详解

根据口诀记忆字根不能死记硬背，只有在理解的基础上，才能更好地记住五笔字型字根。下面将针对新助记词来逐句解释说明。

表3-6

键位	字根口诀	注释
王 11G 王一五戋	王旁青头戋（兼）五一	"王旁"为偏旁部首"王"；"青头"为"青"字的上半部分"龶"；"兼"指"戋"字根(借音转义)；"五一"是指"五"和"一"两个字根
土 12F 土士二干十寸雨	土士二干十寸雨，莫忘F革字底	分别指"土、士、二、干、十、寸、雨"7个字根，以及"革"字的下半部分""
大 13D 大犬古石三羊厂尢	大犬三羊古石厂，左页龙头着长记	"大、犬、三、古、石、厂"为6个字根；"羊"指羊字底""；"左页龙头"指字根"ナ、ナ、廾"，由"厂"联想到；"着"字可联想到""；""指字根""
木 14S 木丁西	木丁西	指"木、丁、西"3个字根，可直接记忆
工 15A 工艹匚廾廿七弋戈	工戈草头右框七，共头革头升字底	"工戈"是指字根"工"和"戈"，以及"戈"的变形字根"七、弋"；"草头"为偏旁部首"艹"；"右框"指"匚"字根；"七"表示字根"七"；"共头革头升字底"指字根"廾、卄、廿"，它们与"艹"相似

（续表）

键位	字根口诀	注释
目 21H 目丨卜广 上止疋	目具上止卜虎皮，还有H走字底	"目、上、止、卜"为4个字根，以及变形字根"丨、卜"；"具上"指"具"字的上半部分"且"；"虎皮"分别指字根"广"、"广"；"H走字底"指字根"疋"
日 22J 日曰四早 刂刂丬川 虫	日早两竖与虫依，归左刘右乔字底	"日早"指"日"和"早"两个字根，及"日"的变形字根"曰、四"；"两竖"指字根"刂"，及变形字根"刂、丬、川"，可通过"归左刘右乔字底"来记忆；"与虫依"指字根"虫"
口 23K 口 川川	口与川，字根稀	"字根稀"是指该键字根较少，只需记住"口"和"川"两个字根，以及"川"的变形字根"川"
田 24L 田甲口皿 四车皿力	田甲方框四车力，血下罢上曾中间，舞字四竖也需记	"田甲"指"田"和"甲"两个字根；"方框"指字根"口"，与"K"键上的"口"不同；"四车力"指"四"、"车"和"力"3个字根；"血下罢上曾中间"分别指字根"皿、罒"；"舞字四竖也需记"指字根"川"
山 25M 山由贝 冂几几	山由宝贝，骨头下框几	"山由"指字根"山、由"；"宝贝"指字根"贝"；"骨头"指"骨"字的上半部分"冂"；"下框"指字根"冂"；"几"指字根"几"
禾 31T 禾竹 ⺮ 丿攵彳	禾竹一撇双人立，反文条头共三一，矢字取头去大底	"禾竹"指字根"禾、竹、⺮"；"一撇"指字根"丿"；"双人立"指字根"彳"；"反文"指字根"攵"；"条头"指"条"字的上半部分"夂"；"共三一"指这些字根都位于区位号为31的"T"键上；"矢字取头去大底"指字根"⺋"
白 32R 白手 扌 斤厂	白手看头三二斤，矢字去人取爪皮	"白手"指字根"白、手、扌"；"看头"指"看"字的上部分"乑"；"三二"指这些字根位于区位号为32的"R"键上；"斤"指字根"斤"，及变形字根"斤"；"矢字去人取爪皮"指字根"⺋、厂"

（续表）

键位	字根口诀	注释
月 33E 月月丹用 彡𠂆乃 豕氺𧘇𠄌	月彡（衤）乃用家衣底，采头取头去木底	"月"指字根"月"；"彡（衤）"指字根"彡"（借音转义）；"乃用"指字根"乃、用"；"家衣底"分别指"家"和"衣"字的下部分"豕"和"𧘇"字根，以及变形字根"豕、𠂆、𠄌"；"采头取头去木底"指字根"⺥"
人 34W 人 亻 八 癶 双	人八登祭头在W	"人八"指字根"人、亻、八"；"登祭头"指字根"癶、双"
金 35Q 金鱼钅儿 勹冂乂夕 𠂋夕夂川	金勺缺点无尾鱼，犬旁留叉儿一点夕，氏无七(妻)	"金"指字根"金、钅"；"勺缺点"指字根"勹"；"无尾鱼"指字根"鱼"，"犬旁"指字根"犭"，要注意并不是偏旁"犭"；"留叉"指字根"乂"；"儿"字字根"儿"及变形字根"几"，"一点夕"指字根"夕"，及变形字根"夕、ク"；"氏无七"指字根"𠂋"
言 41Y 言 文方 丶㇏㇀亠 广辶	言文方广在四一，高头一捺谁人去	"言文方广"指字根"言、文、方、广"；"在四一"表示这些字根位于区位号为41的"Y"键；"高头"指字根"亠、䒑"；"一捺"指字根"丶、㇏"；"谁人去"指"谁"字去除"亻"后的"讠"和"圭"两个字根
立 42U 立六立辛 丬⺌丷䒑 疒冫门	立辛两点六门疒	"立辛"指字根"立、辛"；"两点"指字根"冫"及变形字根"丷、丬、䒑"；"六"指字根"六"及变形字根"亠"；"门疒"指字根"门、疒"
水 43I 水氺氺𣱵 ⺌⺍ 小⺌⺌	水旁兴头小倒立	"水旁"指字根"氵、水"，以及变形字根"氺、𣱵、𣱵"；"兴头"指字根"⺍、⺌"；"小倒立"指字根"小、⺌"，及变形字根"⺌"
火 44O 火 灬 米 业 ⺌	火业头，四点米	"火"指字根"火"；"业头"指字根"业"，及变形字根"⺌"；"四点"指字根"灬"；"米"指字根"米"
之 45P 之辶廴 一宀冖	之宝盖建到底，摘礻（示）衤（衣）	"之"指字根"之"；"宝盖"指字根"宀、冖"；"建到底"指字根"辶、廴"；"摘礻（示）衤（衣）"指去除"礻"、"衤"偏旁下方的一点或两点后的"礻"字根，"示"和"衣"为谐音

键位	字根口诀	注释
已 51N 已己巳 乙尸尸 心忄小羽	已半巳满不出己，左框折尸心和羽	"已半"指字根"已"；"巳满"指字根"巳"；"不出己"指字根"己"；"左框"指开口向左的方框"コ"字根；"折"指字根"乙"；"尸"指字根"尸"及相近字根"尸"；"心和羽"指字根"心、羽"，以及"心"的变形字根"忄、小"
子 52B 子孑了 巛卩也 耳阝凵	子耳了也框向上	"子"指字根"子"及变形字根"孑"；"耳"指字根"耳"及变形字根"卩、阝、巛"；"了也"指字根"了、也"；"框向上"指框向上开口的"凵"字根
女 53V 女刀九 巛彐 臼	女刀九臼山朝西	"女刀九臼"指字根"女、刀、九、臼"；"山朝西"指字根"彐"；另外在"V"键上还有个字根"巛"
又 54C 又ヌマ 巴厶马	又巴马，丢矢矣	"又巴马"分别指"又、巴、马"3个字根，以及"又"的变形字根"ヌ、マ"；"丢矢矣"指"矣"字去除下半部分的"矢"字后剩下的字根"厶"
纟 55X 纟幺口 匕匕	慈母无心弓和匕，幼无力	"慈母无心"指字根"口"；"弓和匕"指字根"弓、匕"，及"匕"的变形字根"匕"；"幼无力"指"幼"字去掉"力"旁后的"幺"字根，以及变形字根"纟、幺"

3.5 课堂练习

练习一：字根键位判断练习

本次练习字根键位的判断，以帮助读者熟悉如何根据五笔字根的键盘分布及规律来判断字根所在的键位。

八34（W） 三13（D） 一11（G） 二12（F） 心51（N） 钅35（Q）
木14（S） 丶41（Y） 冫42（U） 氵43（I） 丨21（H） 刂22（J）
灬44（O） 丿31（T） 乀41（Y） 亻34（W） 攵31（T） 彡31（T）
扌32（R） 厂13（D） 力24（L） 田24（L） 卩52（B） 巴54（C）
斤32（R） 小43（I） 车24（L） 耳52（B） 七15（A） 之45（P）

▶ **操作思路：**

根据本章所学知识判断上述字根的键位，注意判断字根键位时，先判断其区位号，从而得出该字根所在的键位。

练习二：用金山打字通进行字根练习

▶**任务描述：**

　　本次练习使用金山打字通进行字根输入，以帮助读者熟悉各个字根的键位分布。

▶**操作思路：**

01 安装并启动金山打字通，单击"五笔打字"→"字根分区及讲解"按钮。

02 根据教程安排进行学习，完成后进行字根输入练习。

3.6 课后答疑

问：键名字根和成字字根有什么共同点和区别？

答：相同的是，两者都既是一个完整的汉字，又是字根；而不同的是，键名字根排在键面的第1位，而成字字根排在除第1位外的其他位置。

问：怎样才能快速记忆五笔字根所在的正确键位？

答：首先需要掌握字根的键盘分布规律，并背诵字根助记词。所谓熟能生巧，记忆字根一定要多加练习，建议每天使用打字练习软件进行字根练习，边练习边记忆字根位置。

第 4 章

汉字的拆分方法

所有的汉字归纳起来都是由一个或者多个基本字根构成的,使用五笔字型输入法输入汉字时,首先要明确一个汉字该如何拆分,即应拆分为哪些字根。本章将详细介绍汉字的拆分方法。

本章要点:

- ❖ 字根间的结构关系
- ❖ 汉字的拆分原则
- ❖ 常用汉字与难拆汉字拆分示例

4.1 字根间的结构关系

知识导读

在五笔打字过程中,汉字的拆分是非常重要的环节。在拆分汉字时,需要了解字根间的结构关系,否则不能正确拆分。总的来说,字根间的结构关系可分为单、散、连和交4种。

4.1.1 "单"结构

单结构汉字是指构成汉字的字根只有一个,即该字根本身就是一个汉字,这类汉字主要包括24个键名汉字和成字字根汉字,如"王"、"口"、"田"、"又"和"木"等,由于这种结构的汉字只有一个字根,输入时不用再对它进行拆分。

提示

五笔字型输入法划分结构时依据的是字根间的结构关系,汉语中的某些"独体字"虽然结构只有一部分,如"朩"、"且"等,但它们是由两个字根组成的,所以这类汉字不属于单结构汉字。

4.1.2 "散"结构

若构成汉字的字根有多个,且字根间有明显的距离,既不相交也不相连,可视为散结构汉字。

例如"仔"字,由"亻"和"子"两个字根组成,字根间还有点距离;"苦"字由"艹"和"古"两个字根组成。

仔→亻+子 苦→艹+古

提示

散结构汉字主要包括左右型和上下型两种,是最容易拆分的汉字,如"汉"、"村"、"花"、"草"、"休"、"型"和"故"等字。

4.1.3 "连"结构

连结构的汉字不可能是左右型或上下型汉字,只能是杂合型汉字,这类汉字可以分以下两种情况。

- ❖ 汉字由一个单笔画与一个基本字根相连而构成。例如,"尺"是由字根"尸"与单笔画"乀"相连而成,"下"由单笔画"一"与字根"卜"相连而成。

尺 → 尸 + 丶　　下 → 一 + 卜

> 📶 **技 巧**
> 若单笔画与基本字根之间有明显距离，则不属于"连"结构汉字。例如，"少"、"么"、"个"和"乞"等字。

❖ 汉字由一个孤立的点笔画和一个基本字根构成，且无论这个点离字根的距离有多远，一律视作相连。例如，"勺"由点笔画"丶"与字根"勹"构成，"术"由点笔画"丶"与字根"木"构成。

勺 → 勹 + 丶　　术 → 木 + 丶

4.1.4 "交"结构

"交"结构汉字是指由几个字根互相交叉构成的汉字，这类汉字有一个显著的特点，字根与字根之间没有任何距离，且相互交叉套叠。

例如，"夫"字由字根"二"和"人"交叉而成，"中"字由字根"口"和"丨"交叉而成。

夫 → 二 + 人　　中 → 口 + 丨

使用五笔字型输入法输入汉字时，需要不断地拆分与合并汉字字根，因此，掌握字根间的结构关系对正确拆分与合并字根有很大的帮助。

4.2 汉字的拆分原则

> **知识导读**
> 在五笔字型的编码中，除了键名汉字和成字字根汉字外，其余单字都是由多个字根组合而构成的合体字。在输入合体字时，必须先将其拆分为基本字根，才能进行输入。在拆分合体字时，应遵循字根存在、书写顺序、取大优先、能散不连、能连不交和兼顾直观6大原则。

4.2.1 "字根存在"原则

将一个完整的汉字拆分为字根时，必须保证拆分出来的部分都是基本字根。"字根存在"原则是其他原则的基础，不管是否满足其他原则，如果在拆分汉字时，拆分出来的字根有一个不是字根，那么这种拆分方法一定是错误的。

例如，拆分"顺"字时，不能拆分为"川"和"页"，因为"页"不是基本字根，还必须进一步进行拆分。正确的拆分方法为：将"顺"拆分为"川"、"一"和"贝"3个字根。

顺 — 顺 + 顺 + 顺 ✓
顺 — 顺 + 顺 ✗

4.2.2 "书写顺序"原则

在拆分汉字时,应按照汉字的书写顺序(即"从左到右"、"从上到下"和"从外到内")将其拆分为基本字根。对于一些复杂的汉字,要按照它们的自然界限拆分,对界限不明显的就要按照后面的拆分原则拆分。

例如"忐"字,按照从上到下的书写顺序,应拆分为"上"和"心"两个字根,而不是"心"和"上"。

忐 — 忐 + 忐 ✓
忐 — 忐 + 忐 ✗

> 📢 提示
>
> 需要注意的是,对于带有"辶"和"廴"结构的半包围汉字,应按从内到外的书写顺序进行拆分。例如,"过"字应拆分为"寸"和"辶"两个字根,"延"字应拆分为"丿"、"止"和"廴"3个字根。

4.2.3 "取大优先"原则

取大优先原则是指按照书写顺序拆分汉字时,拆分出来的字根应尽量"大",拆分出来的字根的数量应尽量少。

例如"世"字,可以拆分为"廿"和"乙(折)",也可以拆分为"一"、"凵"和"乙"。根据取大优先原则,拆出的字根要尽可能大,而第二种拆分方法中的"凵"完全可以向前"凑"到"一"上,形成一个"更大"的基本字根"廿",所以第一种拆分是正确的。

世 — 世 + 世 ✓
世 — 世 + 世 + 世 ✗

4.2.4 "能散不连"原则

能散不连原则是指在拆分汉字时,能够拆分成"散"结构的字根就不要拆分成"连"结构的字根。

例如"主"字,若看成"散"结构的汉字,可以拆分成"、"、"王";若看成"连"结构的汉字,可以拆分成"亠"、"土"。

此时,根据能散不连原则,应采用"散"结构的拆分方法,即拆分为"、"、"王"。

$$主 \rightarrow 主 + 主 \quad \checkmark$$

$$主 \rightarrow 主 + 主 \quad \times$$

> **技巧**
> 若一个汉字被拆成的几个部分都是复笔字根(不是单笔画),而它们之间的关系在"散"和"连"之间模棱两可时,根据能散不连的原则,应选择"散"。

4.2.5 "能连不交"原则

能连不交原则是指在拆分汉字时,能拆分成互相连接的字根就不要拆分成互相交叉的字根。

例如"生"字,用"相连"的拆法可拆为"丿"、"主",用"相交"的拆法可拆为"𠂉"、"土",根据能连不交的原则,应正确拆分为"丿"、"主"。

$$生 \rightarrow 生 + 生 \quad \checkmark$$

$$生 \rightarrow 生 + 生 \quad \times$$

4.2.6 "兼顾直观"原则

在拆分汉字时,为了要照顾汉字字根的完整性及字的直观性,有时就需要暂时牺牲书写顺序和取大优先的原则,形成个别例外的情况。

例如"困"字,按照书写顺序原则应拆分成"冂"、"木"、"一",但这样就破坏了汉字构造的直观性,因此应该根据兼顾直观原则,将"困"字正确拆分为"囗"、"木"。

$$困 \rightarrow 困 + 困 \quad \checkmark$$

$$困 \rightarrow 困 + 困 + 困 \quad \times$$

4.3 常用汉字与难拆汉字拆分示例

> **知识导读**
> 汉字的拆分虽然简单,但有些汉字的字根模棱两可,初学者极易拆错,而有些汉字则让初学者无从下手,完全不知道如何拆分。下面列出一些常用汉字与难拆汉字的拆分示例,帮助初学者尽快掌握汉字的拆分方法。

4.3.1 常用汉字拆分

下面是一些常用汉字的拆分示例。在下面的表格中不仅将汉字拆分为了字根,还列出了这些汉字的五笔编码。

表4-1

汉字→字根	编码	汉字→字根	编码
拔→扌ナ又丶	RDC	拨→扌乙丿丶	RNTY
搜→扌臼丨又	RVHC	顿→一乚丿贝	GBNM
肃→彐小丿丨	VIJ	庸→广彐月丨	YVEH
无→二儿	FQ	正→一止	GHD
可→丁口	SK	下→一卜	GH
韦→二乙丨	FNH	考→土丿一乙	FTGN
才→十丿	FT	求→十氺丶	FIY
事→一口彐丨	GKVH	再→一冂土	GMF
吏→一口乂	GKQ	来→一米	GO
成→厂乙乙丿	DNNT	甘→廿二	AFD
世→廿乙	AN	辰→厂二𠄌	DFE
革→廿甲	AF	丈→一乂	DYI
太→大丶	DY	臣→匚丨𠃍丨	AHNH
百→厂日	DJ	不→一小	GI
甫→一月丨丶	GEHY	匹→匚儿	AQV
东→七小	AI	𦣞→匚二	AND
臧→厂𠃌厂	DNDT	瓦→一乙丶乙	GNYN
戒→戈廾	AAK	夹→一丷人	GUW
牙→匚丨	AHT	屯→一凵乙	GBN
与→一乙一	GNG	严→一䒑丿	GOD

第4章 汉字的拆分方法

（续表）

汉字→字根	编码	汉字→字根	编码
友→ナ又	DC	末→三小	DII
非→三丨三	DJD	未→二小	FII
其→卄三八	ADW	井→二丿	FJK
末→一木	GS	尤→ナ乙	DNV
敖→主方攵	GQTY	天→一大	GD
龙→ナ匕	DX	丐→一卜𠃌	GHN
串→口口丨	KKH	电→日乙	JN
曳→日匕	JXE	禺→日门丨、	JMHY
元→二儿	FQ	爽→大乂乂乂	DQQQ
切→七刀	AV	噩→王口口口	GKKK
场→土乙彡	FNR	越→土止弋丿	FHAT
戌→厂一丨	DGNT	戍→厂、丨	DYNT
饭→𠂢乙厂又	QNRC	殳→厂彐乙又	RVNC
咸→厂一口丿	DGKT	栽→十戈木	FASI
武→一弋止	GAH	巫→工人人	AWW
丧→十𠂉𠄌	FUE	束→一囗小	GLI
不→一小	FI	死→一夕匕	GQX
甩→月乙	EN	占→卜口	HK
乎→丿丷丨	TUH	禹→丿口门、	TKMY
且→月一	EG	乏→丿之	TPI
丹→冂一	MYD	册→门门一	MMGD
冉→门土	MFD	歹→一夕	GQI
巾→门丨	MHK	于→一十	GF
果→日木	JS	内→门人	MW
养→丷手丿丨	UDYJ	羊→丷手	UD
敝→丷门小攵	UMIT	互→一彑	GXG
垂→丿一卄士	TGAF	羌→丷丿𠃌	UDN
县→月一厶	EGC	尺→尸乀	NYI
夷→一弓人	GXW	卸→𠂉止卩	RHB

（续表）

汉字→字根	编码	汉字→字根	编码
乌→勹勹一	QNG	风→冂乂	MQ
久→夂乀	QY	勿→勹彡	QRE
缶→𠂉山	RMK	氏→𠂉七	QA
夭→丿大	TDI	朱→𠂉小	RI
熏→丿一罒灬	TGLO	粤→丿冂米乙	TMON
见→冂儿	MQB	夫→二人	FW
曹→一冂卄日	GMAJ	釜→八乂干丷	WQFU
矢→𠂉大	TDU	黑→罒土灬	LFO
千→丿十	TFK	失→𠂉人	RW
丢→丿土厶	TFC	壬→丿士	TFD
生→丿圭	TG	重→丿一日土	TGJF
升→丿开	TAK	卤→卜口乂	HLQ
里→日土	JFD	毛→丿乇	TAV
刻→亠乙丿刂	YNTJ	永→丶丿㇋	YNI
舌→丿古	TDD	秉→丿一彐小	TGVI
午→𠂉十	TFJ	毛→丿二乙	TFN
长→丿七丶	TAY	气→𠂉乙	RNB
身→丿冂三丿	TMDT	自→丿目	THD
鱼→鱼一	QGF	臾→臼人	VWI
乐→𠂉小	QI	兔→勹口儿丶	QKQY
片→丿丨一丶	THGN	多→夕夕	QQ
币→丿冂丨	TMH	爪→厂八	RHYI
瓜→厂厶丶	RCY	年→𠂉十	RLF
匈→勹乂凵	QQB	兔→勹口儿	QKQ
丘→斤一	RG	赛→宀二丨贝	PFJM
乘→丿十北匕	TFUX	象→⺈四豕	QJE
义→丶乂	YQ	毋→母丨	XD
亡→亠乙	YNV	农→冖伙	PEI
牛→𠂉丨	RH	餐→卜夕又𩙿	HQCE

第4章 汉字的拆分方法

(续表)

汉字→字根	编码	汉字→字根	编码
北→丬匕	UX	半→丷十	UF
户→丶尸	YNE	兆→冫儿	IQV
飞→乙𠃌	NUI	艮→丶彐𧘇	YVE
丑→乛土	NFD	发→乀丿又丶	NTCY
刀→乛一	NGD	尹→彐丿	VTE
函→了口又一	BKCG	出→凵山	BM
刃→刀丶	VYI	疋→乙𤴓	NHI
幽→幺幺山	XXM	乡→幺丿	XTE
隶→彐氺	VI	叉→又丶	CYI
办→力八	LW	兜→丿白𠃌儿	QRNQ
书→乛乛丨丶	NNHY	母→𠃌一丶	XGU
段→亻三几又	WDMC	印→𠂉乛卩	QGB
的→白勺	RQYY	卫→卩一	BG
为→丶力	YLYI	是→日一𤴓	JGHU
动→二厶力	FCLN	用→冂月丨	ETNH
说→讠丷口儿	YUKQ	进→二辶丨	FJPK
高→亠口冂口	YMKF	革→廿中	AFJ
实→宀丷大	PUDU	量→日一日土	JGJF
等→竹土寸	TFFU	表→主𧘇	GEU
还→一小辶	GIPI	第→竹弓丨丨	TXHT
感→厂一口心	DGKN	或→戈口一	AKGD
期→廿三八月	ADWE	应→广业	YID
寨→宀二刂木	PFJS	服→月卩又乀	EBCY
矛→龴丁丿	CBT	预→龴丁一贝	CBDM
编→纟丶尸廿	XYNA	序→广龴丁	YCB
首→丷丿目	UTH	甚→廿三八乙	ADWN
特→丿扌土寸	TRFF	酋→丷西一	USGF
魂→二厶白厶	FCRC	核→木亠乙人	SYNW
州→丶丿丶丨	YTYH	产→立丿	UT

（续表）

汉字→字根	编码	汉字→字根	编码
追→亻㠯辶	WNNP	舞→𠂉卌一丨	RLGH
姬→女㠯丨丨	VAHH	助→月一力	EGLN
有→𠂇月	DEF	貌→豸白儿	EERQ
夜→亠亻夂丶	YWTY	时→日寸	JFY
彤→冂㇀彡	MYE	廉→广彐䒑	YUVO
途→人禾辶	WTP	赛→宀二刂贝	PFJM
曲→冂卄	MA	既→彐厶𠆢儿	VCAQ
末→一木	GS	函→了冫凵	BIB
范→艹氵巴	AIB	以→㇙人	NYW
捕→扌一月丶	RGEY	序→广丂亅	YCB
凸→丨一冂一	HGMG	行→彳二丨	TFHH
买→乙丷大	NUDU	卖→十乙丷大	FNUD
片→丿丨一丨	THGN	离→文凵冂厶	YBMC
满→氵卄一人	IAGW	黄→卄由八	AMW
柔→㇇丁亅木	CBTS	豫→㇇丁㇀豕	CBQE
乘→禾㇀匕	TUX	承→了三㇀	BDI
翠→羽亠人十	NYWF	剩→禾㇀匕刂	TUXJ
所→厂㇇尸丨	RNRH	身→丿冂三丨	TMDT
励→厂厂冂力	DDNL	报→扌卩又	RBCY
呀→口二丨丨	KAHT	遇→日冂丨辶	JMHP
牛→𠂉丨	RHK	饮→勹㇈人	QNQW
犹→犭丆乚	QTDN	派→氵厂𧘇	IREY
曾→丷四日	ULJF	旅→方𠂉𧘇	YTEY
缺→𠂉山𠂇人	RMNW	推→扌隹	RWYG
鹤→宀亻隹一	PWYG	傻→亻丿口夂	WTLT
就→京小尢乚	YIDN	恭→卄八小	AWN
监→丨一𠂉皿	JTYL	抓→扌厂丨丶	RRHY
脊→丷㇀人月	IWE	薄→卄氵一寸	AIGF

汉字→字根	编码	汉字→字根	编码
补→衤卜	PUH	社→礻土	PYF
贯→母十贝	XFM	物→丿扌勹	TRQR
苏→艹力八	ALU	每→𠂉母丶	TXGU
雍→亠幺亻圭	YXWY	维→纟亻圭	XWY
冢→冖豕丶	PEY	官→宀㇉㇆	PNHN
饶→⺈七儿	QNAQ	勤→廿口㇐力	ALGL
退→㇉丨止辶	NHFP	敢→乙耳攵	NBT
夏→厂目夂	DHT	寡→宀厂月刀	PDEV
鼎→目乙厂乙	HNDN	阜→丿㇉丨十	TNHF
丞→了水一	BIG	剌→一冂小刂	GMIJ
尴→ナ乚儿皿	DNJL	尬→ナ乚人丨	DNWJ
那→刀二阝	VFB	鬼→白儿厶	RQC
拜→手三十丨	RDFH	阵→阝车	BL
陈→阝七小	BAI	练→纟七乙八	XANW
囊→一口丨㐆	GKHE		

4.3.2 难拆汉字拆分解析

在五笔字型输入法中,有些汉字的字型划分不明显,有些汉字的拆分方法又太过牵强,这就给汉字输入带了极大的不便,也造成了部分汉字成了难拆汉字。

初学者在学习五笔字型输入法的过程中,经常会遇到一些比较难拆的汉字,下面我们来剖析一下这些难拆汉字的原因及解决办法。

1. 有多种拆分方法的汉字

在五笔字型中,有些汉字的拆分方法可能与书写顺序不同,因此造成有两种或两种以上拆分方式的假像,对于这些汉字,初学者往往不清楚如何正确拆分,例如下面这些汉字。

"凹"字,该字如果按照书写顺序进行拆分,是完全错误的,正确的拆分方法为"几、几、一"。

凹 → 凹 + 凹 + 凹

"凸"字,该字与"凹"一样,容易拆错,正确的拆分方法为"丨、一、几、一"。

凸 → 凸 + 凸 + 凸 + 凸

"肺"字,该字应拆分成"月、一、冂、丨",但是习惯上人们会将它拆分成"月、亠、冂、丨",因此往往不能正确录入。

肺 → 肺 + 肺 + 肺 + 肺

"年"字,该字不能拆分成"𠂉、冂、丨",应正确拆分为"𠂉、丨、十"。

年 → 年 + 年 + 年

> **提 示**
> 当一个汉字出现两种或两种以上拆分方式的假像时,需要认真参照汉字的拆分原则来选择正确的拆分方法。

2. 字型容易混淆的汉字

在拆分汉字时,有些汉字的字型容易混淆,因此拆分时容易出错。下面列出了一些字型容易混淆的汉字,供读者参考。

"自"字,在判断该字型时,有人容易将其判断为"上下型"汉字,但在五笔字型中将它看成是"杂合型"汉字,其正确的拆分方法如下。

自 → 自 + 自

"单"字,判断该字的字型时,容易将其判断为"杂合型",但在五笔字型中将它看成是"上下型"汉字,正确的拆分方法如下。

单 → 单 + 单 + 单

"卑"字,该字与"单"字一样,都容易判断为"杂合型",但在五笔字型中将它看成是"上下型"汉字,正确的拆分方法如下。

卑 → 卑 + 卑 + 卑

"首"字,判断该汉字的字型时,也存在两种较为常见的看法,即"上下型"和"杂合型",五笔字型中把它看成是"上下型"汉字,正确的拆分方法如下。

首 → 首 + 首 + 首

"戴"字,在拆分时容易让人在"上下型"和"杂合型"之间混淆不清,在五笔字型中把它看成是"上下型"结构的汉字,该字的拆分方法为"十、戈、田、卄、八"。

戴 → 戴 + 戴 + 戴 + 戴 + 戴

3. 末笔容易混淆的汉字

在五笔字型编码方案中，有些汉字需要输入末笔字型识别码，因此正确地分辨汉字的末笔相当重要。下面列出了一些末笔容易混淆的汉字，供读者参考，关于末笔识别码的相关知识将在后面的章节详细介绍。

"丹"字，其笔画顺序是"丿、冂、一、、"，但在五笔字型中却是先打"、"，后打"一"，即"丿、几、、一"，所以在五笔字型输入法中"丹"字的末笔应为"一"，拆分时应拆分为"几、二"，而不是"几、一、、"。

丹 → 丹 + 丹

"彻"字，在常规的笔画顺序中，"彻"字的最后一笔应该是"丿"，但在五笔字型中它的最后一笔却是"冂"，其正确的拆分方法如下。

彻 → 彻 + 彻 + 彻

4.4 课堂练习

练习一：练习单个汉字的拆分

▶ **任务描述：**

本节练习将在记事本程序中输入一些常用的汉字，以帮助读者掌握汉字的拆分方法、取码原则和输入方法。

| 搜 | 拨 | 肃 | 考 | 无 | 禹 |
| 庸 | 噩 | 餐 | 遇 | 永 | 正 |

▶ **操作思路：**

01 启动记事本程序，然后切换到王码五笔86版。
02 按照本章介绍的方法拆分和输入上面的汉字。

练习二：练习难拆汉字的拆分

▶ **任务描述：**

本节将练习难拆汉字的拆分，以帮助读者掌握难拆汉字的拆分和输入方法。

凹	凸	单	卑
首	戴	丹	彻
着	连	整	开
自	肺	害	年

▶ **操作思路：**

01 启动记事本程序，然后切换到王码五笔86版。
02 按照本章介绍的方法拆分和输入上面的汉字。

4.5 课后答疑

问：在拆分汉字时，必须满足所有拆分原则还是只需要满足部分拆分原则即可？

答：在拆分汉字时，必须满足所有的汉字拆分原则，只要违背了任意一个拆分原则，就会拆分错误。

问："本"字属于"单"结构汉字吗？

答：五笔字型输入法划分结构时依据的是字根与字根之间的关系，汉语中的某些"独体字"虽然结构只有一部分，如"本"字，但它是由两个字根（木和一）组成，所以这类汉字不属于"单"结构汉字。

问："未"与"末"这两个字，该拆分成"二、小"呢，还是"一、木"？

答："未"、"末"，这两个字都可以拆分成"二、小"，或者"一、木"，但在五笔字型中，规定"未"拆分成"二、小"，"末"拆分成"一、木"。

第5章
使用五笔输入汉字

通过前面的学习，我们掌握了将汉字拆分为字根的方法，本章我们将对五笔字型输入法中汉字的取码规则、重码和万能键的使用方法进行介绍，从而实现汉字的输入。

本章要点：
- ❖ 键面汉字的输入
- ❖ 键外汉字的输入
- ❖ 常见偏旁部首的输入
- ❖ 重码和万能键的使用

5.1 键面汉字的输入

> **知识导读**
> 键面汉字是指在五笔字根键盘中可看到的汉字,包括键名汉字和成字字根汉字两种,下面将分别介绍其输入方法。

5.1.1 输入键名汉字

　　键名汉字的输入方法为:连续按下键名汉字所在键位4次。例如,要输入"白"字,连续按"R"键4次即可。24个键名汉字对应的编码如下。

- ❖ 横区(1区):王(GGGG)、土(FFFF)、大(DDDD)、木(SSSS)、工(AAAA)。
- ❖ 竖区(2区):目(HHHH)、日(JJJJ)、口(KKKK)、田(LLLL)、山(MMMM)。
- ❖ 撇区(3区):禾(TTTT)、白(RRRR)、月(EEEE)、人(WWWW)、金(QQQQ)。
- ❖ 捺区(4区):言(YYYY)、立(UUUU)、水(IIII)、火(OOOO)、之(PPPP)。
- ❖ 折区(5区):已(NNNN)、子(BBBB)、女(VVVV)、又(CCCC)。

5.1.2 输入成字字根

　　在各键位的键面上除了键名汉字以外,本身是汉字的其他字根称为成字字根。成字字根汉字的输入方法是:先按下该字根所在的键位(俗称"报户口"),然后按书写顺序依次按下第1笔、第2笔和最后一笔所在的键位,即编码为"字根所在键位+首笔代码+次笔代码+末笔代码",当不足4码时,就按空格键补全。

　　下面是一些成字字根的输入示例,希望读者举一反三,并多加练习,以便掌握成字字根的输入方法。

　　"几"字,该字是位于"M"键上的成字字根,根据编码规则先按下该字根所在键位,再按下首笔画"丿"、次笔画"乙"所在键位,最后按下空格键,即五笔编码为"MTN+空格"。

几 → 几 + 几 + 几

编码　　M　　T　　N　　空格

　　"刀"字,该字是位于"V"键上的成字字根,根据编码规则先按下该字根所在键位,再按下首笔画"乙"、次笔画"丿"所在键位,最后按下空格键,即五笔编码为"VNT+空格"。

刀 → 刀 + 刀 + 刀

编码　　V　　N　　T　　空格

　　"干"字,该字是位于"F"键上的成字字根,根据编码规则先按下该字根所在键位，再按下首笔画"一"、次笔画"一"和末笔画"丨"所在键位，即五笔编码为"FGGH"。

干—干＋干＋干＋干

编码　　F　　G　　G　　H

"文"字，该字是位于"Y"键上的成字字根，根据编码规则先按下该字根所在键位，再按下首笔画"丶"、次笔画"一"和末笔画"㇏"所在键位，即五笔编码为"YYGY"。

文—文＋文＋文＋文

编码　　Y　　Y　　G　　Y

"由"字，该字是位于"M"键上的成字字根，根据编码规则先按下该字根所在键位，再按下首笔画"丨"、次笔画"𠃌"和末笔画"一"所在键位，即五笔编码为"MHNG"。

由—由＋由＋由＋由

编码　　M　　H　　N　　G

5.2 键外汉字的输入

知识导读
键外汉字是指没有包含在五笔字根键盘中的汉字，这类汉字都是由多个字根组合而成的，又称为合体字，其输入方法主要分3种情况：刚好4码的汉字、超过4码的汉字和不足4码的汉字。

5.2.1 刚好四码汉字的输入

如果一个汉字刚好能拆分为4个字根，按照书写顺序，依次按下这4个字根所在的键位，即可输入该字。下面列出一些刚好4码的汉字的输入示例。

"跬"字，可以拆分成"口、止、土、土"4个字根，只需依次按下这4个字根对应的键位便可输入，即五笔编码为"KHFF"。

跬—跬＋跬＋跬＋跬

编码　　K　　H　　F　　F

"搁"字，可以拆分成"扌、门、夂、口"4个字根，只需依次按下这4个字根对应的键位便可输入，即五笔编码为"RUTK"。

搁→搁+搁+搁+搁

编码　　R　U　T　K

"说"字,可以拆分成"讠、⺊、口、儿"4个字根,只需依次按下这4个字根对应的键位便可输入,即五笔编码为"YUKQ"。

说→说+说+说+说

编码　　Y　U　K　Q

"晚"字,可以拆分成"日、⺈、口、儿"4个字根,只需依次按下这4个字根对应的键位便可输入,即五笔编码为"JQKQ"。

晚→晚+晚+晚+晚

编码　　J　Q　K　Q

"照"字,可以拆分成"日、刀、口、灬"4个字根,只需依次按下这4个字根对应的键位便可输入,即五笔编码为"JVKO"。

照→照+照+照+照

编码　　J　V　K　O

5.2.2 超过四码汉字的输入

对于超过4码的汉字,输入方法是:按照书写顺序将汉字拆分为字根后,依次按下汉字的第1个字根、第2个字根、第3个字根和最后一个字根所在的键位,即"第1个字根+第2个字根+第3个字根+末字根"。下面列出一些超过4码的汉字的输入示例。

"蟹"字,可以拆分成"⺈、用、刀、⺈、丨、虫"6个字根,根据取码规则,取其第1、2、3个字根和末字根"⺈、用、刀、虫",即依次输入这4个字根的编码"QEVJ"便可输入"蟹"字。

蟹→蟹+蟹+蟹+蟹

编码　　Q　E　V　J

"熊"字,可以拆分成"厶、月、匕、匕、灬"5个字根,根据取码规则,取其第1、2、3个字根和末字根"厶、月、匕、灬",即依次输入这4个字根的编码"CEXO"便可输入"熊"字。

熊 → 熊 + 熊 + 熊 + 熊

编码　　C　E　X　O

"整"字，可以拆分成"一、口、小、攵、一、止"6个字根，根据取码规则，取其第1、2、3个字根和末字根"一、口、小、止"，即依次输入这4个字根的编码"GKIH"便可输入"整"字。

整 → 整 + 整 + 整 + 整

编码　　G　K　I　H

"稽"字，可以拆分成"禾、尤、乙、匕、日"5个字根，根据取码规则，取其第1、2、3个字根和末字根"禾、尤、乙、日"，即依次输入这4个字根的编码"TDNJ"便可输入"稽"字。

稽 → 稽 + 稽 + 稽 + 稽

编码　　T　D　N　J

5.2.3 不足四码汉字的输入

对于不够拆分成4个字根的汉字，依次按下各字根所在的键位后，可能会输入需要的汉字，但也可能出现许多候选字或者根本没有需要的汉字，这时可通过"末笔字型识别码"解决问题。

1. 末笔字型识别码的含义

末笔字型识别码（简称为"识别码"），它是由末笔代号加字型代号构成的一个附加码，其详情如表5-1所示。

表5-1

字型代号＼末笔代号	一（1）	丨（2）	丿（3）	丶（4）	乙（5）
左右型（1）	11（G）	21（H）	31（T）	41（Y）	51（N）
上下型（2）	12（F）	22（J）	32（R）	42（U）	52（B）
杂合型（3）	13（D）	23（K）	33（E）	43（I）	53（V）

例如，"收"字，只能拆分为"乙、丨、攵"3个字根，此时需要加上一个末笔字型识别码。"收"字的末笔为"丶"（4），字型为"左右型"（1），因此末笔字型识别码就为41，41所对应的键位为"Y"，所以"收"字的编码为"NHTY"。

收 → 收 + 收 + 收 + 丶

编码　N　H　T　Y

> **💡 技 巧**
> 若某些汉字使用末笔字型识别码后仍不足4码，就需要再输入一个空格，即"第一个字根 + 第二个字根 + 末笔字型识别码 + 空格"。

2. 末笔字型识别码的特殊约定

在判断末笔字型识别码时，还要遵循以下3个特殊约定。

❖ 由"辶"、"廴"、"门"和"疒"组成的半包围汉字，以及由"囗"组成的全包围汉字，其末笔为被包围部分的末笔笔画。例如，"因"字的末笔为"丶"。

因 → 因 + 因 + 丶

编码　L　D　Ⓘ　空格

❖ 对于"成、我、戍、戋"等字，遵循"从上到下"原则，取撇（丿）为末笔。例如"浅"字的末笔为"丿"。

浅 → 浅 + 浅 + 丿

编码　I　G　Ⓣ　空格

❖ 末字根为"力、刀、九、匕"等时，一律用折笔作为末笔画。例如"叨"字的末字根为"刀"，其末笔画为折（乙）。

叨 → 叨 + 叨 + 乙

编码　K　V　Ⓝ　空格

3. 快速判断末笔字型识别码

在输入不足4码的汉字时，只需理解以下3点，便可快速判断出该汉字的末笔字型识别码。

❖ 对于"左右型"汉字，当输完字根后，补打1个末笔笔画就等同加了末笔字型识别码。例如，"枢"字的末笔笔画是"丶"，而"丶"所在的键位是"Y"，因此，"枢"的编码就为"SAQY"。

枢 → 枢 + 枢 + 枢 + 丶

编码　S　A　Q　Ⓨ

❖ 对于"上下型"汉字,当输完字根后,补打由两个末笔笔画复合构成的"字根"就等同加了末笔字型识别码。例如,"莽"字的末笔笔画是"丨",由两个笔画"丨"复合构成的"字根"就为"刂",而"刂"所在键位是"J",因此,"莽"的编码就应为"ADAJ"。

莽 → 莽 + 莽 + 莽 + 刂

编码　　A　　D　　A　　J

❖ 对于"杂合型"汉字,当输完字根后,补打由3个末笔笔画复合构成的"字根"就等同加了末笔字型识别码。例如,"回"字的末笔笔画是"一",由3个笔画"一"复合构成的"字根"就为"三",而"三"所在键位是"D",因此,"回"的编码就应为"LKD"。

回 → 回 + 回 + 三

编码　　L　　K　　D　　空格

5.3 常见偏旁部首的输入

> **知识导读**
> 使用五笔字型输入法时,可输入部分偏旁部首。偏旁部首的输入分单字根偏旁部首输入和双字根偏旁部首输入两种。

5.3.1 单字根偏旁的输入

单字根偏旁部是指偏旁部首本身就是一个字根,它与成字字根的输入方法相似,先按下字根所在的键位,然后按书写顺序依次按下第1笔、第2笔和末笔所在的键位即可。

例如,偏旁部首"艹",按下"艹"所在的键位"A",再依次按下该字根的第1笔"一"所在的键位"G",第2笔"丨"所在的键位"H"和末笔"丨"所在的键位"H",即键入五笔编码"AGHH"便可输入"艹"。

艹 → 艹 + 艹 + 艹 + 艹

编码　　A　　G　　H　　H

再如,偏旁部首"扌",按下"扌"所在的键位"R",再依次按下该字根的第1笔"一"所在的键位"G",第2笔"丨"所在的键位"H"和末笔"一"所在的键位"G",即键入五笔编码"RGHG"便可输入"扌"。

扌 → 扌 + 扌 + 扌 + 扌

编码　　R　　G　　H　　G

5.3.2 双字根偏旁的输入

对于不是字根的偏旁部首，一般是由两个字根组成，也就是前面提过的双字根偏旁部首。在输入双字根偏旁部首时需要拆分，同时还需要附加末笔字型识别码。

> **技巧**
>
> 偏旁部首的字型都为"杂合型"，当输完字根后，补打由3个末笔笔画复合构成的"字根"就等同加了末笔字型识别码。

例如，偏旁部首"礻"，可拆分为"礻"和"丶"两个字根，其末笔笔画为"丶"，由3个笔画"丶"复合构成的"字根"就为"氵"，而"氵"所在键位是"I"，因此，"礻"的五笔编码就应为"PYI"。

$$礻 \longrightarrow 礻 + 礻 + 氵$$
编码　　　P　　Y　　I

再如，偏旁部首"犭"，可拆分为"犭"和"丿"两个字根，其末笔笔画为"丿"，由3个笔画"丿"复合构成的"字根"就为"彡"，而"彡"所在键位是"E"，因此，"犭"的五笔编码就应为"QTE"。

$$犭 \longrightarrow 犭 + 犭 + 彡$$
编码　　　Q　　T　　E

5.4 重码和万能键的使用

> **知识导读**
>
> 如果一个编码对应着几个汉字，则该编码就成为重码，对应的几个汉字就称为重码字。此外，在五笔字型输入法中，还有一个万能学习键"Z"，用于辅助汉字的输入。

5.4.1 重码的选择

对于不是字根的偏旁部首，一般是由两个字根组成，也就是前面提过的双字根偏旁部首。在输入双字根偏旁部首时需要拆分，同时还需要附加末笔字型识别码。

在五笔字型输入法中，当输入重码时，重码字会显示在候选框中，比较常用的字会排在第一个位置上，其他的重码字则需要用数字键选择。五笔字型输入法对重码的处理方法如下。

1. 重码提示

当输入的编码有重码时，候选框中便会显示出编码相同的几个汉字，而常用的那个字通常排在第一位，按空格键便可输入。

例如输入编码"TMGT"时，候选框中会同时出现"微、徽、徵"3个字。因为"微"字比较常用，所以排在第一位，按空格键便可输入；而"徽、徵"的使用频率较低，所以需要按对应的数字键进行选择输入。例如要输入"徽"字，需要按数字键"2"。

2. 自动调整

在输入词组时，重码比较严重，因为词组的数量与重码率是相互矛盾的，即词库越丰富，词组的重码就越严重。例如输入编码"WTKK"时，候选框中会出现"伤口"和"作品"两个词组。

不过，现在很多五笔输入法都有词频自动调整的功能，经常用的词组一般会排在第一位。而且，有些新版本的输入法在输入词组时，会根据需要选择词组，下次再输入这个词组时，该词组就会自动排在第一位，从而免去了第二次选择的麻烦。

例如使用三讯五笔输入法输入编码"WTKK"后，候选框中会出现"作品"和"伤口"两个词，作品排在第一位。如果按下数字键"2"，可输入"伤口"一词，下次再输入编码"WTKK"时，"伤口"就排在了第一位，此时按空格键便可输入。

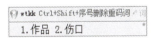 

5.4.2 万能键的使用

对于初学五笔字型输入法的用户来说，虽然用心记忆字根，但难免会记得不牢，或者字根与键位对不上号。此时便可运用万能学习键"Z"来解决问题。

在输入汉字时，如果不记得字根对应的键位，或者对某个字根拆分模糊，便可使用"Z"键来代替。此时，输入法会检索出那些符合已键入代码的字或词，并将汉字及正确代码显示在候选框里。

例如，在输入"器"字的过程中，不知道它的第3个字根是什么，便可用"Z"来代替，即输入"KKZK"，候选框中将显示符合该编码的汉字，此时可选择需要输入的字。

5.5 课堂练习

练习一：练习键面汉字的输入

▶ **任务描述：**

练习在记事本中输入键面汉字，以帮助读者熟悉键名汉字和成字字根的输入方法。

王	土	大	木	工	目
日	口	田	山	禾	白
月	人	金	言	立	水
火	之	已	子	女	又
儿	用	手	竹	六	门
米	石	古	厂	止	川
早	虫	车	力	刀	巴
心	贝	马	也	耳	羽

▶ **操作思路：**

01 启动记事本程序，然后切换到王码五笔86版。
02 根据本章所学的知识，输入上面列出的键面汉字。

练习二：练习键外汉字的输入

▶ **任务描述：**

练习在记事本中输入键外汉字，以帮助读者熟悉字根刚好4码、不足4码和超过4码的汉字的拆分和输入方法。

旦	肚	柴	眯	花
过	盾	践	指	挞
冈	睹	聪	照	规
超	说	缩	熊	续
输	簸	编	晚	稽

▶ **操作思路：**

01 启动记事本程序，然后切换到王码五笔86版。
02 根据本章所学的知识，输入上面列出的键外汉字。

5.6 课后答疑

问：五笔字型的编码有没有什么规律可循？

答：在输入单个汉字时，可遵循一定的编码规律，其内容为：五笔字型均直观，依照笔顺把码编；键名汉字击四下，基本字根要照搬；一二三末取四码，顺序拆分大优先；不足四码要注意，交叉识别补后边。

问：怎样输入"一"、"丨"、"丿"、"丶"和"乙"5种单笔画？

答：5种单笔画是构成五笔字型的基础，这5种单笔画的输入方法是：连续按下笔画对应的键位两次，然后连续按下"L"键两次。例如输入"一"时，可键入"GGLL"；输入"丨"，可键入"HHLL"；输入"丿"，可键入"TTLL"；输入"丶"，可键入"YYLL"；输入"乙"，可键入"NNLL"。

问：在使用王码五笔型86版输入法输入"蔻"时，为何输入编码"APFC"后，输入的却是"劳动"？

答：按照拆分原则，"蔻"字的编码应为"APFC"，但与常用词组"劳动"产生重码，王永民教授便强制规定"蔻"字的编码为"APFL"。之所以这样规定，是因为"劳动"这个词组很常用，而"蔻"字属于很不常用的汉字，以便区分这两者的编码。

第6章

简码和词组的输入

在五笔字型输入法中,为了减少击键次数,提高打字效率,将一些常用汉字设置为了简码汉字,这样输入相应的简码即可快速输入汉字。此外,无论是多少字的词组,最多只需按4次键即可输入,这样大大提高了汉字的输入速度。本章将详细介绍简码和词组的输入方法。

本章要点:
- ❖ 简码的输入
- ❖ 词组的输入

第6章 简码和词组的输入

6.1 简码的输入

知识导读

为了减少击键次数，提高输入速度，对于一些使用频率较高的汉字，可以只取前边的1~3个字根，再按空格键输入，因此就形成了一级简码、二级简码和三级简码。通过简码输入，不但减少了击键次数，还省去了部分汉字的"识别码"的判断和编码，更加便于汉字的输入。

6.1.1 一级简码的输入

在五笔字型输入法中，根据每一个键位上的字根形态特征，在25个键位上分别安排了一个使用频率较高的汉字，这些汉字就叫一级简码（也叫"高频字"），其分布位置如下。

一级简码的输入方法是：按下该字所在的键位，再按下空格键即可。例如，要输入"要"字，按下"S+空格键"；要输入"经"字，按下"X+空格键"。

一级简码的分布规律基本是按第1笔画来进行分类的，并尽可能使它们的第2笔画与位号一致，但并不是每一个都符合。为了帮助记忆，下面提供了5句口诀。

- ❖ 1区：一地在要工
- ❖ 2区：上是中国同
- ❖ 3区：和的有人我
- ❖ 4区：主产不为这
- ❖ 5区：民了发以经

6.1.2 二级简码的输入

五笔字型输入法中，将一些常用汉字编码简化为用两个字根来编码，便形成了二级简码。二级简码的输入方法是：按照取码的先后顺序，取汉字全码中的前两个字根的代码，再按下空格键即可。

例如，"雪"字的全码应为"FVF"，在键入编码"FV"后，"雪"字就会出现在候选框的第1位，此时按下空格键可立即输入。

相对于一级简码来说，二级简码就要多得多，大概有600多个。表6-1中列出了两个代码组合后的编码对应的二级简码,若为"※",表示该编码没有对应的二级简码。

表6-1

区	位	1 2 3 4 5 G F D S A	1 2 3 4 5 H J K L M	1 2 3 4 5 T R E W Q	1 2 3 4 5 Y U I O P	1 2 3 4 5 N B V C X
1区	G	五于天末开	下理事画现	玫后表珍列	玉平不来※	与屯妻到互
	F	二寺城霜载	直进吉协南	才垢圾夫无	坛增示赤过	志地雪支※
	D	三夯大厅左	丰百右历面	帮夺胡春克	太磁砂灰达	成顾肆友龙
	S	本村枯林械	相查可楞机	格析极检构	术样档杰棕	杨李要权楷
	A	七革基苛式	牙革或功贡	攻匠菜共区	芳燕东蒌芝	世节切芭药
2区	H	睛睦睚盯虎	步旧占卤贞	睡脾肯具餐	眩瞳步眯瞎	卢※眼皮此
	J	量时晨果虹	早昌蝇曙遇	昨蝗明蛤晚	景暗晃显晕	电最归坚昆
	K	呈叶顺呆呀	中虽吕另员	呼听吸只史	嘛啼吵咪喧	叫啊哪吧哟
	L	车轩因困轼	四辊加男轴	力斩胃办罗	罚较※辚边	思囝轨轻累
	M	同财央朵曲	由则迥崭册	几贩骨内风	凡赠峭嵝迪	岂邮※凤嶷
3区	T	生行知条长	处得各务向	笔物秀答称	入科秒秋管	秘季委么第
	R	后持拓打找	年提扣押抽	手折扔失换	扩拉朱搂近	所报扫反批
	E	且肝须采肛	胪胆肿肋肌	用遥朋脸胸	及胶膛朕爱	甩服妥肥脂
	W	全会估休代	个介保佃仙	作伯仍从你	信们偿伙伫	亿他分公化
	Q	钱针然钉氏	外旬名甸负	儿铁角欠多	久匀乐炙锭	包凶争色锴
4区	Y	主计庆订度	让刘训为高	放诉衣认义	方说就变这	记离良充率
	U	闰半关亲并	站间部曾商	产瓣前闪交	六立冰普帝	决闻妆冯北
	I	汪法尖洒江	小浊澡渐没	少泊肖兴光	注洋水淡学	沁池当汉涨
	O	业灶类灯煤	粘烛炽烟灿	烽煌粗粉炮	米料炒炎迷	断籽娄烃糨
	P	定守害宁宽	寂审宫军宙	客宾家空宛	社实宵灾之	官字安※它
5区	N	怀导居怵民	收慢避惭届	必怕※愉懈	心习悄屡忱	忆敢恨怪尼
	B	卫际承阿陈	耻阳职阵出	降孤阴队隐	防联孙耿辽	也子限取陛
	V	姨寻姑杂毁	叟旭如舅妯	九妹奶※婚	妨嫌录灵巡	刀好妇妈姆
	C	骊对参骠戏	※骒台劝观	矣牟能难允	驻骈※※驼	马邓艰双※
	X	线结顷细红	引旨强细纲	张绵级给约	纺弱纱继综	纪弛绿经比

在查阅二级简码汉字时,汉字所在行的字母为第1码,汉字所在列的字母

为第2码，这两个码加起来就是该汉字的二级简码。例如，"增"字的第1码为"F"，第2码为"U"，因此，"增"字的二级简码为"FU"。

6.1.3 三级简码的输入

三级简码是用单字全码中的前3码来作为该字的编码，这类汉字大约有4000多个。输入三级简码时，只需依次键入汉字的前3个字根对应的编码，再键入空格键即可。

输入三级简码时，虽然加上空格后也要敲4下，但因为很多字就不用判断识别码了，而且空格键比其他键更容易击中，所以在无形之中就提高了输入速度。

例如，"再"字的全码为"GMFD"，简码为"GMF"，简码省略了识别码"D"的判断，因此提高了输入速度。

全码：再(G) 再(M) 再(F) 再(D 横一杂合)

简码：再(G) 再(M) 再(F) 再(空格)

再如，"驳"字的全码为"CQQY"，简码为"CQQ"，简码省略了识别码"Y"的判断，因此提高了输入速度。

全码：驳(C) 驳(Q) 驳(Q) 驳(Y 捺丶左右)

简码：驳(C) 驳(Q) 驳(Q) 驳(空格)

6.2 词组的输入

知识导读

词组输入是五笔字型输入法提供的又一重要功能，也是五笔字型输入法输入速度快的原因之一。词组输入最大的特点是，不管多长的词组，一律只需击键4次便可输入。

6.2.1 输入二字词组

二字词组在汉语词组中占有相当大的比重，其取码规则为：第1个字的第1个字根+第1个字的第2个字根+第2个字的第1个字根+第2个字的第2个字根，从而组合成4码。

例如"知道"，取"知"的第1个字根"⺦"，第2个字根"大"，"道"

的第1个字根"攵",第2个字根"丿",输入编码"TDUT"即可。

知道
知+知+道+道
编码 T D U T

再如"规则",取"规"的第1个字根"二",第2个字根"人","则"的第1个字根"贝",第2个字根"刂",输入编码"FWMJ"即可。

规则
规+规+则+则
编码 F W M J

6.2.2 输入三字词组

三字词组指包含3个汉字的词组,例如"计算机"、"办公室"等。三字词组的取码规则为:第1个字的第1个字根+第2个字的第1个字根+第3个字的第1个字根+第3个字的第2个字根,从而组合成4码。

例如"工程师","工"字本身就是一个字根,直接取该字根,然后取"程"字的第1个字根"禾","师"字的第1个字根"丿",第2个字根"一",输入编码"ATJG"即可。

工程师
工+程+师+师
编码 A T J G

再如"计算机",取"计"字的第1个字根"讠","算"字的第1个字根"𥫗","机"字的第1个字根"木",第2个字根"几",输入编码"YTSM"即可。

计算机
计+算+机+机
编码 Y T S M

6.2.3 输入四字词组

四字词组较多，且多为成语，如"爱莫能助"、"功成名就"等。四字词组的取码规则为：第1个字的第1个字根+第2个字的第1个字根+第3个字的第1个字根+第4个字的第1个字根，从而组合成4码。

例如"爱莫能助"，取"爱"字的第1个字根"♂"，"莫"字的第1个字根"艹"，"能"字的第1个字根"厶"，"助"字的第1个字根"月"，输入编码"EACE"即可。

爱莫能助
爱 + 莫 + 能 + 助
编码 E A C E

再如"争先恐后"，取"争"字的第1个字根"⺈"，"先"字的第1个字根"丿"，"恐"字的第1个字根"工"，"后"字的第1个字根"厂"，输入编码"QTAR"即可。

争先恐后
争 + 先 + 恐 + 后
编码 Q T A R

6.2.4 输入多字词组

如果构成词组的汉字个数超过了4个，那么此类词组就属于多字词组，例如"快刀斩乱麻"、"百闻不如一见"等。多字词组的取码规则为：第1个字的第1个字根+第2个字的第1个字根+第3个字的第1个字根+最后一个字的第1个字根。

例如"快刀斩乱麻"，取"快"字的第1个字根"忄"，"刀"字的第1个字根"刀"，"斩"字的第1个字根"车"，"麻"字的第1个字根"广"，输入编码"NVLY"即可。

快刀斩乱麻
快 + 刀 + 斩 + 麻
编码 N V L Y

再如"搬起石头砸自己的脚"，取"搬"字的第1个字根"扌"，"起"

字的第1个字根"土","石"字本身就是一个字根,直接取该字根,最后取"脚"的第1个字根"月",输入编码"RFDE"即可。

搬起石头砸自己的脚
搬+起+石+脚
编码 R F D E

6.2.5 自定义词组

当五笔字型输入法词库中没有需要输入的词组(例如"百闻不如一见")时,可通过"手工造词"功能来自定义词组。下面以王码五笔型86版输入法为例,讲解如何将词组"百闻不如一见"添加到词库中。

步骤1 单击操作命令	步骤2 自定义词组
01 使用鼠标右键单击五笔字型输入法状态条(除软键盘开/关切换按钮外)。 02 在弹出的快捷菜单中单击"手工造词"命令。	01 弹出"手工造词"对话框,在"词语"文本框中输入需要自定义的词组,"外码"文本框中将自动显示该词组的五笔编码。 02 依次单击"添加"→"关闭"按钮即可。

通过上述设置后,当输入编码"DUIM"时,便可输入词组"百闻不如一见"。

6.3 课堂练习

练习一:练习词组的输入

▶ **任务描述**

练习在记事本中输入词组,以帮助读者熟悉二字词组、三字词组、四字词组和多字词组的输入方法。

太阳	计算机	艰苦奋斗	中华人民共和国
足球	洗衣机	画龙点睛	中国人民银行
故事	办公室	丰富多彩	新疆维吾尔自治区
骄傲	工程师	争先恐后	搬起石头砸自己的脚
本事	奥运会	斩草除根	当一天和尚撞一天钟

▶ **操作思路：**

01 启动记事本程序，然后切换到王码五笔86版。
02 按照本章所学知识，输入上面的词组。

练习二：在记事本中输入一篇短文

▶ **任务描述：**

  练习在记事本中输入一篇短文，以帮助读者熟悉单个汉字和词组的输入方法。
  春暖花开，万物复苏。阳光普照着大地，悠悠的小草一片，鲜艳艳的红花绽放，树上的枝头已发芽。春天来了，到处可以闻到花的香味。黄黄的油菜花，金灿灿的迎春花，红通通的杜鹃花，还有淡淡的桃花。那些嫩嫩的黄、新颖的绿、淡淡的粉、优雅的白……那些泛绿的树枝、和煦的阳光、湿润的泥土……满眼是春的气息。让人惬意无比；让人陶醉；让人无限感动；春天里让我们感受到了生命的力量！
  春风徐徐，轻轻吹拂着我额边的头发，心里无比快乐！侧望着身旁婀娜多姿的柳树，似乎也有了点绿的新意。柳尖那嫩嫩的绿，似乎在告诉我，生机勃勃的春天来了！洋溢着温馨的春味。走在路上，看到那坚强的小草又凭着它那顽强的毅力破土而出，在墙脚下安家了，用它那嫩绿嫩绿的颜色，毫无保留地装饰着美丽的春天，闻到了一股浓浓的春香！春天确实太美了！春天永久地留在我心间，现在想想心里还是那个美啊！

▶ **操作思路：**

01 启动记事本程序，然后切换到王码五笔86版。
02 按照本章所学知识，输入上面的短文。

6.4 课后答疑

  问：在五笔字型输入法中，简码是否可以以全码方式进行输入？
  答：当然可以，简码只是省略了常用汉字编码中后面的1~3个编码，以便减少按键次数，提高输入速度。例如"国"字属于一级简码，按"L+空格键"便可输入，但输入"LGYI"仍然可以输入该字。

问：使用五笔输入法录入汉字时，有没有什么技巧可以提高录入速度？

答：掌握一些文字录入技巧与原则，能够帮助我们"运指如飞"，总的来说有以下3个基本规则。

- 遇词打词，无词打字。五笔字型输入法不但能输入单字，而且能录入几乎所有的词组。无论是二字词组、三字词组、四字词组还是多字词组，使用五笔字型输入法最多只需要击键四次就可以将词组打出来，因此大大提高了录入效率。
- 击键规范，快速盲打。对于文字录入员来说，盲打的概念就是在文字录入时眼睛不看屏幕，也不看键盘，只看稿纸，在打字的间隙或整个打字过程中用眼睛的余光观察键盘与屏幕，整个打字过程非常流畅。
- 简码录入，能省则省。五笔字型中无论是汉字还是词组，最多只需要四位编码即可录入。有些汉字甚至不需要四码，只需要三码或者二码即可录入，这就是五笔字型中的简码汉字。使用简码录入可以将录入速度提高约2~3倍。

第7章

98版五笔字型输入法

86版五笔字型输入法在推广和使用过程中逐渐暴露其不足之处，针对这些不足，王永民先生于1998年研发出了五笔字型第二代版本——98版五笔字型输入法。本章将详细介绍98版五笔字型输入法的具体使用方法。

本章要点：

- ❖ 认识98版五笔字型输入法
- ❖ 98版五笔码元的键位分布
- ❖ 输入汉字与词组

7.1 认识98版五笔字型输入法

> **知识导读**
> 98版五笔字型输入法是五笔字型输入的第二代版本,虽然不像86版五笔那样使用广泛,但也有许多优点。下面我们就来认识98版五笔字型输入法。

7.1.1 98版与86版的区别

98版五笔字型输入法是在86版的基础上发展而来的,在拆分原则、编码规则上具有一定的共性,但也有一定的区别。

表7-1

输入法版本 区别描述	五笔字型输入法86版	五笔字型输入法98版
构成汉字基本单位的称谓不同	字根	码元
处理汉字的数量不同	五笔字型86版只能处理GB2312-80字库中的6,763个国标简体字	可以处理GBK字库的汉字及港、澳、台地区(BIG5)的13,053个繁体字,以及中、日、韩3国大字符集中的21,003个汉字
五笔字型98版选取码元更规范	五笔字型86版无法对某些规范字根做到整字取码,造成了一些汉字编码的不规范,如86版五笔字型中需要拆分"甘、毛、丘、夫、羊、母",既不好拆也容易出错	98版五笔字型将规范字根作为一个码元,可直接整字取码,它将"甘、毛、丘、夫、羊、母"等汉字作为一个单独的码元
五笔字型98版编码规则更简单明了	五笔字型86版在拆分编码上,常常会与汉字书写顺序产生矛盾	五笔字型98版中的"无拆分编码法"将总体上形似的笔画结构归为同一码元,一律用码元来描述汉字笔画结构,使编码规则更加简单明了,使五笔输入法更加合理易学

7.1.2 98版五笔对码元的调整

98版五笔字型对86版中的字根进行了调整,从而使98版五笔选取码元更规范。与86版五笔相比,98版五笔对码元进行了以下调整。

1. 删除的码元

98版中删除了86版五笔字型字根表中不规范的字根，例如"A"键中的"弋"，"Q"键中的"刂"等，详情如表7-2所示。

表7-2

键位	删除的码元	键位	删除的码元
G	戋	Q	刂
D	羊	I	火、业
A	弋	H	广、疒
C	马	X	口
E	豕、豸	R	二、斤
P	礻		

2. 增加的码元

在98版五笔字型输入法中，增加了一些使用频率高的码元，这些码元大多是按86版拆分较为困难的笔画结构，如表7-3所示。

表7-3

键位	增加的码元	键位	增加的码元
F	甘、未、寸	U	羊、羊、丬
G	夫、扌、牛、牛	I	肖
D	戊、丗	O	严、业
P	衤、礻	S	甫
N	目	A	廾
H	少、虍	B	皮
E	毛、豸	R	丘
V	艮、艮	C	牛、马
X	毌、旦、母	Q	犭、鸟

3. 位置调整

与86版相比较，98版五笔字型输入法还对键盘上的一些码元的位置进行了调整，详情如表7-4所示。

表7-4

码元	86版键位	98版键位
儿	Q	K

（续表）

码元	86版键位	98版键位
乂	Q	R
力	L	E
曰	V	E
几	M	W
舟	E	U
广	Y	O
乃	E	B

7.2 98版五笔码元的键位分布

知识导读

与86版五笔字型输入法一样，98版五笔字型输入法的码元（字根）也是按照一定规律分布在键盘的各个键位上的。下面就来认识一下王码五笔98版的码元区和位、码元键盘分布图及码元助记词。

7.2.1 码元的区和位

"码元"同"字根"的意义相似，都表示组成汉字的基本单元。98版五笔字型输入法把笔画结构特征相似、笔画形态及笔画数量大致相同的笔画结构作为编码的单元，即汉字编码的基本单位，简称"码元"。

与86版五笔字型输入法一样，98版五笔字型输入法将键盘上除"Z"键外的25个字母键分为横、竖、撇、捺和折5个区，分别用代号1、2、3、4和5表示区号，每个区包括5个键，每个键称为一个位，分别用代号1、2、3、4和5表示位号。将每个键所在的区号作为第1个数字，位号作为第2个数字，两个数字合起来就表示一个键位，这样便形成了码元的区位号。

7.2.2 码元的键盘分布

相对于86版来说，98版五笔字型输入法的码元分配更有规律，更便于记忆，98版码元键盘分布如下图所示。

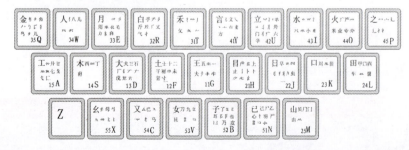

在码元键盘分布图中,第1区放置"横"起笔类的码元,第2区放置"竖"起笔类的码元,第3区放置"撇"起笔类的码元,第4区放置"捺"("点")起笔类的码元,第5区放置"折"起笔类的码元。

7.2.3 码元助记词

为了使码元的记忆更加容易,在98版五笔字型输入法中,同样为每一区的码元编写了一首"助记词",如表7-5所示。

表7-5

1区	2区	3区	4区	5区
G键:王旁青头五夫一	H键:目上卜止虎头具	T键:禾竹反文双人立	Y键:言文方点谁人去	N键:已类左框心尸羽
F键:土干十寸未甘雨	J键:日早两竖与虫依	R键:白斤气丘叉手提	U键:立辛六羊病门里	B键:子耳了也乃框皮
D键:大犬三其古石厂	K键:口中两川三个竖	E键:月用力豸毛衣臼	I键:水族三点鳖头小	V键:女刀九艮山西倒
S键:木丁西甫一四里	L键:田甲方框四车里	W键:人八登头单人几	O键:火业广鹿四点米	C键:又巴牛厶马失蹄
A键:工戈草头右框七	M键:山由贝骨下框集	Q键:金夕鸟儿犭边鱼	P键:之字宝盖补礻衤	X键:幺母贯头弓和匕

> **提示**
> 记忆98版五笔字型输入法码元时,可以通过码元助记词来记忆,也可以在86版的基础上记忆98版中新增的码元和分布不同的码元。

7.3 输入汉字与词组

知识导读
使用王码五笔字型输入法98版输入汉字的方法与86版大致相同,即首先将汉字拆成码元,然后依次按码元所在的键位。本节将具体介绍如何使用98版五笔字型输入法输入汉字和词组。

7.3.1 输入键面汉字

同86版五笔字型输入法一样,键面汉字是指在码元键盘分布图中可以看到的汉字,包括5种单笔画、键名汉字和成字码元,其中5种单笔画的输入方法完全一样,接下来主要讲解键名汉字和成字码元的输入方法。

1. 输入键名汉字

在98版五笔字型码元键盘中可看到,每个键上的第1个码元都是一个简单的汉字,即每句口诀中的第1个汉字,它们叫做键名汉字。98版五笔字型输入法中共有25个键名汉字,其中"X"键的键名汉字为"幺",其余的与86版的键名汉字相同。

键名汉字的输入方法是:连续按下键名汉字所在键位4次即可。例如,输入"田"字,连续按下"L"键4次;输入"女"字,连续按下"V"键4次。

2. 输入成字码元

成字码元类似于86版五笔字型输入法中的成字字根,即在各键位的键面上除了键名汉字以外,本身是汉字的码元就是成字码元。例如"R"键上,"白"是键名汉字,"手"、"斤"、"丘"和"气"是成字码元。

成字码元的输入方法是:先按下该码元所在的键位(称为"报户口"),然后按书写顺序依次按下第1笔、第2笔和最后一笔所在的键位。依次按下相应的键位后,若不足4码,按下空格键补全。

例如"巴"字:该字所在的键位为"C",它的第1笔为"乙",第2笔为"丨",末笔为"乙",因此,"巴"字的编码为"CNHN"。

巴 — 巴 + 巴 + 巴 + 巴

编码　　C　　N　　H　　N

再如"用"字:该字所在的键位为"E",它的第1笔为"丿",第2笔为"乙",末笔为"丨",因此,"用"字的编码为"ETNH"。

用 — 用 + 用 + 用 + 用

编码　　E　　T　　N　　H

7.3.2 输入键外汉字

王码五笔98版输入键外汉字的方法与86版类似,也是根据码元存在、书写顺序、取大优先、能散不连、能连不交和兼顾直观原则来拆分码元的,其输入方法也与86版五笔基本相同,分为刚好4码、超过4码和不足4码3种情况。

- ❖ 刚好四码码元汉字:按照书写顺序,依次输入4个码元的编码。例如,"恼"字刚好由4个码元组成,分别位于N、Y、R和B键上,因此该字的编码为"EYRB"。

恼—恼+恼+恼+恼

编码　　N　　Y　　R　　B

❖ 超过四码码元汉字：依次取汉字的第1个、第2个、第3个和最后一个码元的编码。例如，"龚"字由多个码元组成，其第1个码元在D键上，第2个码元在X键上，第3个码元在Y键上，最后一个码元在W键上，因此该字的编码为"DXYW"。

龚—龚+龚+龚+龚

编码　　D　　X　　Y　　W

❖ 不足四码码元汉字：依次输入所有码元的编码，再加上该字的末笔字型识别码（其判定方法与86版相同），如果仍不足4码，则按空格键补位。例如，"军"字由两个码元组成，分别位于P、L键上，其识别码为J，因此该字的编码为"PLJ"。

军—军+军+l

编码　　P　　L　　J

7.3.3 输入简码

98版五笔字型简码的输入方法与86版五笔字型基本上相同，但98版五笔字型的二级简码与86版五笔有所不同，读者应注意区分记忆。

1. 一级简码

98版五笔字型输入法与86版的一级简码完全相同，其输入方法为：按下汉字对应的键位，再按下空格键。例如，要输入"要"字，按下"S+空格键"即可。

```
Q我 W人 E有 R的 T和 Y主 U产 I不 O为 P这
 A工 S要 D在 F地 G一 H上 J是 K中 L国
  Z  X经 C以 V发 B了 N民 M同
```

2. 二级简码

二级简码的输入方法为：按照取码的先后顺序，按下汉字全码的前两码对应的键位，再按下空格键。98版五笔字型二级简码如表7-6所示。

表7-6

区	位	1 2 3 4 5 G F D S A	1 2 3 4 5 H J K L M	1 2 3 4 5 T R E W Q	1 2 3 4 5 Y U I O P	1 2 3 4 5 N B V C X
1区	G	五于天末开	下理事画现	麦珀表珍万	玉来求亚琛	与击妻到互
	F	十寺城某域	直刊吉雷南	才垢协零无	坊增示赤过	志坡雪支坶
	D	三夯大厅左	还百右面而	故原历其克	太辜砂矿达	成破肆友龙
	S	本票顶林膜	相查可柬贾	枚析杉机构	术样档杰枕	札李根权楷
	A	七革苦莆式	牙划或苗贡	攻区功共匹	芳蒋东蘑芝	艺节切芭药
2区	H	睛睦非盯瞒	止旧占卤卣	睡睥肯具餐	虔瞳叔虚瞎	虑※眼眸此
	J	量时晨果晓	早昌蝇曙遇	鉴蚯明蛤晚	影暗晁显蛇	电冕归坚星
	K	号叶顺呆呀	足虽吕畏员	吃听另只兄	暗咬吵嘛喧	叫啊啸吧哟
	L	车团因困轼	四辊回田轴	略斩男界罗	罚较※辘连	思囝轨轻累
	M	赋财央枞曲	由则迥嶷册	败冈骨内见	丹赠峭赃迪	岜邮※峻幽
3区	T	年等知条长	处得各备身	秩稀务答稳	入冬秒秋乏	乐秀委么私
	R	后质拓扑找	看提扣押抽	手折拥兵换	搞拉泉扩近	所报扫长指
	E	且肚须采肛	毡胆加舆觅	用貌朋办胸	肪胶膛脏边	力服妥肥脂
	W	全什估休代	个介保佃仙	八风佣从你	信们偿伙亿	亿他分公仫
	Q	钱针然钉氏	外匐名甸负	儿勿角欠多	久匀尔炙锭	包迎争色锴
4区	Y	证计诚订试	让刘训亩市	放义衣认询	方详就亦亮	记享良充亵
	U	半斗头亲并	着间问闸端	道交前闪次	六立冰普※	闷疗妆育北
	I	光汗尖浦江	小浊溃泗油	少汽肖没沟	济洋水渡党	沁波当汉涨
	O	精庄类床席	业烛燥库灿	庭粕粗府底	广粒应炎迷	断籽数序鹿
	P	家守害宁赛	寂审宫军宙	客宾农空宛	社实宵灾之	官字安※它
5区	N	那导居懒异	收慢避惭屈	改怕尾恰懈	心习尿屡忱	已敢恨怪尼
	B	卫际承阿陈	耻阳职阵出	降孤阴队陶	及联孙耿辽	也子限陛陲
	V	建寻姑杂既	肃旭如烟奶	九婢姐妗婚	妨嫌录灵退	恳好妇妈妹
	C	马对参牺戏	骐※台劝观	矣※能难物	叉※※※※	予邓艰双龙
	X	线结顷缚红	引旨强细贯	乡绵组给约	纺弱纱继综	纪级绍弘比

7.3.4 输入词组

在98版五笔字型输入法中，词组的取码规则与86版完全相同，具体取码规则如下。

- 二字词组的输入方法是：分别取两个字的前两码，共4码组成二字词组的编码。
- 三字词组的输入方法是：分别取前两个字的第1码，然后再取第3个字的前两码，共4码组成三字词组的编码。
- 四字词组的输入方法是：分别取4个字的第1码，共4码组成四字词组的编码。
- 多字词组的输入方法是：取前3个字的第1码和最后一个字的第1码，共4码组成多字词组的编码。

7.3.5 补码码元

"补码码元"又叫"双码码元"，是指在参与编码时，需要两个码的码元，其中一个码元是对另一个码元的补充。

补码码元是成字码元的一种特殊形式，其取码规则为：取码元本身所在的键位作为主码，再取其末笔笔画的编码作为补码。

98版五笔字型输入法的补码码元总共有"犭、礻、衤"3个，如表7-7所示。

表7-7

补码码元	所在键位	主码（第1码）	补码（第2码）
犭	35Q	犭（Q）	丿（T）
礻	45P	礻（P）	、（Y）
衤	45P	衤（P）	㇏（U）

例如在输入"礼"字时，敲击码元"礻"对应的键位"P"后，需要输入一个补码"、"，即敲击对应的键位"Y"，再继续敲击码元"乚"对应的键位"N"及末笔字型识别码"N"，所以"礼"字的编码为"PYNN"。

礼 — 礼 + 、 + 礼 + 乚

编码　　P　　Y　　N　　N

> **提示**
> 虽然在98版码元键盘图中新增了"犭、礻、衤"3个码元，但由于98版五笔字型输入法增加了"补码码元"功能，因此在输入含有偏旁"犭、礻、衤"的汉字时，这些偏旁的拆分方法实际上与86版是相同的。

7.4 课堂练习

练习一：使用98版五笔练习词组输入

▶ **任务描述：**

本节练习在记事本中使用98版五笔字型输入法输入下面词组，以帮助读者熟悉使用王码五笔98版输入词组的方法。

要求	仙人掌	千姿百态	水火不兼容
人生	计算机	销声匿迹	不问青红皂白
方便	笔记本	爱莫能助	初生牛犊不怕虎
学习	办公室	隐隐约约	强将手下无弱兵
联系	直升机	焦头烂额	青出于蓝而胜于蓝

▶ **操作思路：**

01 启动记事本程序，然后切换到王码五笔98版。
02 根据本章所学的知识，输入上面列出的词组。

练习二：使用98版五笔输入一篇短文

▶ **任务描述：**

练习在记事本中使用98版五笔字型输入法输入下面短文，以帮助读者熟悉使用王码五笔98版输入单个汉字和词组的方法。

　　从初荷到残荷，只一步之遥，就如从生到死的距离。如此看来，花开与花败、生存与死亡，就如大海的潮起潮落那样的淡然。繁茂的荷是荷，衰败的荷也是荷。荷因出污泥而不染而美丽，也因衰败落土而超然。盛开与衰败，繁荣与落寞，都是生命所具有的风韵。不以物喜，不以己悲，繁华时不应狂妄，清冷时不言放弃，我想，这也许就是人生的超然吧。

　　又一阵微风吹过，水面上这些泛黄的荷叶，似摇曳着最后的忧伤等待芳华的结束。闭上眼睛，能感受到这种深度的宁静。那里有几多绿荷相倚恨无限的嗟叹，有菡萏香消翠叶残的苍凉。朦胧的阳光照下来，将一个佝偻枯瘦的影子投入塘中，如这残荷一般。但，我想和这残荷一起，让自己融入这秋日荷塘的淡淡的秋韵。

▶ **操作思路：**

01 启动记事本程序，然后切换到王码五笔98版。
02 根据本章所学的知识，输入上面的短文。

7.5 课后答疑

问：怎样才能快速记忆98版五笔码元？

答：掌握了86版五笔字根分布的用户，可以在86版的基础上着重记忆98版码元的调整部分，便可快速记忆98版五笔码元。如果没有86版五笔的基础，则需要背诵98版码元助记词，并通过大量的汉字拆分和输入练习，才能牢记98版五笔码元在键盘上的分布位置。

问：如何判断当前正在使用的五笔字型输入法属于哪个版本？

答：虽然五笔字型输入法的种类繁多，但其编码只有两种——86版和98版。在实际工作中，用户有时分不清正在使用的五笔字型输入法到底属于哪一种编码版本，这难免会造成一些不必要的麻烦。这里介绍快速判定五笔字型输入法版本的方法：切换到五笔字型输入法，输入"线"字，如果输入编码"XGT"能输入该字，则表示你所用的五笔字型输入法为86版；如果输入编码"XGA"能输入该字，则表示你所用的五笔字型输入法为98版。

第8章
五笔打字在Word中的应用

　　Word 是目前最流行的文字处理软件之一，也是办公人员和打字人员必须掌握的软件之一。读者可以使用五笔字型输入法在Word文档中输入文字，并制作简单的文档。本章将简单介绍如何使用Word 2016编辑文档，并对文档进行排版的方法。

本章要点：
- Word 2016基础操作
- 输入与编辑文档
- 美化文档
- 打印文档

8.1 Word 2016基础操作

> **知识导读**
> Word 2016是一款功能非常强大的文字处理和排版软件，要使用它进行文档编辑，首先需要掌握其基本操作。

8.1.1 启动与退出Word 2016

在使用Word 2016前，需要先掌握如何启动与退出该程序，接下来将分别进行讲解。

1. 启动Word 2016

要使用Word 2016编辑文档，首先需要启动该程序，在Windows 10操作系统中启动Word 2016的方法主要有以下两种。

❖ 单击系统桌面左下角的"开始"按钮，在弹出的"开始"菜单中依次单击"所有程序"→"Word 2016"命令，即可启动Word 2016。

❖ 如果操作系统桌面上创建有Word 2016的程序图标，双击图标即可启动该程序。

> **提 示**
> Windows系统提供了应用程序与相关文档的关联关系，安装了Word 2016以后，双击任何一个Word文档图标，即可启动Word 2016程序并打开相应的文档。

2. 退出Word 2016

当不再使用Word 2016时，可以将程序关闭。退出Word 2016的方法主要有以下两种。

❖ 在Word窗口中切换到"文件"选项卡，然后单击左侧窗格中的"关闭"命令，可关闭当前的Word文档。

❖ 单击窗口右上角的"关闭"按钮 ×，依次关闭所有打开的Word文档，便可退出Word 2016程序。

8.1.2 新建文档

新建的文档可以是一个空白文档,也可以是根据Word中的模板创建带有一些固定内容和格式的文档。下面我们就来学习Word文档的创建方法。

1. 新建空白文档

启动Word 2016程序后,在打开的Word窗口中将显示最近使用的文档和程序自带的模板缩略图预览,此时按下"Enter"键或"Esc"键,或者直接单击"空白文档"图标即可进入空白文档界面。

除此之外,还可通过"新建"命令新建空白文档,具体操作方法为:在Word窗口中切换到"文件"选项卡,在左侧窗格中单击"新建"命令,然后在右侧窗格中单击"空白文档"图标即可。

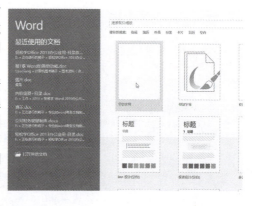

2. 根据模板创建文档

Word 2016为用户提供了多种模板类型,利用这些模板,用户可快速创建各种专业的文档。根据模板创建文档的具体操作步骤如下。

步骤1 选择推荐模板

01 在Word窗口中切换到"文件"选项卡,在左侧窗格中单击"新建"命令。
02 在右侧窗格的模板栏中选择需要的模板样式。

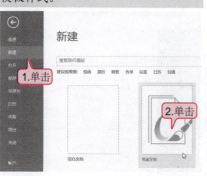

步骤2 搜索模板

01 如果推荐模板中没有需要的模板样式,可以在搜索框中输入模板关键词进行搜索。
02 在搜索结果中单击模板图标即可使用该模板创建新文档。

🔊 技 巧

在选择模板类型时,若选择"根据现有内容新建"模板类型,可将现有的文档作为模板创建一个格式和内容都与之相似的文档;若选择"Office.com模板"栏中的模板,系统会自行到网上下载,并根据所选样式的模板创建新文档。

8.1.3 保存文档

文档编辑完成后,需要将文档进行保存,以方便以后查看和使用。保存文档的操作方法如下。

步骤1 执行保存操作
在Word程序窗口的快速访问工具栏中单击"保存"按钮。

步骤2 设置保存信息
01 在弹出的"另存为"对话框中设置保存路径、文件名及保存类型。
02 单击"保存"按钮即可。

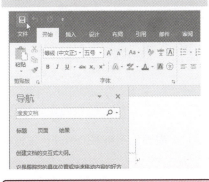

🔊 提 示

在"另存为"对话框的"保存类型"下拉列表中,若选择"Word 97-2003文档"选项,可以将Word 2016制作的文档另存为Word 97-2003兼容模式,从而可以通过低版本(如Word 2003)的Word程序打开并编辑该文档。

除了上述操作方法之外,还可通过以下两种方式保存文档。
- 在文档窗口中切换到"文件"选项卡,然后单击左侧窗格的"保存"命令。
- 在文档模式下直接按下"Ctrl+S"组合键。

如果对已有的文档进行修改后,其保存方法与新建文档的保存方法相同,只是对它进行保存时,仅是将对文档的更改保存到原文档中,因而不会弹出"另存为"对话框,但会在状态栏中显示"Word正在保存……"的提示,保存完成后提示立即消失。

此外,我们还可以在"文件"选项卡中单击"另存为"命令,然后将文档保存在与原路径不同的位置。

8.1.4 打开文档

如果要对电脑中已有的文档进行查看或编辑，首先需要先将其打开。一般来说，先进入该文档的存放路径，再双击文档图标即可将其打开。此外，还可通过"打开"命令打开文档，具体操作步骤如下。

步骤1 执行打开操作

在Word窗口中切换到"文件"选项卡，在左侧窗格中单击"打开"命令。

步骤2 选择要打开的文档

01 在弹出的"打开"对话框中找到需要打开的文档，并将其选中。
02 单击"打开"按钮即可。

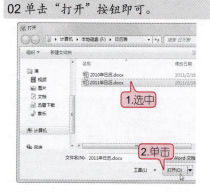

8.1.5 关闭文档

对文档进行了各种编辑操作并保存后，如果确认不再对文档进行任何操作，可以将其关闭，以减少所占用的系统内存。

关闭文档的方法有以下几种。

❖ 在要关闭的文档中，单击右上角的"关闭"按钮。
❖ 在要关闭的文档中，单击左上角的控制菜单图标 W，在弹出的窗口控制菜单中单击"关闭"命令。
❖ 在要关闭的文档中，切换到"文件"选项卡，然后单击左侧窗格的"关闭"命令。
❖ 在要关闭的文档中，按下"Ctrl+F4"组合键或"Alt+F4"组合键。

在关闭Word文档时，如果没有对各种编辑操作进行保存，执行关闭操作后，系统会弹出提示对话框询问用户是否对文档所做的修改进行保存，此时可根据需要进行选择性操作。

8.2 输入与编辑文档

> **知识导读**
> 新建文档后，就可在其中输入文档内容了，而且完成内容的输入后，还可对其进行删除、复制等相关的编辑操作。

8.2.1 输入文档内容

文本是构成文档的最基本元素，因此输入文档内容是编辑文档的最基本操作，接下来就会讲解如何输入文档内容。

1. 定位光标插入点

启动Word后，在编辑区中不停闪动的光标"|"便为光标插入点，光标插入点所在位置便是输入文本的位置。在文档中输入文本前，需要先定位好光标插入点，其方法有以下几种。

- ❖ **在空白文档中定位光标插入点**：在空白文档中，光标插入点就在文档的开始处，此时可直接输入文本。
- ❖ **在已有文本的文档中定位光标插入点**：若文档已有部分文本，当需要在某一具体位置输入文本时，可将鼠标指针指向该处，当鼠标光标呈"I"形状时，单击鼠标左键即可。
- ❖ **通过键盘定位**：通过编辑控制键区中的光标移动键（↑、↓、→和←）、"Home"键和"End"键等按键定位光标插入点。

2. 输入内容

定位好光标插入点后，切换到五笔字型输入法，然后输入相应的文本内容即可。输入文本的过程中，光标插入点会自动向右移动。当一行的文本输入完毕后，插入点会自动转到下一行。在没有输满一行文字的情况下，若需要开始新的段落，可按下"Enter"键进行换行，同时上一段的段末会出现段落标记。

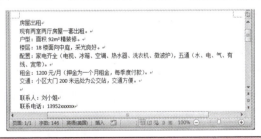

> **技巧**
> 如果要在文档的任意位置输入文本，可通过"即点即输"功能实现，方法为：将鼠标指针指向需要输入文本的位置，当鼠标指针呈 I 形状时双击鼠标左键，即可在当前位置定位光标插入点，此时便可输入相应的文本内容了。

8.2.2 选择文本

在文档编辑的过程中,常常需要对文本进行选择,以进行文本的复制、剪切、删除和设置格式等操作。部分文本的选择主要分以下几种情况。

* 选择任意文本:将光标插入点定位到需要选择的文本起始处,然后按住鼠标左键不放并拖动,直至在需要选择的文本结尾处释放鼠标键即可选中文本,选中的文本将以灰色背景显示。
* 选择词组:双击要选择的词组。
* 选择一行:将鼠标指针指向某行左边的空白处,即"选定栏",当指针呈"⇗"形状时,单击鼠标左键即可选中该行全部文本。

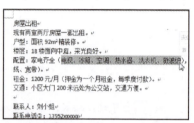 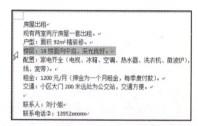

* 选择一句话:按住"Ctrl"键不放,同时使用鼠标单击需要选中的句中任意位置即可。
* 选择一个段落:将鼠标指针指向某段落左边的空白处,当指针呈"⇗"时,双击鼠标左键即可选中当前段落。

> **技 巧**
> 将光标插入点定位到某段落的任意位置,然后连续单击鼠标左键3次也可选中该段落。

* 选择分散文本:先拖动鼠标选中第一个文本区域,再按住"Ctrl"键不放,然后拖动鼠标选择其他不相邻的文本,选择完成后释放"Ctrl"键即可。
* 选择垂直文本:按住"Alt"键不放,然后按住鼠标左键拖动出一块矩形区域,选择完成后释放"Alt"键即可。

如果需要选中整篇文档,可通过下面几种方法实现。

* 将鼠标指针指向编辑区左边的空白处,当指针呈"⇗"时,连续单击鼠标左键3次。
* 将鼠标指针指向编辑区左边的空白处,当指针呈"⇗"时,按住"Ctrl"键不放,同时单击鼠标左键即可。
* 在"开始"选项卡的"编辑"组中单击"选择"按钮,在弹出的下拉列表中单击"全选"选项。
* 按下"Ctrl+A"组合键。

选择文档中的文本后,若要取消文本的选择,方法是使用鼠标单击所选对象以外的任何位置即可。

8.2.3 删除文本

当输入了错误或多余的内容时，可通过以下几种方法将其删除。
- 按下 "Backspace" 键，可删除光标插入点前一个字符。
- 按下 "Delete" 键，可删除光标插入点后一个字符。
- 按下 "Ctrl+Backspace" 组合键，可删除光标插入点前的一个单词或短语。
- 按下 "Ctrl+Delete" 组合键，可删除光标插入点后一个单词或短语。

8.2.4 移动与复制文本

移动与复制文本是Word中常用的操作，特别是在编辑和处理长篇文档时特别有用，可大大提高工作效率。

1. 移动文本

在编辑文档的过程中，如果需要将某个词语或段落移动到其他位置，可通过剪切粘贴操作来完成，具体操作步骤如下。

步骤1　执行剪切操作

01 在文档中选中要移动的文本内容。
02 在"剪贴板"组中单击"剪切"按钮。

步骤2　粘贴文本

01 将光标插入点定位到要移动的目标位置。
02 单击"剪贴板"组中的"粘贴"按钮即可。

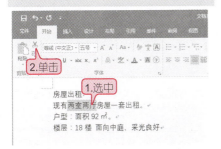
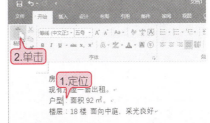

> **技巧**
>
> 选中文本对象后，按下"Ctrl+C"组合键可执行复制操作，按下"Ctrl+X"组合键可执行剪切操作；将光标插入点定位在目标位置后，按下"Ctrl+V"组合键可执行粘贴操作。

2. 复制文本

对于文档中内容重复部分的输入，可通过复制粘贴操作来完成，从而提高文档编辑效率。复制文本的具体操作步骤如下。

步骤1 执行复制操作	步骤2 粘贴文本
01 在文档中选中要复制的文本内容。 02 在"开始"选项卡的"剪贴板"组中单击"复制"按钮。	01 将光标插入点定位在要输入相同内容的位置。 02 单击"剪贴板"组中的"粘贴"按钮即可。

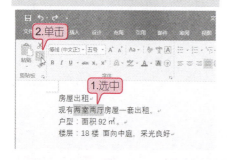
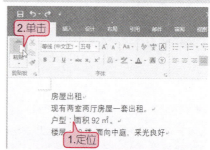

> **提 示**
>
> 粘贴文本内容时,单击"粘贴"按钮下方的下拉按钮,在弹出的下拉列表中可选择粘贴方式,将鼠标指针指向某个粘贴方式时,可在文档中预览粘贴后的效果。

8.2.5 查找与替换文本

Word 2016具有查找和替换的功能,使用查找功能可以快速定位到文档中指定的文本位置处,使用替换功能可以快速对文档中多次出现的需要替换的文本进行更改。

1. 查找文本

若要查找某文本在文档中出现的位置,或要对某个特定的对象进行替换操作,可通过"查找"功能将其找到。Word 2016提供了"导航"窗格,该窗格替代了以往版本中的"文档结构图"窗格,通过"导航"窗格可实现文本的查找。

使用"导航"窗格查找内容前,还需先将该窗格打开,其方法为:在要查找内容的文档中,切换到"视图"选项卡,然后勾选"显示"组中的"导航窗格"复选框即可。

打开"导航"窗格后,便可查找内容了,方法为:在"导航"窗格的搜索框中输入要查找的文本内容,此时文档中将突出显示要查找的全部内容。如果要取消突出显示,则删除搜索框中输入的内容即可。

第8章 五笔打字在Word中的应用

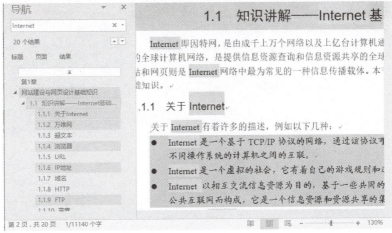

在"导航"窗格中，若单击搜索框右侧的下拉按钮，在弹出的下拉菜单中选择"选项"命令，可在弹出的"'查找'选项"对话框中为查找对象设置查找条件，例如只查找设置了某种字体、字号或字体颜色等格式的文本内容，以及使用通配符进行查找等。

- ❖ 若只查找设置了某种字体、字号或字体颜色等格式的文本内容，可单击左下角的"格式"按钮，在弹出的菜单中单击"字体"命令，在接下来弹出的对话框中进行设置。
- ❖ 在查找英文文本时，在"查找内容"文本框中输入查找内容后，在"搜索选项"选项组中可设置查找条件。例如选中"区分大小写"复选框，Word将按照大小写查找与查找内容一致的文本。
- ❖ 若要使用通配符进行查找，在"查找内容"文本框中输入含有通配符的查找内容后，需要选中"使用通配符"复选框。

> **提 示**
>
> 通配符主要有"?"与"*"两个，并且要在英文输入状态下输入。其中，"?"代表一个字符，例如要查找"第2节"，输入"第?节"即可；"*"代表多个字符，例如要查找"第1.2.3节"，输入"第*节"即可。

2. 替换文本

当发现某个字或词全部输错了，可通过Word的"替换"功能进行替换，以避免逐一修改的烦琐。下面将文档中的"Internot"一词全部替换为"Internet"，具体操作步骤如下。

步骤1　选择"替换"命令

01 将光标插入点定位在文档起始处。
02 在"导航"窗格中单击搜索框右侧的下拉按钮 。
03 在弹出的下拉菜单中选择"替换"命令。

步骤2　设置替换内容

01 弹出"查找和替换"对话框,并自动定位在"替换"选项卡,在"查找内容"文本框中输入要查找的内容。
02 在"替换为"文本框中输入要替换的内容。
03 单击"全部替换"按钮。

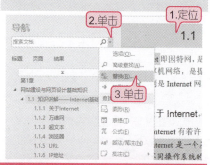

步骤3　替换成功

Word将对文档中所有"Internot"一词进行替换操作,替换完成后,在弹出的提示对话框中单击"确定"按钮。

步骤4　关闭对话框

返回"查找和替换"对话框,单击"关闭"按钮关闭该对话框。

8.2.6 撤销与恢复操作

在编辑文档的过程中,Word会自动记录执行过的操作,当执行了错误操作时,可通过"撤销"功能来撤销前一操作,从而恢复到误操作之前的状态。当误撤销了某些操作时,可通过"恢复"功能取消之前的撤销操作,使文档恢复到撤销操作前的状态。

1. 撤销操作

要在Word 2016中执行撤销操作,可通过下面几种方法实现。

❖ 单击快速访问工具栏上的"撤销"按钮 ,可撤销上一步操作,继续单击该按钮,可撤销多步操作,直到"无路可退"。
❖ 单击"撤销"按钮右侧的下拉按钮,在弹出的下拉列表中可选择撤销到某一指定的操作。
- 按下"Ctrl+Z"（或"Alt+BackSpace"）组合键，可撤销上一步操作，继续按下该组合键可撤销多步操作。

2. 恢复操作

若要执行恢复操作，可通过下面两种方法实现。
- 单击快速访问工具栏中的"恢复"按钮，可恢复被撤销的上一步操作，继续单击该按钮，可恢复被撤销的多步操作。
- 按下"Ctrl+Y"组合键可恢复被撤销的上一步操作，继续按下该组合键可恢复被撤销的多步操作。

8.3 美化文档

> **知识导读**
> 在Word中录入相关内容后，其文档格式比较单一，还算不上是一篇格式规范的文档。为了能突出重点、美化文档，我们需要对文档的文本和段落格式进行设置，并配上漂亮的图片，从而让千篇一律的文字样式变得丰富多彩。

8.3.1 设置文本格式

文档中的文本格式设置主要包括字体、字号、文本颜色、加粗和倾斜效果以及字符间距的设置，下面将分别进行介绍。

1. 设置字体、字号和文本颜色

在Word文档中输入文本后，默认显示的字体为"宋体(中文正文)"，字号为"五号"，字体颜色为黑色，而在实际应用中往往需要对文本的字体、字号和颜色等进行设置，以使文档更加美观，具体操作如下。

步骤1　选择文本

01 选中要设置字体的文本。
02 在"开始"选项卡的"字体"组中单击"字体"文本框右侧下拉按钮。

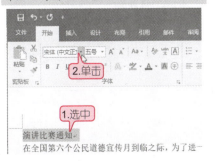

步骤2　设置字体

在弹出的下拉列表中选择需要的字体，如"黑体"。

步骤3 设置字号

01 保持文本为选中状态。
02 单击"字号"文本框右侧的下拉按钮,在弹出的下拉列表中选择需要的字号。

步骤4 设置字体颜色

01 保持文本为选中状态,单击"字体颜色"按钮右侧的下拉按钮。
02 在弹出的下拉列表中选择需要的颜色即可。

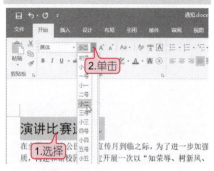
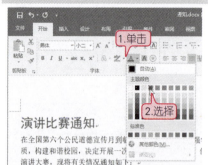

2. 设置加粗和倾斜效果

在设置文本格式的过程中,有时还可对某些文本设置加粗、倾斜效果,以达到醒目的作用,具体操作如下。

步骤1 设置加粗效果

01 选中需要设置加粗效果的文本。
02 在"开始"选项卡的"字体"组中单击"加粗"按钮,便可设置加粗效果。

步骤2 设置倾斜效果

01 选中需要设置倾斜效果的文本。
02 在"开始"选项卡的"字体"组中单击"倾斜"按钮,便可设置倾斜效果。

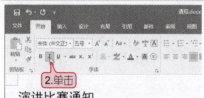

> **技 巧**
>
> 选中文本后,按下"Ctrl+B"组合键可设置加粗效果;按下"Ctrl+I"组合键可设置倾斜效果。

3. 设置字符间距

为了让办公文档的版面更加协调，有时还需要设置字符间距。字符间距是指各字符间的距离，通过调整字符间距可使文字排列得更紧凑或者更疏散，具体操作如下。

步骤1 选中文本

01 选中要设置字符间距的文本。
02 单击"字体"组中右下角的 按钮。

步骤2 设置字符间距

01 在弹出的"字体"对话框中切换到"高级"选项卡。
02 在"间距"下拉列表中选择间距类型，如"加宽"，在右侧的"磅值"微调框中设置间距大小。单击"确定"按钮即可。

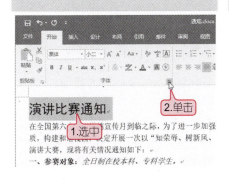

8.3.2 设置段落格式

文档中段落格式的设置主要包括对齐方式、段落缩进，以及间距和行距的设置，下面将分别进行介绍。

1. 设置段落对齐方式

对齐方式是指段落在文档中的相对位置，段落的对齐方式有左对齐、居中、右对齐、两端对齐和分散对齐5种。

> **提示**
> 从表面上看，"左对齐"与"两端对齐"两种对齐方式没有什么区别，但当行尾输入较长的英文单词而被迫换行时，若使用"左对齐"方式，文字会按照不满页宽的方式进行排列；若使用"两端对齐"方式，文字的距离将被拉开，从而自动填满页面。

默认情况下，段落的对齐方式为两端对齐，若要更改为其他对齐方式，可通过下面几种方法实现。

❖ 选中要设置对齐方式的段落，在"开始"选项卡的"段落"组通过单击对齐方式按钮中的某个按钮，可实现对应的对齐方式。

❖ 选中段落后单击"段落"组中的"功能扩展"按钮，弹出"段落"对话框，在"常规"栏的"对齐方式"下拉列表中选择需要的对齐方式，然后单击"确定"按钮即可。

❖ 选中段落后，按下"Ctrl+L"组合键可设置"左对齐"对齐方式；按下"Ctrl+E"组合键可设置"居中"对齐方式；按下"Ctrl+R"组合键可设置"右对齐"对齐方式；按下"Ctrl+J"组合键可设置"两端对齐"方式；按下"Ctrl+Shift+J"组合键可设置"分散对齐"方式。

2. 设置段落缩进

为了增强文档的层次感，提高可阅读性，可对段落设置合适的缩进。段落的缩进方式有左缩进、右缩进、首行缩进和悬挂缩进4种。下面以对段落设置"首行缩进：2字符"为例，具体操作如下。

步骤1 选中要设置的段落

01 打开需要编辑的文档，选中需要设置缩进的段落。
02 在"开始"选项卡的"段落"组中单击"功能扩展"按钮。

步骤2 设置段落缩进

01 弹出"段落"对话框，在"缩进和间距"选项卡的"缩进"栏中，在"特殊格式"下拉列表中选择"首行缩进"选项。
02 在右侧的"磅值"微调框中设置缩进量，本例设置为"2字符"。
03 单击"确定"按钮即可。

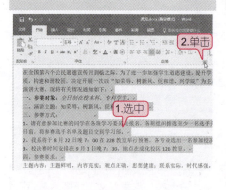
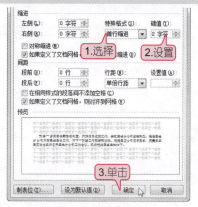

3. 设置间距和行距

为了使整个文档看起来疏密有致，可对段落设置合适的间距或行距。间距是指相邻两个段落之间垂直方向上的距离，行距是指段落中各行文字之间垂直方向上的距离，下面分别简单介绍间距与行距的设置方法。

- ❖ 设置间距：选中要设置间距的段落，打开"段落"对话框，在"缩进和间距"选项卡的"间距"栏中，通过"段前"微调框可设置段前距离，通过"段后"微调框可设置段后距离，完成设置后单击"确定"按钮即可。
- ❖ 设置行距：选中要设置行距的段落，打开"段落"对话框，在"行距"下拉列表中可选择段落的行间距大小，完成设置后单击"确定"按钮即可。

8.3.3 插入图形和艺术字

为了使文档内容更加丰富，可以在其中插入自选图形、艺术字等对象进行点缀，接下来将简单介绍这些对象的插入方法。

1. 插入自选图形

通过Word 2016提供的绘制图形功能，可在文档中"画"出各种样式的形状，如线条、椭圆和旗帜等。插入自选图形的具体操作步骤如下。

步骤1　选择绘图工具

01 打开需要编辑的文档，切换到"插入"选项卡。
02 单击"插图"组中的"形状"按钮。
03 在弹出的下拉列表中选择需要的绘图工具。

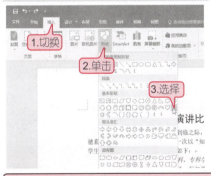

步骤2　绘制图形

此时鼠标指针呈十字状✚，在需要插入自选图形的位置按住鼠标左键不放，然后拖动鼠标进行绘制，当绘制到合适大小时释放鼠标左键即可。

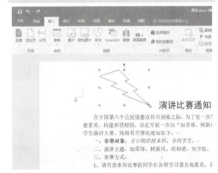

> **技 巧**
>
> 在绘制图形的过程中，配合"Shift"键的使用可绘制出特殊图形。例如绘制"矩形"图形时，同时按住"Shift"键不放，可绘制出一个正方形。

2. 插入艺术字

艺术字是具有特殊效果的文字，用来输入和编辑带有彩色、阴影和发光等效果的文字，多用于广告宣传、文档标题，以达到强烈、醒目的外观效果。插入艺术字的操作步骤如下。

步骤1 选择艺术字样式

01 在要编辑的文档中切换到"插入"选项卡。
02 单击"文本"组中的"艺术字"按钮。
03 在弹出的下拉列表中选择艺术字样式。

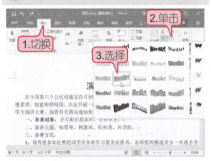

步骤2 输入艺术字内容

01 弹出"编辑艺术字文字"对话框,选择要输入文本的字体和字号。
02 在"请在此放置您的文字"文本框中输入艺术字内容。单击"确定"按钮即可将艺术字插入到文档中。

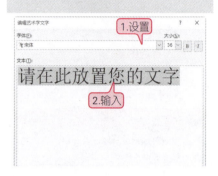

8.3.4 插入图片

在制作产品说明书、公司宣传册或者海报之类的文档时,往往需要在文档中插入图片,这就需要使用Word的图片编辑功能。通过该功能,我们可以制作出图文并茂的文档,从而给阅读者带来精美、直观的视觉冲击。在Word中插入和编辑图片的方法如下。

步骤1 执行插入命令

01 将光标插入点定位到需要插入图片的位置。
02 切换到"插入"选项卡。
03 单击"图片"按钮。

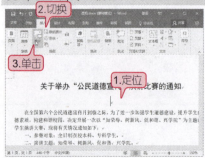

步骤2 插入图片

01 在弹出的"插入图片"对话框中选择需要插入的图片。
02 单击"插入"按钮即可。

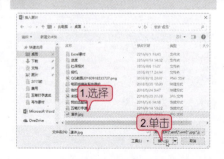

步骤3 调整图片大小

此时图片将按原始大小插入到文档光标处,拖动图片四周的小圆点即可调整图片大小。

步骤4 设置图片环绕

在图片上单击鼠标右键,在弹出的快捷菜单中选择"环绕文字"→"四周型",即可将图片设置为文本环绕排列。

8.4 打印文档

> **知识导读**
> 完成文档的编辑后,为了便于查阅,可将该文档打印出来。在打印文档前,可根据操作需要对页面进行相应的设置,以及通过Word提供的"打印预览"功能查看输出效果,以避免各种错误造成纸张的浪费。

8.4.1 页面设置

将Word文档制作好后,用户可根据实际需要对页面格式进行设置,主要包括设置页边距、纸张大小和纸张方向等。如果只是要对文档的页面进行简单设置,可切换到"布局"选项卡,然后在"页面设置"组中通过单击相应的按钮进行设置即可。

- ❖ 文字方向:默认情况下,文档中文字的排列方向为"水平"。若要进行更改,可单击"文字方向"按钮,在弹出的下拉列表中进行选择。
- ❖ 页边距:页边距是指文档内容与页面边缘之间的距离,用于控制页面中文档内容的宽度和长度。单击"页边距"按钮,可在弹出的下拉列表中选择页边距大小。
- ❖ 纸张方向:默认情况下,纸张的方向为"纵向"。若要更改其方向,可单击"纸张方向"按钮,在弹出的下拉列表中进行选择。
- ❖ 纸张大小:默认情况下,纸张的大小为"A4"。若要更改其大小,可单击

"纸张大小"按钮,在弹出的下拉列表中进行选择。

❖ **分栏**:单击"分栏"按钮,在弹出的下拉列表中可选择分栏方式,以达到创建不同风格的文档或节约纸张的目的。

8.4.2 打印预览

将文档制作好后,就可进行打印了,不过在这之前还需要进行打印预览。打印预览是指用户可以在屏幕上预览打印后的效果,如果对文档中的某些地方不满意,可返回编辑状态下对其进行修改。

打开需要打印的Word文档,切换到"文件"选项卡,然后单击左侧窗格的"打印"命令,在右侧窗格中即可预览打印效果。

对文档进行预览时,可通过右侧窗格下端的相关按钮查看预览内容。

❖ 在右侧窗格的左下角,单击"上一页"按钮◀可查看前一页的预览效果,单击"下一页"按钮▶可查看下一页的预览效果,在两个按钮之间的文本框中输入页码数字,然后按下"Enter"键,可快速查看该页的预览效果。

❖ 在右侧窗格的右下角,通过显示比例调节工具可调整预览效果的显示比例,以便能清楚地查看文档的打印预览效果。

8.4.3 打印输出

对文档进行打印预览后,如果确认文档的内容和格式都正确无误,可在中间窗格中设置相应的打印参数,如打印份数、页码范围等,然后单击"打印"按钮,此时与电脑连接的打印机会自动打印输出文档。

第8章 五笔打字在Word中的应用

8.5 课堂练习

练习一：制作会议通知

▶ **任务描述：**
　　练习制作一个会议通知，其目的是帮助读者练习在Word 2016中使用五笔字型输入法输入文字和符号。

▶ **操作思路：**
01 启动Word 2016，然后切换到王码五笔输入法。
02 输入图中的文本内容。
03 将文档保存为"会议通知"。

练习二：制作招生简章

▶ **任务描述：**
　　练习制作一个招生简章，其目的是帮助读者熟悉在Word 2016中输入内容、设置文本和段落格式以及插入对象等操作。

▶ **操作思路：**
01 在Word空白文档中输入文字内容。
02 设置字体格式和段落格式。
03 在文档中插入对象并对其排版。
04 操作完成后保存文档。

8.6 课后答疑

　　问：对文本内容设置字号时，如果希望将文本的字号设置为120磅，该怎么办？

　　答：对文本设置字号时，其"字号"下拉列表中的字号为八号到初号，或5磅到72磅，这对于一般的办公人员来说已经足够了。但在一些特殊情况下，如打印海报、标语或大横幅时需要更大的字号，"字号"下拉列表中提供的字号就无法满足需求了，此时可手动输入字号大小，具体操作方法为：选中需要设置特大字号的文本，在"开始"选项卡的"字体"组中，在"字号"文本框中输入需要的字号数值，如"120"，然后按下"Enter"键确认即可。

问：什么是格式刷，它有什么作用？

答：格式刷是一种快速应用格式的工具，能够将某文本对象的格式复制到另一个对象上，从而避免重复设置格式的麻烦。当需要对文档中的文本或段落设置相同格式时，便可通过格式刷复制格式。

问：文档中的水印是怎样添加的？

答：水印是指将文本或图片以水印的方式设置为页面背景。文字水印多用于说明文件的属性，如一些重要文档中都带有"机密文件"字样的水印。图片水印大多用于修饰文档，如一些杂志的页面背景通常为一些淡化后的图片。在要添加水印的文档中，切换到"布局"选项卡，然后单击"页面背景"组中的"水印"按钮，在弹出的下拉列表中选中需要的水印样式即可。

附录A 五笔字根速查表

使用说明

本表格采用拼音顺序排列，每个汉字的右边是86版五笔编码，带圈数字表示该汉字是几级简码，最后边是拆分的字根。另外给出了部分汉字的98版五笔编码，用数字"98"表示。

a

啊	KBSK②	口阝丁口
吖	KUHH③	口丷丨丨
	KUHH98	口丷丨丨
阿	BSKG②	阝丁口一
锕	QBSK②	钅阝丁口
嘎	KDHT	口厂目夂

ai

哀	YEU	亠衣丶
哎	KAQY③	口艹乂丶
	KAR98	口艹乂
唉	KCTD③	口厶丿大
埃	FCTD③	土厶丿大
挨	RCTD③	扌厶丿大
锿	QYEY	钅亠衣丶
捱	RDFF	扌厂土土
皑	RMNN	白山己乙
	RMN98	白山己
癌	UKKM③	疒口口山
嗳	KEPC③	口爫冖又
矮	TDTV	丿大禾女
蔼	AYJN③	艹讠日乙
霭	FYJN③	雨讠日乙
艾	AQU	艹乂丶
	ARU98	艹乂
爱	EPDC②	爫冖ナ又
	EPD98	爫冖ナ
砹	DAQY	石艹乂丶

隘	DARY98	石艹乂丶
	BUWL③	阝丷八皿
	KUWL③	口丷八皿
嫒	VEPC	女爫冖又
	VEP98	女爫冖
碍	DJGF③	石日一寸
暧	JEPC③	日爫冖又
瑷	GEPC	王爫冖又

an

安	PVF②	宀女二
桉	SPVG③	木宀女一
氨	RNPV③	𠂉乙宀女
	RPVD98	气宀女三
庵	YDJN	广大日乙
	ODJ98	广大日
谙	YUJG③	讠立日一
鹌	DJNG	大日乙一
鞍	AFPV③	廿串宀女
俺	WDJN	亻大日乙
埯	FDJN③	土大日乙
铵	QPVG③	钅宀女一
揞	RUJG	扌立日一
犴	QTFH	犭丿干丨
岸	MDFJ	山厂干刂
按	RPVG③	扌宀女一
案	PVS	宀女木
胺	EPVG	月宀女一
暗	JUJG②	日立日一

| 黯 | LFOJ | 罒土灬日 |

ang

肮	EYMN③	月亠几乙
	EYW98	月亠几
昂	JQBJ③	日匚卩丨
盎	MDLF③	冂大皿二

ao

熬	GQTO	丰勹夂灬
凹	MMGD	几冂一三
	HNH98	丨乙丨
坳	FXLN③	土幺力乙
	FXE98③	土幺力
敖	GQTY	丰勹夂丶
嗷	KGQT	口丰勹夂
廒	YGQT	广丰勹夂
	OGQ98③	广丰勹
獒	GQTD	丰勹夂犬
遨	GQTP	丰勹夂辶
翱	RDFN	白大十羽
聱	GQTB	丰勹夂耳
螯	GQTJ	丰勹夂虫
鳌	GQTG	丰勹夂一
麈	YNJQ	广乛刂金
	OXXQ98	广匕匕金
袄	PUTD③	衤丷丿大
媪	VJLG③	女日皿一
岙	TDMJ③	丿大山刂

字	编码	拆分	字	编码	拆分	字	编码	拆分
傲	WGQT	亻圭勹攵	罢	LFCU③	罒土厶	版	THGC	丿丨一又
奥	TMOD③	丿冂米大	鲅	QGDC	鱼一ナ又	钣	QRCY③	钅厂又
鳌	GQTC	圭勹攵马		QGDY98	鱼一ナ丶	舨	TERC	丿舟厂又
	GQTG98	圭勹攵一	霸	FAFE②	雨廿覀月		TURC98	丿舟厂又
澳	ITMD③	氵丿冂大	灞	IFAE③	氵雨廿月	办	LWI②	力八丶
懊	NTMD③	忄丿冂大	耙	DICN	三小巴乙		EW98	力八
鏊	GQTQ	圭勹攵金		FSC98	二木巴	半	UFK②	丷十丨
赘	GQTM	圭勹攵贝					UG98	丷干
			bai			伴	WUFH③	亻丷十丨
ba			白	RRRR③	白白白白		WUGH98	亻丷干丨
八	WTY	八丿丶	掰	RWVR	手八刀手	扮	RWVN③	扌八刀乙
巴	CNHN③	巴乙丨乙	佰	WDJG③	亻一日一		RWVT98	扌八刀丿
叭	KWY	口八丶	柏	SRG	木白一	拌	RUFH	扌丷十丨
吧	KCN②	口巴乙	捭	RRTF③	扌白丿十		RUGH98	扌丷干丨
岜	MCB	山巴《	摆	RLFC②	扌罒土厶	绊	XUFH③	纟丷十丨
芭	ACB②	艹巴《	败	MTY	贝攵丶		XUG98	纟丷干
疤	UCV	疒巴巛		MT98	贝攵	瓣	URCU③	辛厂厶辛
捌	RKLJ	扌口力刂	拜	RDFH	手三十丨			
	RKEJ98	扌口力刂	稗	TRTF	禾白丿十	**bang**		
笆	TCB	⺮巴《		TRT98	禾白丿	帮	DTBH②	三丿阝丨
粑	OCN	米巴乙					DTBH98	三丿阝丨
拔	RDCY③	扌ナ又丶	**ban**			邦	DTBH③	三丿阝丨
	RDC98	扌ナ又	班	GYTG③	王丶丿王	梆	SDTB③	木三丿阝
茇	ADCU③	艹ナ又丶	扳	RRCY③	扌厂又	浜	IRGW	氵斤一八
	ADC98	艹ナ又	般	TEMC③	丿舟几又		IRW98③	氵丘八
菝	ARDC③	艹扌ナ又		TUWC98	丿舟几又	绑	XDTB③	纟三丿阝
	ARD98	艹扌ナ	颁	WVDM③	八刀ナ贝	榜	SUPY③	木立一方
跋	KHDC	口止ナ又	斑	GYGG	王丶王一		SYU98	木丷
	KHDY98	口止ナ丶	搬	RTEC③	扌丿舟又	膀	EUPY③	月立一方
魃	RQCC	白儿厶又		RTU98	扌丿舟		EYU98	月丷
	RQCY98	白儿厶丶	癍	UTEC	疒丿舟又	傍	WUPY③	亻立一方
把	RCN	扌巴乙		UTUC98	疒丿舟厶		WYU98	亻丷
钯	QCN	钅巴乙	瘢	UGYG	疒王文王	谤	YUPY③	讠立一方
靶	AFCN③	廿串巴乙		UGYG98	疒王文王		YYU98	讠丷
坝	FMY	土贝丶	阪	BRCY	阝厂又丶	棒	SDWH③	木三人丨
爸	WQCB③	八乂巴《	坂	FRCY	土厂又丶		SDWG98	木三八
	WRC98	八乂巴	板	SRCY③	木厂又丶	蒡	AUPY	艹立一方

附录A 五笔字根速查表

	AYUY98	艹一丶方	卑	RTFJ	白丿十刂	本	SGD②	木一三
磅	DUPY③	石立一方		RTF98	白丿十	苯	ASGF③	艹木一二
	DYU98	石一丶	悲	DJDN	三刂三心	畚	CDLF③	厶大田二
镑	QUPY③	钅立一方		HDH98	丨三丨	坌	WFFF	八刀土二
	QYU98	钅一丶	碑	DRTF③	石白丿十		WFF98	八刀土
			鹎	RTFG	白丿十一	笨	TSGF③	竹木一二
	bao		北	UXN②	丬匕乙			
			贝	MHNY	贝丨乙丶		**beng**	
包	QNV②	勹巳巛	狈	QTMY	犭丿贝丶			
孢	BQNN③	子勹巳乙		QTM98	犭丿贝	崩	MEEF③	山月月二
苞	AQNB③	艹勹巳				蚌	JDHH③	虫三丨丨
胞	EQNN③	月勹巳乙		UXBH③	丬匕阝丨	绷	XEEG③	纟月月一
煲	WKSO	亻口木火	备	TLF	夂田二	嘣	KMEE③	口山月月
龅	HWBN	止人山匕		TL98	夂田		KMEE98	口山月月
褒	YWKE③	亠亻口衣	背	UXEF③	丬匕月二	甭	GIEJ③	一小用刂
雹	FQNB③	雨勹巳	钡	QMY	钅贝丶		DHE98	丆卜用
宝	PGYU③	宀王丶丶	倍	WUKG③	亻立口一	泵	DIU	石水丶
饱	QNQN	夕乙勹巳	悖	NFPB	忄十冖子	迸	UAPK③	丷廾辶川
保	WKSY②	亻口木丶	被	PUHC	礻丶丨又	髸	FKUN	土口丷乙
鸨	XFQG③	匕十勹一		PUB98	礻丶皮		FKUY98	士口丷丶
堡	WKSF	亻口木土	惫	TLNU③	夂田心	蹦	KHME	口止山月
葆	AWKS	艹亻口木	焙	OUKG③	火立口一		KHM98	口止山
裸	PUWS	礻丶亻木		OUKG98	火立口一			
报	RBCY②	扌卩又丶	辈	DJDL	三刂三车		**bi**	
抱	RQNN③	扌勹巳乙		HDHL98	丨三丨车			
豹	EEQY	四夕勹丶	碚	DUKG③	石立口一	逼	GKLP	一口田辶
	EQY98	豸勹丶	蓓	AWUK	艹亻立口	荸	AFPB	艹十冖子
趵	KHQY	口止勹丶	悄	PUUE	礻丶丷月	鼻	THLJ③	丿目田刂
鲍	QGQN③	鱼一勹巳	鞴	AFAE	廿串艹用	匕	XTN	匕丿乙
暴	JAWI③	日艹八水	鐾	NKUQ	尸口辛金	比	XXN②	匕匕乙
爆	OJAI③	火日艹水	庳	YRTF③	广白丿十	吡	KXXN③	口匕匕乙
				ORT98	广白丿		KXXN98	口匕匕乙
	bei		孛	FPB	十冖子	妣	VXXN③	女匕匕乙
						彼	THCY③	彳丶又丶
杯	SGIY③	木一小丶		**ben**			TBY98	彳皮丶
	SDH98	木丆丨				秕	TXXN③	禾匕匕乙
呗	KMY	口贝丶	奔	DFAJ③	大十廾刂	俾	WRTF	亻白丿十
陂	BHCY③	阝丨又丶	贲	FAMU③	十廾贝丶	笔	TTFN②	竹丿二乙
	BBY98	阝皮丶	锛	QDFA	钅大十廾		TEB98	竹毛巛

字	编码	字根	字	编码	字根	字	编码	字根
舭	TEXX③	丿舟匕匕	壁	NKUF	尸口辛土		YOC98	亠业又
	TUXX98	丿舟匕匕	嬖	NKUV	尸口辛女	缠	XWGQ	纟亻一乂
鄙	KFLB③	口十田阝	篦	TTLX	𥫗丿口匕		XWGR98	纟亻一乂
币	TMHK	丿冂丨川	薜	ANKU③	艹尸口辛	遍	YNMP③	、尸冂辶
必	NTE②	心丿彡	避	NKUP②	尸口辛辶	辨	UYTU	辛、丿辛
毕	XXFJ③	匕匕十丨	濞	ITHJ	氵丿目丨		UYTU98	辛、丿辛
闭	UFTE③	门十丿彡	臂	NKUE	尸口辛月	辩	UYUH③	辛讠辛丨
庇	YXV③	广匕巛	髀	MERF	冂月白十	辫	UXUH③	辛纟辛丨
	OXX98	广匕匕	璧	NKUY	尸口辛、			
畀	LGJJ③	田一丿丨	襞	NKUE	尸口辛衣	**biao**		
哔	KXXF	口匕匕十				标	SFIY③	木二小、
愍	XXNT	匕匕心丿	**bian**			彪	HAME	虍几几彡
荜	AXXF	艹匕匕十	边	LPV②	力辶巛		HWE98③	虍几彡
陛	BXXF②	阝匕匕土		EP98	力辶	飑	MQQN	几乂勹巳
毖	XXGX	匕匕一匕	砭	DTPY③	石丿之、		WRQN98	几乂勹巳
狴	QTXF	犭丿匕土	笾	TLPU③	𥫗力辶	彪	DET	镸彡丿
铋	QNTT	钅心丿、	蝙	TEP98	𥫗力辶	骠	CSFI③	马西二小
婢	VRTF③	女白丿十	编	XYNA	纟、尸艹		CGS98	马一西
敝	UMIT③	丷冂小攵	煸	OYNA	火、尸艹	膘	ESFI③	月西二小
	ITY98	𭕄攵、	蝙	JYNA	虫、尸艹	瘭	USFI③	疒西二小
萆	ARTF③	艹白丿十	鳊	QGYA	鱼一、艹	镖	QSFI③	钅西二小
弻	XDJX③	弓厂日弓	鞭	AFWQ③	廿革亻乂	飙	DDDQ	犬犬犬乂
愎	NTJT	忄丿日夂		AFW98	廿革亻		DDDR98	犬犬犬乂
筚	TXXF	𥫗匕匕十	贬	MTPY③	贝丿之、	飚	MQOO③	几乂火火
滗	ITTN③	氵丿丿乙	扁	YNMA	、尸冂艹		WRO98	几乂火
	ITEN98	氵𥫗毛乙	窆	PWTP	宀八丿之	镳	QYNO	钅广⺗灬
痹	ULGJ	疒田一丨	匾	AYNA	匚、尸艹		QOX98	钅声⺗
蓖	ATLX③	艹丿口匕	碥	DYNA	石、尸艹	表	GEU②	丰⺌衣
裨	PURF③	衤亻白十	褊	PUYA	衤亻、艹	婊	VGEY	女丰⺌衣
跸	KHXF	口止匕十	卞	YHU	亠卜丷	裱	PUGE	衤亻丰衣
辟	NKUH③	尸口辛丨	弁	CAJ	厶卄丨	鳔	QGSI③	鱼一西二
弊	UMIA	丷冂小廾	忭	NYHY	忄亠卜、			
	ITA98	𭕄攵廾	汴	IYHY③	氵亠卜、	**bie**		
碧	GRDF③	王白石二	苄	AYHU	艹亠卜丷	别	KLJH③	口力刂丨
箅	TLGJ③	𥫗田一丨	便	WGJQ③	亻一日乂		KEJ98	口力刂
蔽	AUMT③	艹丷冂攵		WGJ98	亻一日	憋	UMIN	丷冂小忄
	AIT98	艹𭕄攵	变	YOCU	亠业又丷		ITN98	𭕄攵心

鳌	UMIG	⺍冂小一	柄	SGMW③	木一冂人		QDC98	钅丷又
	ITQ98	⺍夂鱼		SGMW98	木一冂人	铂	QRG	钅白
鏊	UMIH	⺍冂小⺊	炳	OGMW③	火一冂人	舶	TERG③	丿舟白一
	ITKH98	⺍夂口⺊	饼	QNUA③	勹乙⺍廾		TUR98	丿舟白
癍	UTHX	疒丿目匕	禀	YLKI	亠口囗小	博	FGEF	十一月寸
			并	UAJ②	⺍廾刂		FSF98	十甫寸
	bin		病	UGMW③	疒一冂人	渤	IFPL③	氵十一力
宾	PRGW③	宀斤一八	摒	RNUA	扌尸⺍廾		IFP98	氵十一
	PRWU98	宀丘八⺍		RNU98	扌尸⺍	鹁	FPBG	十一子一
彬	SSET③	木木彡丿				搏	RGEF	扌一月寸
傧	WPRW③	亻宀斤八		**bo**			RSF98	扌甫寸
斌	YGAH③	文一弋止	玻	GHCY③	王皮又、	箔	TIRF③	⺮氵白二
滨	IPRW③	氵宀斤八		GBY98	王皮、	膊	EGEF	月一月寸
缤	XPRW③	纟宀斤八	拨	RNTY③	扌乙夂丶		ESF98	月甫寸
槟	SPRW③	木宀斤八	波	IHCY③	氵皮又、	踣	KHUK	口止立口
镔	QPRW③	钅宀斤八		IB98	氵皮	薄	AIGF③	艹氵一寸
濒	IHIM	氵止小贝	剥	VIJH	彐水刂丨		AISF98	艹氵甫寸
	IHHM98	氵止⺌贝		VIJ98	彐水刂	礴	DAIF③	石艹氵寸
豳	EEMK	豕豕山凵	钵	QSGG③	钅木一一	跛	KHHC	口止皮又
	MGE98	山一豕	饽	QNFB	勹乙十子		KHB98	口止皮
摈	RPRW③	扌宀斤八		QNF98	勹乙十	簸	TADC	⺮卄三又
殡	GQPW③	一夕宀八	啵	KIHC③	口氵皮又		TDWB98	⺮卄八皮
	GQPW98	一夕宀八		KIB98	口氵皮	擘	NKUR	尸口辛手
膑	EPRW③	月宀斤八	伯	WRG	亻白一	檗	NKUS	尸口辛木
髌	MEPW	冂月宀八	泊	IRG②	氵白一			
鬓	DEPW	镸彡宀八		IRG98	氵白		**bu**	
汴	GWVN③	王八刀乙	脖	EFPB③	月十一子	不	GII②	一小氵
	GWV98③	王八刀丿	菠	AIHC③	艹氵皮又	逋	DHI98	ナ卜氵
				AIB98	艹氵皮	逋	GEHP	一月丨辶
	bing		播	RTOL	扌丿米田	钸	SPI98	甫辶氵
兵	RGWU③	斤一八⺍		RT98	扌丿米		QDMH	钅丷冂丨
	RW98	丘八	驳	CQQY③	马乂乂丶		QDM98	钅丷冂
冰	UIY②	冫水丶		CGR98	马一乂	晡	JGEY	日一月、
丙	GMWI③	一冂人氵	帛	RMHJ③	白冂丨丨		JSY98	日甫、
邴	GMWB	一冂人阝	勃	FPBL③	十一子力	醭	SGOY	西一业丶
秉	TGVI③	丿一彐小		FPB98	十一子	卜	HHY	卜卜、
	TVD98	禾彐三	饽	QDCY	钅丷又、	叶	KHY	口卜、

字	编码	拆分	字	编码	拆分	字	编码	拆分
补	PUHY③	衤卜丶	蔡	AWFI③	艹癶二小		SGM98	木一冂
哺	KGEY③	口一月丶		**can**		艚	TEGJ	丿舟一日
	KSY98	口甫丶					TUG98	丿舟一
捕	RGEY③	扌一月丶	餐	HQCE②	卜夕又月	螬	JGMJ	虫一冂日
	RSY98	扌甫丶		HQCV98②	卜夕又艮	草	AJJ	艹早丨
布	DMHJ③	ナ冂丨丿	参	CDER②	厶大彡		**ce**	
步	HIR②	止小丿	骖	CCDE③	马厶大彡			
	HH98	止歺	骖	CGCE98	马一厶彡	策	TGMI③	竹一冂小
怖	NDMH③	忄ナ冂丨	残	GQGT③	一歹戋丿		TSM98	竹木冂
钚	QGIY	钅一小丶		GQG98	一歹戋	册	MMGD②	冂冂一三
	QDH98	钅丆卜	蚕	GDJU③	一大虫丶	侧	WMJH③	亻贝刂丨
部	UKBH②	立口阝丨	惭	NLRH②	忄车斤丨	厕	DMJK	厂贝刂
	UKB98	立口阝	惨	NCDE③	忄厶大彡		DMJ98	厂贝刂
埠	FWNF③	土亻㇇十	黪	LFOE	四土灬彡	恻	NMJH③	忄贝刂丨
	FTN98	土丿日	灿	OMH②	火山丨	测	IMJH③	氵贝刂丨
瓿	UKGN③	立口一乙	粲	HQCO	卜夕又米		**cen**	
	UKG98	立口一	璨	GHQO	王卜夕米			
簿	TIGF③	竹氵一寸	孱	NBBB③	尸子子子	岑	MWYN	山人丶乙
	TIS98	竹氵甫		**cang**		涔	IMWN③	氵山人乙
	ca		仓	WBB	人巳《		**ceng**	
擦	RPWI	扌宀癶小	沧	IWBN③	氵人巳乙	层	NFCI③	尸二厶丿
嚓	KPWI③	口宀癶小	苍	AWBB③	艹人巳《	噌	KULJ③	口丷罒日
礤	DAWI③	石艹癶小	舱	TEWB③	丿舟人巳	蹭	KHUJ	口止丷日
	cai			TUWB98	丿舟人巳	曾	ULJ②	丷罒日
猜	QTGE	犭丿龶月	藏	ADNT	艹厂乙丿		ULJ98	丷罒日
才	FTE②	十丿彡		AAUN98③	艹戈爿乙		**cha**	
材	SFTT③	木十丿丿		**cao**		插	RTFV③	扌丿十臼
财	MFTT②	贝十丿丿	操	RKKS③	扌口口木		RTFE98	扌丿十臼
裁	FAYE③	十戈亠衣		RKKS98	扌口口木	叉	CYI	又丶丿
采	ESU②	爫木丶	糙	OTFP	米丿土辶	杈	SCYY	木又丶丶
彩	ESET③	爫木彡丿	曹	GMAJ③	一冂艹日	馇	QNSG③	勹乙木一
睬	HESY③	目爫木丶		GMAJ98	一冂艹日	锸	QTFV	钅丿十臼
踩	KHES	口止爫木	嘈	KGMJ	口一冂日		QTFE98	钅丿十臼
菜	AESU②	艹爫木丶	漕	IGMJ	氵一冂日	查	SJGF②	木日一二
	AES98	艹爫木	槽	SGMJ	木一冂日	茬	ADHF	艹ナ丨土

茶	AWSU③	艹人木丶	缠	XYJF③	纟广日土	菖	AJJF	艹日日二
搽	RAWS	扌艹人木		XOJ98	纟广日	阊	UJJD	门日日三
槎	SUDA	木䒑手工	蝉	JUJF	虫䒑日十	鲳	QGJJ	鱼一日日
	SUA98	木羊工	廛	YJFF③	广日土土	长	TAYI②	ノ七丶丶
察	PWFI	宀𗂊二小		OJFF98	广日土土	肠	ENRT③	月乙ノ彡
碴	DSJG③	石木日一	潺	INBB	氵尸子子	苌	ATAY③	艹ノ七丶
檫	SPWI	木宀𗂊小		INB98	氵尸子	尝	IPFC③	䂖宀二厶
衩	PUCY③	衤䒑又丶	镡	QSJH	钅西早丨	偿	WIPC②	亻䂖宀厶
镲	QPWI	钅宀𗂊小		QSJ98	钅西早	常	IPKH	䂖宀口丨
汊	ICYY	氵又丶丶	蟾	JQDY③	虫夕厂言	徜	IPK98	䂖宀口
岔	WVMJ	八刀山丨	躔	KHYF	口止广土	倘	TIMK③	彳䂖冂口
诧	YPTA	讠宀ノ七		KHOF98	口止广土	嫦	VIPH	女䂖宀丨
	YPT98	讠宀ノ	产	UTE①	立ノ彡	厂	DGT	厂一ノ
姹	VPTA③	女宀ノ七		U98	立	场	FNRT	土乙ノ彡
差	UDAF	䒑𠂉工二	谄	YQVG	讠夕臼一	昶	YNIJ	丶乙水日
	UAF98	羊工二		YQE98	讠夕臼	惝	NIMK③	忄䂖冂口
chai			铲	QUTT③	钅立ノノ	敞	IMKT	䂖冂口攵
拆	RRYY③	扌斤丶丶	阐	UUJF③	门䒑日十	氅	IMKN	䂖冂口乙
钗	QCYY③	钅又丶丶	蒇	ADMT	艹厂贝ノ		IMKE98	䂖冂口毛
侪	WYJH③	亻文刂丨		ADMU98	艹戊贝丶	怅	NTAY③	忄ノ七丶
柴	HXSU③	止匕木丶	觍	UJFE	䒑日十𧘇	畅	JHNR	日丨乙ノ
豺	EEFT③	豸十ノ	忏	NTFH	忄ノ十丨		JHN98	日丨乙
	EFT98	豸十ノ		NTF98	忄ノ十	倡	WJJG	亻日日一
虿	DNJU	厂乙虫丶	颤	YLKM	亠口口贝	鬯	QOBX	乂凵凵匕
	GQJU98	一勺虫丶		YLK98	亠口口	唱	KJJG③	口日日一
瘥	UUDA	疒䒑𠂉工	羼	NUDD	尸䒑手手	**chao**		
	UUA98	疒羊工		NUU98	尸羊羊	超	FHVK③	土龰刀口
chan			澶	IYLG	氵亠口一	抄	RITT③	扌小ノノ
搀	RQKU	扌夕口䒑		IYL98	氵亠口	怊	NVKG③	忄刀口一
觇	HKMQ③	卜口冂儿	骣	CNBB③	马尸子子	钞	QITT③	钅小ノノ
掺	RCDE③	扌厶大彡		CGN98	马一尸	晁	JIQB	日水儿《
婵	VUJF③	女䒑日十	**chang**				JQI98	日儿水
逸	YQKU③	讠夕口䒑	昌	JJF②	日日二	巢	VJSU③	巛日木丶
禅	PYUF	礻丶䒑十	伥	WTAY③	亻ノ七丶	朝	FJEG	十早月一
馋	QNQU	勹乙夕䒑	娼	VJJG③	女日日一	嘲	KFJE③	口十早月
			猖	QTJJ	犭ノ日日	潮	IFJE③	氵十早月

字	编码	拆分	字	编码	拆分	字	编码	拆分
吵	KITT②	口小丿丿	称	TQIY	禾勹小丶		CGM98	马一由
炒	OITT②	火小丿丿	眦	HWBX	止人凵匕	秤	TGUH③	禾一丷丨
	OIT98	火小丿	趁	FHWE	土止人彡		TGU98	禾一丷
秒	DIIT	三小小丿	樥	SUSY③	木立木丶			
	FSIT98	二木小丿	谶	YWWG	讠人人一	**chi**		
			龇	HWBX	止人凵匕	吃	KTNN③	口乛乙乙
che						哧	KFOY③	口土亍丶
			cheng			蚩	BHGJ	屮丨一虫
车	LGNH②	车一乙丨	称	TQIY③	禾勹小丶	鸱	QAYG	匚七丶一
砗	DLH	石车丨	柽	SCFG	木又土一	眵	HQQY③	目夕夕丶
扯	RHG	扌止一	蛏	JCFG	虫又土一	答	TCKF③	竹厶口二
彻	TAVN	彳七刀乙	撑	RIPR③	扌⺌冖手	嗤	KBHJ	口屮丨虫
	TAVT98	彳七刀丿	瞠	HIPF	目⺌冖土	媸	VBHJ③	女屮丨虫
坼	FRYY③	土斥丶丶	丞	BIGF③	了水一二	痴	UTDK	疒丿大口
掣	RMHR	𠂉冂丨手	成	DNNT②	厂乙乙丿	螭	JYBC	虫亠山厶
	TGMR98	𠂉一冂手	呈	KGF②	口王二		JYRC98	虫亠丿厶
撤	RYCT③	扌亠厶攵		KGF98	口王二	魑	RQCC	白儿厶厶
澈	IYCT	氵亠厶攵	承	BDII②	了三水丶	弛	XBN	弓也乙
			枨	STAY③	木丿七丶	池	IBN②	氵池乙
chen			诚	YDNT③	讠厂乙丿		IBN98	氵池乙
尘	IFF	小土二		YDNN98②	讠厂乙乙	驰	CBN	马也乙
抻	RJHH③	扌日丨丨	城	FDN②	土厂乙		CGBN98	马一也乙
	RJHH98	扌日丨丨		FDNN98②	土厂乙乙	迟	NYPI③	尸丶辶氵
郴	SSBH③	木木阝丨	乘	TUXV③	丿丷匕巛	茌	AWFF	艹亻士二
琛	GPWS③	王冖八木	埕	FKGG③	土口王一	持	RFFY②	扌土寸丶
嗔	KFHW	口十且八	铖	QDNT③	钅厂乙丿	墀	FNIH③	土尸水丨
臣	AHNH③	匚丨乛丨		QDN98	钅厂乙		FNI98③	土尸水
忱	NPQN②	忄冖儿乙	惩	TGHN	彳一止心	踟	KHTK	口止丿口
沉	IPMN②	氵冖几乙	程	TKGG	禾口王一	篪	TRHM	竹厂广几
	IPW98	氵冖几	裎	PUKG③	衤冫口王		TRH98	竹厂虎
辰	DFEI③	厂二𠄌氵	塍	EUDF	月丷大土	尺	NYI	尸丶氵
陈	BAIY②	阝七小丶		EUGF98	月丷夫土	侈	WQQY③	亻夕夕丶
宸	PDFE	宀厂二𠄌	醒	SGKG	西一口王	齿	HWBJ③	止人凵丨
晨	JDFE②	日厂二𠄌	澄	IWGU	氵癶一丷	耻	BHG②	耳止一
谌	YADN	讠艹三乙	橙	SWGU	木癶一丷	豉	GKUC	一口丷又
	YDW98	讠甘八	逞	KGPD③	口王辶三	褫	PURM	衤冫厂几
碜	DCDE③	石厶大彡	骋	CMGN③	马由一乙		PURW98	衤冫厂几
衬	PUFY③	衤冫寸丶						

附录A 五笔字根速查表

字	编码	字根	字	编码	字根	字	编码	字根
叱	KXN	口匕乙	俦	WDTF	亻三丿寸	褚	SFTJ	木土丿日
斥	RYI	斤、氵	帱	MHDF③	冂丨三寸	楚	SSNH③	木木乙疋
赤	FOU②	土小丷	惆	NMFK③	忄冂土口	褚	PUFJ	衤土日
饬	QNTL	夕乙丿力	绸	XMFK③	纟冂土口	宁	FHK	二丨川
	QNTE98	勹乙丿力	畴	LDTF③	田三丿寸		GSJ98	一丁刂
炽	OKWY②	火口八丶	愁	TONU	禾火心丷	处	THI②	夂卜氵
	OKW98	火口八	稠	TMFK	禾冂土口	怵	NSYY③	忄木、、
翅	FCND③	十又羽三	筹	TDTF	⺮三丿寸	绌	XBMH③	纟凵山丨
敕	GKIT	一口小攵	酬	SGYH	西一丶丨	搐	RYXL	扌亠幺田
	SKTY98	木口攵丶	踌	KHDF	口止三寸	触	QEJY	夕用虫丶
啻	UPMK	立冖冂口	雏	WYYY③	亻圭讠丰	憷	NSSH③	忄木木疋
	YUPK98	丶丷冖口	丑	NFD	乙土三	黜	LFOM	囗土灬山
傺	WWFI	亻癶二小	搊	NHG98	乙丨一	矗	FHFH	十且十且
瘛	UDHN	疒三丨心	瞅	HTOY③	目禾火丶			
			臭	THDU	丿目犬丷		**chuai**	
	chong			**chu**		揣	RMDJ③	扌山而刂
充	YCQB②	亠厶儿《				搋	RRHM	扌厂广几
冲	UKHH③	冫口丨丨	初	PUVN③	衤丶刀乙		RRHW98	扌厂虍几
忡	NKHH③	忄口丨丨	出	BMK②	凵山川	啜	KCCC	口又又又
茺	AYCQ③	艹亠厶儿	樗	SFFN	木雨二乙	踹	KHMJ	口止山刂
舂	DWVF③	三人臼二	刍	QVF	夕彐二	膪	EUPK	月立冖口
	DWEF98	三人臼二	除	BWTY③	阝人禾丶		EYUK98	月丶丷口
憧	NUJF	忄立日土		BWG98	阝人一			
艟	TEUF	丿舟立土	厨	DGKF	厂一口寸		**chuan**	
	TUUF98	丿舟立土	滁	IBWT③	氵阝人禾	川	KTHH	川丿丨丨
虫	JHNY	虫丨乙、		IBW98	氵阝人	氚	RNKJ	二乙川刂
崇	MPFI③	山宀二小	锄	QEGL	钅目一力		RKK98	气川川
宠	PDXB③	宀尢匕《		QEGE98	钅目一力	穿	PWAT	宀八匚丿
铳	QYC③	钅亠厶儿	蜍	JWTY③	虫人禾丶	传	WFNY	亻二乙、
	QYC98	钅亠厶		JWGS98	虫人一木		WFN98	亻二乙
重	TGJF③	丿一日土	雏	QVWY③	夕彐亻圭	舡	TEAG③	丿舟工一
	TGJF98	丿一日土	橱	SDGF	木厂一寸		TUAG98	丿舟工一
			蹰	KHAJ	口止艹日	船	TEMK	丿舟几口
	chou		躇	KHDF	口止厂寸		TUW98	丿舟几
抽	RMG②	扌由一	杵	STFH	木丿十丨	遄	MDMP③	山厂冂辶
瘳	UNWE	疒羽人彡	础	DBMH	石凵山丨	椽	SXEY③	木彑豖丶
仇	WVN	亻九乙	储	WYFJ③	亻讠土日	舛	QAHH	夕匚丨丨

字	编码	拆分	字	编码	拆分	字	编码	拆分
	QGH98	夕丨丨	蠢	DWJJ	三人日虫	葱	AQRN	艹勺夕心
喘	KMDJ③	口山丌刂		**chuo**		骢	CTLN③	马丿口心
串	KKHK③	口口丨川					CGTN98	马一丿心
钏	QKH	钅川丨	戳	NWYA	羽亻圭戈	璁	GTLN③	王丿口心
	chuang		踔	KHHJ	口止卜早	丛	WWGF③	人人一二
			绰	XHJH③	纟卜早丨	淙	IPFI	氵宀二小
窗	PWTQ③	宀八丿夕	辍	LCCC	车又又又	琮	GPFI③	王宀二小
闯	UCD	门马三	踱	HWBH	止人凵止		**cou**	
	UCGD98	门一三		**ci**				
疮	UWBV③	疒人巳巛				凑	UDWD③	冫三人大
床	YSI	广木氵	词	YNGK	讠乙一口	楱	SDWD	木三人大
	OS98	广木	疵	UHXV③	疒止匕巛	腠	EDWD③	月三人大
创	WBJH③	人巳刂丨	祠	PYNK	礻乙口	辏	LDWD③	车三人大
怆	NWBN③	忄人巳乙	茈	AHXB③	艹止匕巛		**cu**	
	chui		茨	AUQW	艹冫勺人			
			瓷	UQWN	冫勺人乙	粗	OEGG②	米月一一
吹	KQWY③	口勺人丶		UQWY98	冫勺人丶	徂	TEGG	彳月一一
炊	OQWY③	火勺人丶	慈	UXXN	丷幺幺心	殂	GQEG③	一夕月一
垂	TGAF③	丿一廿土	辞	TDUH	丿古辛丨	促	WKHY③	亻口止丶
陲	BTGF	阝丿一土	磁	DUXX	石丷幺幺	猝	QTYF	犭丿亠十
捶	RTGF	扌丿一土	雌	HXWY	止匕亻圭	酢	SGTF	西一丿二
棰	STGF	木丿一土	鹚	UXXG	丷幺幺一	蔟	AYTD③	艹方𠂉大
槌	SWNP③	木亻白辶	糍	OUXX	米丷幺幺	醋	SGAJ③	西一廿日
锤	QTGF	钅丿一土	此	HXN②	止匕乙	簇	TYTD③	竹方𠂉大
椎	SWYG	木亻圭一	次	UQWY③	冫勺人丶	蹙	DHIH	厂上小止
	SWY98③	木亻圭一	刺	GMIJ③	一门小刂	蹴	KHYN	口止亠乙
	chun			SMJ98	木门刂		KHYY98	口止亠丶
			赐	MJQR③	贝日勺𠂉		**cuan**	
春	DWJF②	三人日二	伺	WNGK	亻乙一口			
椿	SDWJ	木三人日		**cong**		撺	RPWH	扌宀八丨
蝽	JDWJ	虫三人日				镩	QPWH③	钅宀八丨
纯	XGBN③	纟一山乙	聪	BUKN	耳丷口心		QPWH98	钅宀八丨
唇	DFEK	厂二𠄌口	囱	TLQI	丿口夕	蹿	KHPH	口止宀丨
莼	AXGN③	艹纟一乙	从	WWY②	人人丶	窜	PWKH	宀八口丨
淳	IYBG③	氵亠子一	匆	QRYI③	勺𠂉丶	篡	THDC	竹目大厶
鹑	YBQG③	亠子勺一	苁	AWWU	艹人人	爨	WFMO③	亻二冂火
醇	SGYB	西一亠子	枞	SWWY	木人人丶		EMGO98	臼门一火

附录A 五笔字根速查表

汉字	编码	字根
氽	TYIU	丿、水冫

cui

汉字	编码	字根
崔	MWYF③	山亻圭二
催	WMWY③	亻山亻圭
摧	RMWY③	扌山亻圭
榱	SYKE③	木亠口衣
璀	GMWY	王山亻圭
脆	EQDB③	月⺈厂卩
啐	KYWF③	口亠人十
悴	NYWF	忄亠人十
淬	IYWF	氵亠人十
萃	AYWF③	艹亠人十
毳	TFNN	丿二乙乙
	EEEB98	毛毛毛⺃
瘁	UYWF③	疒亠人十
粹	OYWF③	米亠人十
翠	NYWF	羽亠人十
隹	WYG	亻圭一

cun

汉字	编码	字根
村	SFY②	木寸丶
	SFY98	木寸丶
皴	CWTC	厶八夂又
	CWT98	厶八夂皮
存	DHBD③	ナ丨子三
忖	NFY	忄寸丶
寸	FGHY	寸一丨丶

cuo

汉字	编码	字根
搓	RUDA③	扌丷𦍌工
	RUAG98	扌羊工一
磋	DUDA③	石丷𦍌工
	DUA98	石羊工一
撮	RJBC③	扌日耳又
蹉	KHUA	口止丷工
嵯	MUDA③	山丷𦍌工

汉字	编码	字根
痤	MUA98③	山羊工一
瘥	UWWF③	疒人人土
矬	TDWF③	⺄大人土
醝	HLQA	卜口乂工
	HLRA98	卜口乂工
脞	EWWF③	月人人土
厝	DAJD③	厂𠀐日三
挫	RWWF③	扌人人土
措	RAJG③	扌𠀐日一
锉	QWWF③	钅人人土
错	QAJG③	钅𠀐日一

da

汉字	编码	字根
搭	RAWK	扌艹人口
哒	KDPY③	口大辶丶
耷	DBF	大耳二
嗒	KAWK	口艹人口
褡	PUAK③	衤丷艹口
达	DPI②	大辶氵
妲	VJGG③	女日一一
怛	NJGG③	忄日一一
沓	IJF	水日二
笪	TJGF	⺮日一二
答	TWGK②	⺮人一口
瘩	UAWK③	疒艹人口
靼	AFJG	廿革日一
鞑	AFDP	廿革大辶
打	RSH②	扌丁丨
大	DDDD②	大大大大

dai

汉字	编码	字根
呆	KSU②	口木⺀
呔	KDYY	口大丶丶
歹	GQI	一夕丿
傣	WDWI③	亻三人水
代	WAY②	亻弋丶
岱	WAMJ	亻弋山丨

汉字	编码	字根
袋	WAYM98	亻弋、山
贰	AAFD	弋艹二三
	AFY98	弋甘丶
绐	XCKG③	纟厶口一
迨	CKPD③	厶口辶三
带	GKPH③	一川冖丨
待	TFFY	彳土寸丶
怠	CKNU③	厶口心⺀
殆	GQCK③	一夕厶口
玳	GWAY③	王亻弋丶
	GWA98	王亻弋
贷	WAMU③	亻弋贝⺀
	WAYM98	亻弋、贝
埭	FVIY③	土彐水丶
袋	WAYE	亻弋亠衣
逮	VIPI③	彐水辶氵
戴	FALW	十戈田八
黛	WALO③	亻弋囗灬
	WAYO98	亻弋、灬
骀	CCKG③	马厶口一
	CGCK98	马一厶口

dan

汉字	编码	字根
丹	MYD	冂、三
单	UJFJ	丷日十丨
担	RJGG③	扌日一一
眈	HPQN③	目冖儿乙
耽	BPQN③	耳冖儿乙
郸	UJFB	丷日十阝
聃	BMFG	耳冂土一
弹	GQUF	一弓丷十
瘅	UUJF	疒丷日十
箪	TUJF	⺮丷日十
儋	WQDY③	亻夕厂言
胆	EJGG③	月日一一
疸	UJGD	疒日一三
掸	RUJF	扌丷日十

旦	JGF	日一二	导	NFU②	巳寸丶	磴	DWGU	石癶一丷
但	WJGG③	亻日一一	岛	QYNM	勹丶乙山	镫	QWGU	钅癶一丷
诞	YTHP	讠丿止廴		QMK98	鸟山川			
啖	KOOY	口火火丶	倒	WGCJ③	亻一厶刂		**di**	
弹	XUJF③	弓丷日十	捣	RQYM	扌勹丶山	低	WQAY③	亻亻七丶
惮	NUJF③	忄丷日十		RQM98	扌鸟山	羝	UDQY③	丷尹匚丶
淡	IOOY②	氵火火丶	祷	PYDF③	礻三寸		UQA98	羊匚七
萏	AQVF	艹夕臼二	蹈	KHEV	口止爫臼	堤	FJGH	土日一丨
	AQE98	艹夕臼		KHEE98	口止爫臼	嘀	KUMD	口立冂古
蛋	NHJU③	乙止虫丷	到	GCFJ②	一厶土刂		KYUD98	口亠丷古
氮	RNOO③	气乙火火	悼	NHJH	忄卜早丨	滴	IUMD③	氵立冂古
	ROO98	气火火	焘	DTFO	三丿寸灬		IYU98	氵亠丷
赕	MOOY③	贝火火丶	盗	UQWL	冫勹人皿	镝	QUMD③	钅立冂古
			道	UTHP	丷丿目辶		QYUD98	钅亠丷古
	dang		稻	TEVG③	禾爫臼一	狄	QTOY	犭丿火丶
当	IVF②	彐三		TEE98	禾爫臼		QTO98③	犭丿火
铛	QIVG③	钅⺌彐一	纛	GXFI③	丰母十小	籴	TYOU③	丿丶八米
裆	PUIV	衤⺌彐		GXH98	丰母丨	的	RQY③	白勹丶
挡	RIVG③	扌⺌彐一				迪	MPD③	由辶三
党	IPKQ③	⺌冖口儿		**de**			MP98	由辶
	IP98	⺌冖	得	TJGF②	彳日一寸	敌	TDTY③	丿古攵丶
谠	YIPQ③	讠⺌冖儿	锝	QJGF	钅日一寸	涤	ITSY③	氵夂木丶
凼	IBK	水凵川	德	TFLN③	彳十皿心	荻	AQTO	艹犭丿火
宕	PDF	宀石二				笛	TMF	⺮由二
砀	DNRT③	石乙丿		**deng**		觌	FNUQ	十乙丷儿
荡	AINR③	艹氵乙丿	登	WGKU	癶一口丷	嫡	VUMD③	女立冂古
档	SIVG②	木⺌彐一	灯	OSH②	火丁丨		VYU98	女亠丷
菪	APDF③	艹宀石二	嶝	KWGU	口癶一丷	氐	QAYI③	匚七丶氵
			簦	TWGU	⺮癶一丷	诋	YQAY	讠匚七丶
	dao		蹬	KHWU	口止癶丷		YQA98	讠匚七
刀	VNT②	刀乙丿	等	TFFU	⺮土寸丷	邸	QAYB	匚七丶阝
叨	KVN	口刀乙	戥	JTGA	日丿丰戈		QAY98	匚七丶
	KVT98	口刀丿	邓	CBH②	又阝丨	坻	FQAY③	土匚七丶
忉	NVN	忄刀乙	凳	WGKM	癶一口几	底	YQAY	广匚七丶
	NVT98	忄刀丿		WGKW98	癶一口几		OQAY98③	广匚七丶
氘	RNJJ③	气乙川	噔	MWGU	山癶一丷	抵	RQAY③	扌匚七丶
	RJK98	气川	瞪	HWGU③	目癶一丷	柢	SQAY③	木匚七丶

附录A 五笔字根速查表

字	编码	字根	字	编码	字根	字	编码	字根
砥	DQAY	石匚七丶		UFH98	疒十且	钓	QQYY	钅勹、丶
	DQA98③	石匚七	典	MAWU③	冂 丗八〉	掉	RHJH③	扌卜早丨
骶	MEQY	冎月匚丶	点	HKOU③	卜口灬〉	铞	QKMH	钅口冂丨
	MEQ98③	冎月匚	碘	DMAW③	石冂丗八	铫	QIQN③	钅兆儿乙
地	FBN②	土也乙	踮	KHYK	口止广口		QQI98③	钅儿氵丶
	F98	土		KHOK98	口止广口			
弟	UXHT③	丷弓丨丿	电	JNV②	日乙巛		**die**	
帝	UPMH③	立冖冂丨	佃	WLG②	亻田一	爹	WQQQ	八乂夕夕
	YUPH98	亠丷冖丨		WL98	亻田		WRQ98	八乂夕
娣	VUXT③	女丷弓丿	甸	QLD②	勹田三	跌	KHRW③	口止𠂉人
递	UXHP	丷弓丨辶	阽	BHKG	阝卜口一		KHTG98	口止丿夫
第	TXHT②	𥫗弓丨丿	站	FHKG	立卜口一	迭	RWPI③	𠂉人辶丶
	TXH98	𥫗弓丨		FHK98	立卜口		TGP98	丿夫辶
谛	YUPH	讠立冖丨	店	YHKD③	广卜口三	垤	FGCF③	土一厶土
	YYUH98	讠亠丷丨		OHK98	广卜口	眣	RCYW	厂厶丶人
棣	SVIY③	木彐水丶	垫	RVYF	扌九、土		RCYG98	厂厶丶夫
睇	HUXT	目丷弓丿	玷	GHKG③	王卜口一	谍	YANS③	讠廿乙木
	HUX98	目丷弓	钿	QLG	钅田一	喋	KANS	口廿乙木
缔	XUPH③	纟立冖丨	惦	NYHK③	忄广卜口	堞	FANS③	土廿乙木
	XYU98	纟亠丷		NOH98	忄广卜	揲	RANS	扌廿乙木
蒂	AUPH③	艹立冖丨	淀	IPGH	氵宀一𤴓	耊	FTXF	土丿匕土
	AYU98	艹亠丷	奠	USGD	丷西一大	叠	CCCG	又又又一
碲	DUPH	石立冖丨	殿	NAWC③	尸廿八又	喋	THGS	丿一一木
	DYUH98	石亠丷丨	靛	GEPH③	青月宀𤴓	碟	DANS③	石廿乙木
			癜	UNAC③	疒尸廿又	蝶	JANS③	虫廿乙木
	dia		簟	TSJJ③	𥫗西早丨	蹀	KHAS	口止廿木
嗲	KWQQ③	口八乂夕				鲽	QGAS③	鱼一廿木
	KWR98	口八乂		**diao**			QGAS98	鱼一廿木
			刁	NGD	乙一三			
	dian		叼	KNGG③	口乙一一		**ding**	
颠	FHWM	十且八贝	调	YMFK③	讠冂土口	丁	SGH	丁一丨
掂	RYHK③	扌广卜口	貂	EEVK③	豸刀口口	仃	WSH	亻丁
	ROH98	扌广卜		EVK98	豸刀口	叮	KSH	口丁
滇	IFHW	氵十且八	碉	DMFK③	石冂土口	玎	GSH	王丁丨
巅	MFHM	山十且贝	雕	MFKY	冂土口圭	疔	USK	疒丁Ⅲ
	MFH98	山十且	鲷	QGMK	鱼一冂口	盯	HSH②	目丁
癫	UFHM	疒十且贝	吊	KMHJ③	口冂丨丨	钉	QSH②	钅丁

字	编码	字根	字	编码	字根	字	编码	字根
耵	BSH	耳丁丨	洞	IMGK	氵门一口	髑	MELJ③	罒月罒虫
酊	SGSH③	西一丁丨	胨	EAIY③	月七小、	独	QTJY③	犭丿丨虫
顶	SDMY③	丁厂贝、	胴	EMGK③	月门一口	笃	TCF	𥫗马二
鼎	HNDN③	目乙丿乙	硐	DMGK③	石门一口		TCG98	𥫗马一
订	YSH②	讠丁丨				堵	FFTJ③	土土丿日
定	PGHU②	宀一𧰨㇏		**dou**		赌	MFTJ	贝土丿日
	PGH98	宀一𧰨	兜	QRNQ	匚白㇕儿	睹	HFTJ③	目土丿日
啶	KPGH	口宀一𧰨		RQNQ98	白匚㇕儿	芏	AFF	艹土二
腚	EPGH③	月宀一𧰨	都	FTJB	土丿日阝	妒	VYNT	女、尸丿
碇	DPGH	石宀一𧰨	兠	AQRQ	艹匚白儿	杜	SFG	木土一
锭	QPGH②	钅宀一𧰨	䈮	ARQQ98	艹白匚儿	肚	EFG	月土一
町	LSH	田丁丨	篼	TQRQ	𥫗匚白儿		EF98	月土
				TRQQ98	𥫗白匚儿	度	YACI②	广廿又氵
	diu		斗	UFK	丶十丨丨		OAC98	广廿又
丢	TFCU③	丿土厶丶		UF98	丶十	渡	IYAC③	氵广廿又
铥	QTFC	钅丿土厶	抖	RUFH	扌丶十丨	镀	IOAC98③	氵广廿又
			钭	RUF98	扌丶十		QYAC	钅广廿又
	dong		阧	QUFH③	钅丶十丨		QOA98	钅广廿
东	AII②	七小丶	陡	BFHY③	阝土𧘇、	蠹	GKHJ	一口丨虫
冬	TUU	夂丶丶	蚪	JUFH	虫丶十丨			
	TU98	夂丶	豆	GKUF	一口丷二		**duan**	
咚	KTUY	口夂丶、	逗	GKUP	一口丷辶	端	UMDJ	立山厂丨
岽	MAIU③	山七小丶	痘	UGKU	疒一口丷		UMDJ98②	立山厂丨
氡	RNTU	𠂉乙夂丶	窦	PWFD	宀八十大	短	TDGU③	𠂉大一丷
	RTUI98	气夂丶氵				段	WDMC	亻三几又
鸫	AIQG③	七小勹一		**du**			THDC98	丿丨三又
董	ATGF③	艹丿一土	督	HICH	⺊小又目	断	ONRH②	米乙斤
懂	NATF③	忄艹丿土	嘟	KFTB	口土丿阝	缎	XWDC	纟亻三又
动	FCLN③	二厶力乙	毒	GXGU	丰母一丷		XTH98	纟丿丨
	FCE98	二厶力		GXU98	丰母丷	椴	SWDC③	木亻三又
冻	UAIY③	冫七小、	读	YFND	讠十乙大		STHC98	木丿丨又
侗	WMGK	亻门一口	渎	IFND	氵十乙大	煅	OWDC③	火亻三又
	WMG98	亻门一	椟	SFND③	木十乙大		OTHC98	火丿丨又
垌	FMGK③	土门一口	胰	THGD	丿丨一大	锻	QWDC	钅亻三又
峒	MMGK	山门一口	犊	TRFD	丿扌十大		QTHC98③	钅丿丨又
恫	NMGK③	忄门一口		CFN98	牛十乙	簖	TONR	𥫗米乙斤
栋	SAIY③	木七小、	黩	LFOD	罒土灬大			

dui

堆	FWYG③	土亻圭一
队	BWY②	阝人丶
对	CFY②	又寸丶
兑	UKQB	丷口儿《
怼	CFNU③	又寸心丷
碓	DWYG	石亻圭一
憝	YBTN	亠子攵心
镦	QYBT③	钅亠子攵

dun

吨	KGBN③	口一凵乙
敦	YBTY③	亠子攵丶
墩	FYBT③	土亠子攵
礅	DYBT③	石亠子攵
蹲	KHUF	口止丷寸
盹	HGBN③	目一凵乙
遁	DNKH③	厂乙口辶
沌	GQK98	一勹口
沌	IGBN③	氵一凵乙
炖	OGBN	火一凵乙
盾	RFHD③	厂十目三
砘	DGBN③	石一凵乙
钝	QGBN	钅一凵乙
顿	GBNM	一凵乙贝
遁	RFHP	厂十目辶

duo

多	QQU②	夕夕丷
咄	KBMH③	口凵山丨
哆	KQQY③	口夕夕丶
裰	PUCC	衤丷又又
夺	DFU②	大寸丷
铎	QCFH③	钅又二丨
掇	QCG98	钅又丰
掇	RCCC③	扌又又又

跺	KHYC	口止广又
	KHOC98	口止广又
朵	MSU②	几木丷
	WSU98	几木丷
哚	KMSY③	口几木丶
	KWSY98	口几木丶
垛	FMSY③	土几木丶
	FWS98	土几木
缍	XTGF③	纟丿一土
躲	TMDS	丿门三木
剁	MSJH③	几木刂丨
	WSJ98	几木刂
沲	ITBN③	氵丿也乙
堕	BDEF	阝𠂇月土
舵	TEPX	丿舟宀匕
	TUP98	丿舟宀
惰	NDAE③	忄𠂇工月
跥	KHMS③	口止几木
	KHWS98	口止几木
柁	SPXN③	木宀匕乙

e

厄	NBSK③	尸阝丁口
讹	YWXN	讠亻匕乙
俄	WTRT③	亻丿扌丿
	WTR98	亻丿扌
娥	VTRT③	女丿扌丿
	VTR98	女丿扌
峨	MTRT③	山丿扌丿
	MTR98	山丿扌
莪	ATRT③	艹丿扌丿
	ATR98	艹丿扌
锇	QTRT	钅丿扌丿
	QTRY98	钅丿扌丶
鹅	TRNG	丿扌乙一
蛾	JTRT③	虫丿扌丿
	JTR98	虫丿扌

额	PTKM	宀夂口贝
婀	VBSK③	女阝丁口
厄	DBV	厂𢎨巛
呃	KDBN③	口厂𢎨乙
扼	RDBN③	扌厂𢎨乙
苊	ADBB③	艹厂𢎨《
轭	LDBN③	车厂𢎨乙
垩	GOGF	一业一土
	GOF98	一业土
恶	GOGN	一业一心
	GON98	一业心
饿	QNTT③	勹乙丿丿
	QNTY98	勹乙丿丶
谔	YKKN	讠口口乙
鄂	KKFB	口口二阝
愕	NKKN③	忄口口乙
萼	AKKN	艹口口乙
遏	JQWP	日勹人辶
	JQW98	日勹人
腭	EKKN③	月口口乙
锷	QKKN	钅口口乙
鹗	KKFG	口口二一
颚	KKFM	口口二贝
噩	GKKK	王口口口
鳄	QGKN	鱼一口乙
	QGK98	鱼一口

ei

| 诶 | YCTD③ | 讠厶宀大 |

en

恩	LDNU③	口大心丷
蒽	ALDN	艹口大心
摁	RLDN③	扌口大心
	RLDN98	扌口大心

er

儿	QTN②	儿丿乙	帆	MHMY③	冂丨几丶	邡	YBH	方阝丨
而	DMJJ③	丆冂刂刂		MHW98	冂丨几	坊	FYN	土方乙
	DM98	丆冂	番	TOLF③	丿米田二		FY98	土方
鸸	DMJG	丆冂刂一	幡	MHTL	冂丨丿田	芳	AYB②	艹方巜
鲕	QGDJ	鱼一丆刂	翻	TOLN	丿米田羽		AY98	艹方
尔	QIU	勹小丶	藩	AITL	艹氵丿田	枋	SYN	木方乙
	QI98	勹小	凡	MYI②	几丶		SYT98	木方丿
耳	BGHG③	耳一丨一		WYI98	几丶	钫	QYN	钅方乙
迩	QIPI③	勹小辶丶	矾	DMYY③	石几丶		QYT98	钅方丿
洱	IBG	氵耳一		DWY98	石几丶	防	BYN②	阝方乙
饵	QNBG	夕乙耳一	钒	QMYY	钅几丶		BYT98	阝方丿
珥	GBG	王耳一		QWYY98	钅几丶	妨	VYN②	女方乙
铒	QBG	钅耳一	烦	ODMY	火丆贝丶		VY98	女方
二	FGG②	二一一	樊	SQQD	木乂乂大	房	YNYV③	丶尸方巛
	FGG98	二一一		SRRD98	木乂乂大	肪	EYN	月方乙
贰	AFMI③	弋二贝丶	蕃	ATOL	艹丿米田		EY98	月方
	AFM98	弋二贝	燔	OTOL③	火丿米田	鲂	QGYN	鱼一方乙
			繁	TXGI	丿𠂆一小		QGYT98	鱼一方丿

fa

				TXTI98	丿母攵小	仿	WYN	亻方乙
发	NTCY③	乙丿又丶	蹯	KHTL	口目丿田		WYT98	亻方丿
乏	TPI	丿之丶	燔	ATXI	艹𠂆𠂆小	访	YYN	讠方乙
	TP98	丿之	反	RCI②	𠂆又丶		YYT98	讠方丿
伐	WAT	亻戈丿	返	RCPI③	𠂆又辶丶	纺	XYN②	纟方乙
	WAY98	亻戈丶	犯	QTBN③	犭丿巳乙		XY98	纟方
垡	WAFF	亻戈土二	泛	ITPY	氵丿之丶	舫	TEYN	丿舟方乙
罚	LYJJ②	皿讠刂刂	饭	QNRC	夕乙𠂆又		TUYT98	丿舟方丿
阀	UWAE③	门亻戈彡	范	AIBB③	艹氵巳巜	放	YTY②	方攵丶
	UWA98	门亻戈	贩	MRCY	贝𠂆又丶			
筏	TWAR③	𥫗亻戈丿		MRC98	贝𠂆又	## fei		
	TWA98	𥫗亻戈	畈	LRCY③	田𠂆又丶	飞	NUI	乙冫丶
法	IFCY②	氵土厶丶	梵	SSMY③	木木几丶	妃	VNN	女巳乙
	IFC98	氵土厶		SSW98	木木几	非	DJDD③	三刂三
砝	DFCY	石土厶丶					HD98	丨三
珐	GFCY③	王土厶丶	## fang			啡	KDJD③	口三刂三
			方	YYGN②	方丶一乙		KHDD98	口丨三
						绯	XDJ	纟三刂三
							XHD98	纟丨三

附录A 五笔字根速查表

字	编码	字根	字	编码	字根	字	编码	字根
菲	ADJD③	艹三丨三		UHD98	疒丨三	丰	DHK②	三丨丨丨
	AHD98	艹丨三	镄	QXJM③	钅弓丨贝		DHK98③	三丨丨丨
扉	YNDD	、尸三三	芾	AGMH③	艹一冂丨	沣	IDHH②	氵三丨丨
	YNHD98	、尸丨三				枫	SMQY③	木几乂丶
蜚	DJDJ	三丨三虫	**fen**				SWR98	木几乂
	HDHJ98	丨三丨虫	分	WVB②	八刀巛	封	FFFY	土土寸丶
霏	FDJD	雨三丨三	吩	KWVN③	口八刀乙	疯	UMQI③	疒几乂丶
	FHD98	雨丨三		KWV98	口八刀		UWR98	疒几乂
鲱	QGDD	鱼一三三	纷	XWVN③	纟八刀乙	砜	DMQY	石几乂丶
	QGHD98	鱼一丨三	芬	AWVB③	艹八刀巛		DWRY98	石几乂丶
肥	ECN②	月巴乙		AWV98	艹八刀	峰	MTDH③	山夂三丨
淝	IECN③	氵月巴乙	氛	RNWV③	一乙八刀	烽	OTDH	火夂三丨
腓	EDJD③	月三丨三		RWV98	气八刀		OTD98	火夂三
	EHD98	月丨三	酚	SGWV③	西一分刀	葑	AFFF	艹土土寸
匪	ADJD	匚三丨三	坟	FYY②	土文丶	锋	QTDH③	钅夂三丨
	AHDD98	匚三丨三		FYY98	土文丶	蜂	JTDH③	虫夂三丨
诽	YDJD③	讠三丨三	汾	IWVN③	氵分刀乙	鄂	DHDB	三丨三阝
	YHD98	讠丨三	芬	SSWV③	木木八刀		MDH98③	山三丨
悱	NDJD	忄三丨三	焚	SSOU③	木木火丶	冯	UCG②	冫马一
	NHDD98	忄丨三三		SSO98	木木火		UCG98	冫马一
斐	DJDY	三丨三文	鼢	VNUV	臼乙冫刀	逢	TDHP③	夂三丨辶
	HDHY98	丨三丨文		ENUV98	臼乙冫刀	缝	XTDP	纟夂三辶
榧	SADD	木匚三三	粉	OWVN②	米八刀乙	讽	YMQY③	讠几乂丶
	SAH98	木匚丨		OWV98	米八刀		YWR98	讠几乂
翡	DJDN	三丨三羽	份	WWVN③	亻八刀乙	唪	KDWH③	口三人丨
	HDHN98	丨三丨羽		WWV98	亻八刀		KDWG98	口三人丰
篚	TADD	竹匚三三	奋	DLF	大田二	凤	MCI②	几又丶
	TAH98	竹匚丨	忿	WVNU	八刀心丶		WCI98	几又丶
吠	KDY	口犬、	偾	WFAM③	亻十艹贝	奉	DWFH③	三人二丨
废	YNTY	广乙丿丶	愤	NFAM③	忄十艹贝		DWG98	三人丰
	ONT98	广乙丿	粪	OAWU	米艹八丶	俸	WDWH	亻三人丨
沸	IXJH③	氵弓丨丨	鲼	QGFM	鱼一十贝		WDWG98	亻三人丰
狒	QTXJ③	犭丿弓丨	濆	IOLW③	氵米田八			
	QTXJ98	犭丿弓丨				**fo**		
肺	EGMH③	月一冂丨	**feng**			佛	WXJH③	亻弓丨丨
费	XJMU	弓丨贝丶	风	MQI②	几乂丶			
痱	UDJD	疒三丨三		WR98②	几乂			

fou

否	GIKF③	一小口二
	DHKF98	丆卜口二
缶	RMK	𠂉山川
	TFBK98	𠂉十山川

fu

夫	FWI②	二人丶
	GGGY98	夫一一、
呋	KFWY③	口二人丶
	KGY98	口夫、
肤	EFWY③	月二夫丶
	EGY98	月夫、
跌	KHFW③	口止二人
	KHGY98	口止夫、
麸	GQFW	龶夕二人
	GQGY98	龶夕夫、
稃	TEBG	禾爫子一
跗	KHWF	口止亻寸
孵	QYTB	𠂎丶丿子
敷	GEHT	一月丨攵
	SYTY98	甫方攵丶
弗	XJK	弓丿川
伏	WDY	亻犬、
凫	QYNM	𠂎丶乙几
	QWB98	鸟几丷
孚	EBF	爫子二
扶	RFWY③	扌二人丶
	RGY98	扌夫、
芙	AFWU③	艹二人丷
	AGU98	艹夫丷
怫	NXJH③	忄弓丿丨
拂	RXJH	扌弓丿丨
服	EBCY②	月卩又丶
绂	XDCY③	纟犬又丶
绋	XXJH③	纟弓丿丨

符		
俘	AWFU	艹亻寸
氟	WEBG③	亻爫子一
	RNXJ③	𠂉乙弓丨
被	RXJK98	气弓丨川
	PYDC	衤丆又
罘	PYDY98	衤丶丆、
	LGIU③	罒一小丷
莩	LDH98	罒丆卜
郛	AWDU③	艹亻犬丷
浮	EBBH③	爫子阝丨
砩	IEBG③	氵爫子一
莩	DXJH③	石弓丨丨
蚨	AEBF	艹爫子二
匍	JFWY③	虫二人丶
	JGY98	虫夫、
桴	QGKL③	勹一口田
涪	QGKL98	勹一口田
符	SEBG③	木爫子一
艴	IUKG③	氵立口一
菔	TWFU③	𠂉亻寸丷
袚	XJQC③	弓丨夕巴
幅	AEBC	艹月卩又
福	PUWD	衤丷亻犬
蜉	MHGL③	冂丨一田
辐	PYGL③	衤丶一田
幞	JEBG③	虫爫子一
蝠	LGKL③	车一口田
黻	MHOY③	冂丨业丶
	MHOY98	冂丨业、
抚	JGKL	虫一口田
甫	OGUC	业一丶又
府	OID98	业肖丆
	RFQN	扌二儿乙
	GEHY③	一月丨、
	SGHY98	甫一、
	YWFI③	广亻寸氵
	OWFI98	广亻寸氵

拊	RWFY③	扌亻寸、
斧	WQRJ③	八乂斤刂
	WRR98	八乂斤
俯	WYWF③	亻广亻寸
	WOW98	亻广
釜	WQFU③	八乂干丷
	WRF98	八乂干
辅	LGEY	车一月、
	LSY98	车甫、
腑	EYWF③	月广亻寸
	EOW98	月广
滏	IWQU③	氵八乂丷
	IWR98	氵八乂
腐	YWFW	广亻寸人
	OWFW98	广亻寸人
黼	OGUY	业一丶、
	OIS98	业肖甫
父	WQU	八乂丷
	WRU98	八乂丷
讣	YHY	讠卜、
付	WFY	亻寸
妇	VVG②	女彐一
负	QMU②	夕贝
附	BWFY③	阝亻寸
咐	KWFY③	口亻寸
阜	WNNF	丿コヨ十
驸	TNFJ98	亻自十丨
驸	CWFY③	马亻寸、
	CGWF98	马一亻
复	TJTU③	𠂉日攵丷
赴	FHHI③	土止卜氵
副	GKLJ③	一口田刂
傅	WGEF	亻一月寸
	WSF98	亻甫寸
富	PGKL③	宀一口田
赋	MGAH③	贝一弋止
	MG98	贝一

附录A 五笔字根速查表

缚	XGEF③	纟一月寸		SVA98	木彐匚		**gang**	
	XSFY98	纟甫寸、		**gan**		钢	QMQY③	钅冂丶
腹	ETJT③	月丿日夂					QMR98	钅冂丿
鲋	QGWF③	鱼一亻寸	干	FGGH	干一一丨	冈	MQI	冂乂
	QGWF98	鱼一亻寸	甘	AFD	廿二三		MR98②	冂乂
赙	MGEF③	贝一月寸		FGHG98	甘一丨一	刚	MQJH③	冂乂刂丨
	MSF98	贝甫寸	杆	SFH	木干丨		MRJ98	冂乂刂
蝮	JTJT	虫丿日夂	肝	EFH②	月干丨	岗	MMQU	山冂乂
鳆	QGTT	鱼一丿夂		EFH98	月干丨		MMR98③	山冂乂
覆	STTT③	西彳丿夂	坩	FAFG	土廿二一	纲	XMQY②	纟冂乂
馥	TJTT	禾日丿夂		FFG98	土甘一		XMR98	纟冂乂
			泔	IAFG③	氵廿二一	肛	EAG②	月工一
	ga			IFG98	氵甘一	缸	RMAG③	𠂉山工一
嘎	KDHA③	口厂目戈	苷	AAFF③	艹廿二		TFBA98	𠂉十山工
旮	VJF	九日二		AFF98	艹甘二	罡	LGHF	四一止二
钆	QNN	钅乙乙	柑	SAFG③	木廿二一	港	IAWN	氵艹八巳
尜	IDIU③	小大小丷		SFG98	木甘一	杠	SAG	木工一
噶	KAJN③	口艹日乙	竿	TFJ	𥫗干刂	筻	TGJQ	𥫗一日乂
尕	EIU③	乃小丷	疳	UAFD③	疒艹二三		TGJR98	𥫗一日乂
	BIU98③	乃小丷		UFD98	疒甘三	戆	UJTN	立早夂心
尴	DNWJ③	尢乙人刂	酐	SGFH	西一干丨			
			尴	DNJL	尢乙刂皿		**gao**	
	gai		秆	TFH	禾干丨	高	YMKF②	亠冂口二
该	YYNW	讠亠乙人	赶	FHFK	土止干川		YMK98	亠冂口
陔	BYNW	阝亠乙人	敢	NBTY②	乙耳夂丶	皋	RDFJ	白大十刂
垓	FYNW	土亠乙人	感	DGKN	厂一口心	羔	UGOU③	丷王灬丷
赅	MYNW③	贝亠乙人	澉	INBT③	氵乙耳夂		UGOU98	丷王灬丷
改	NTY	乙攵丶		INBT98	氵乙耳夂	槔	SRDF③	木白大十
丐	GHNV③	一卜乙巛	橄	SNBT	木乙耳夂	睾	TLFF	丿四土十
钙	QGHN③	钅一卜乙	擀	RFJF	扌十早干	膏	YPKE②	亠冖口月
	QGHN98	钅一卜乙	旰	JFH	日干丨	篙	TYMK	𥫗亠冂口
盖	UGLF③	丷王皿二	矸	DFH	石干丨	糕	OUGO	米丷王灬
溉	IVCQ③	氵彐匕儿	绀	XAFG	纟廿二一	杲	JSU	日木丷
	IVA98	氵彐匚		XFG98	纟甘一	搞	RYMK③	扌亠冂口
戤	ECLA	乃又皿戈	淦	IQG	氵金一	缟	XYMK③	纟亠冂口
	BCLA98②	乃又皿戈	赣	UJTM	立早夂贝	槁	SYMK	木亠冂口
概	SVCQ③	木彐匕儿						

字	编码	字根		字	编码	字根		字	编码	字根
稿	TYMK③	禾亠冂口	舸	TESK③	丿舟丁口	羹	OVWM98	广ヨ人贝
镐	QYMK③	钅亠冂口		TUS98	丿舟丁		UGOD	䒑王灬大
藁	AYMS	艹亠冂木	个	WHJ②	人丨丨	哽	KGJQ③	口一日乂
告	TFKF	丿土口二	各	TKF②	夂口二		KGJ98	口一日
诰	YTFK	讠丿土口	虼	JTNN③	虫丿乙乙	埂	FGJQ③	土一日乂
郜	TFKB	丿土口阝	硌	DTKG③	石夂口一		FGJR98	土一日
锆	QTFK	钅丿土口	铬	QTKG③	钅夂口一	绠	XGJQ③	纟一日乂
			颌	WGKM	人一口贝		XGJ98	纟一日
	ge		咯	KTKG③	口夂口一	耿	BOY②	耳火丶
哥	SKSK③	丁口丁口	仡	WTNN	亻丿乙乙	梗	SGJQ	木一日乂
	SKSK98	丁口丁口		WTNN98	亻丿乙乙		SGJR98	木一日
戈	AGNT	戈一乙丿				鲠	QGGQ	鱼一一乂
	AGNY98	戈一乙、		**gei**			QGGR98	鱼一一
圪	FTNN③	土丿乙乙	给	XWGK②	纟人一口			
	FTNN98	土丿乙乙					**gong**	
纥	XTNN	纟丿乙乙		**gen**		工	AAAA	工工工工
疙	UTNV③	疒丿乙巛	根	SVEY③	木彐丶乀	弓	XNGN③	弓乙一乙
胳	ETKG③	月夂口一		SV98	木艮	公	WCU②	八厶冫
袼	PUTK	衤丶夂口	跟	KHVE③	口止彐乀	功	ALN②	工力乙
鸽	WGKG	人一口一		KHV98	口止艮		AE98	工力
割	PDHJ	宀三丨刂	哏	KVEY③	口彐丶乀	攻	ATY②	工攵
搁	RUTK③	扌门夂口		KVY98	口艮丶	供	WAWY③	亻廿八丶
歌	SKSW	丁口丁人	亘	GJGF③	一日一二	肱	EDCY③	月ナ厶丶
阁	UTKD③	门夂口三		VEI	彐乀冫	宫	PKKF②	宀口口二
革	AFJ②	廿丰丨		VNGY98	艮乙一、	恭	AWNU	廿八小冫
格	STKG②	木夂口一	茛	AVEU③	艹彐乀冫	蚣	JWCY③	虫八厶丶
	STK98	木夂口		AVU98	艹艮冫	躬	TMDX	丿门三弓
鬲	GKMH	一口冂丨	艮	AYVE③	艹丶彐乀	龚	DXAW	ナ匕廾八
葛	AJQN③	艹日勹乙		AYV98	艹丶艮		DXYW98	ナ匕、八
隔	BGKH③	阝一口丨				觥	QEIQ③	夕用丨儿
嗝	KGKH	口一口丨		**geng**		巩	AMYY	工几丶
塥	FGKH③	土一口丨	耕	DIFJ③	三小二丨		AWYY98	工几丶
搿	RWGR	手人一手	更	FSFJ98	二木十丨	汞	AIU	工水冫
膈	EGKH③	月一口丨		GJQI③	一日乂冫	拱	RAWY	扌廿八丶
镉	QGKH	钅一口丨		GJR98③	一日	珙	GAWY③	王廿八丶
骼	METK③	冂月夂口	庚	YVWI③	广彐人冫	共	AWU	廿八冫
舸				OVW98	广彐人	贡	AMU②	工贝
	LKSK86	力口丁口	赓	YVWM	广彐人贝			
	EKSK98②	月口丁口						

	AM98②	工贝	轱	LDG	车古一	悎	TRTK	丿扌丿口
			鸪	DQYG	古勹、一		CTF98	牛土
	gou			DQG98	古鸟一	雇	YNWY	、尸亻隹
沟	IQCY③	氵勹厶、	菇	AVDF③	艹女古丶	痼	ULDD③	疒囗古三
勾	QCI	勹厶氵	蓇	ABRY③	艹冖厂、	锢	QLDG	钅囗古一
佝	WQKG③	亻勹口一		ABRY98	艹冖厂、	鲴	QGLD	鱼一囗古
	WQKG98	亻勹口一	蛄	JDG	虫古一	呱	KRCY③	口厂厶、
钩	QQCY③	钅勹厶、	觚	QERY③	夕用厂、	衮	UCEU	六厶伙丶
缑	XWND③	纟亻彐大	辜	DUJ	古辛刂		**gua**	
篝	TFJF	𥫗二刂土	酤	SGDG	西一古一	瓜	RCYI③	厂厶、丶
	TAMF98	𥫗艹门土	穀	FPLC③	士冖车又		RCY98③	厂厶、
耩	AFFF	甘丰二土	箍	TRAH③	𥫗扌匚丨	刮	TDJH	丿古刂丨
	AFAF98	甘丰艹土	鹘	MEQG③	骨月勹一	胍	ERCY③	月厂厶、
峋	MQKG③	山勹口一		MEQG98	骨月勹一	鸹	TDQG③	丿古勹一
狗	QTQK③	犭丿勹口	**古**	DGHG③	古一丨一	剐	KMWJ	口冂人刂
苟	AQKF	艹勹口二	汩	IJG	氵曰一	寡	PDEV③	宀丆月刀
枸	SQKG③	木勹口一	诂	YDG③	讠古一	卦	FFHY	土土卜、
笱	TQKF③	𥫗勹口二	谷	WWKF③	八人口二	诖	YFFG	讠土土一
构	SQCY②	木勹厶、	股	EMCY③	月几又、	挂	RFFG	扌土土一
诟	YRGK③	讠厂一口		EWC98③	月几又	褂	PUFH	衤冫土丨
购	MQCY③	贝勹厶、	牯	TRDG	丿扌古一	栝	STDG	木丿古一
垢	FRGK②	土厂一口		CDG98③	牛古一		**guai**	
够	QKQQ	勹口夕夕	骨	MEF②	骨月二	乖	TFUX③	丿十丬匕
媾	VFJF③	女二刂土	罟	LDF	皿古二	拐	RKLN③	扌口力乙
	VAM98	女艹门	钴	QDG	钅古一		RKET98	扌口力丿
榖	FPGC	士冖一又	蛊	JLF	虫皿二	怪	NCFG②	忄又土一
遘	FJGP	二刂一辶	鹄	TFKG	丿土口一		**guan**	
	AMFP98	艹门土辶	鼓	FKUC	士口䒑又	关	UDU②	䒑大丶
觏	FJGQ	二刂一儿	嘏	DNHC③	古⺄丨又		UDU98③	䒑大丶
	AMFQ98	艹门土儿	臌	EFKC	月土口又	观	CMQN②	又冂儿乙
	gu		瞽	FKUH	士口䒑丨	官	PNHN③	宀⺄丨⺄
姑	VDG②	女古一	固	LDD	囗古三		PN98②	宀㠯二
估	WDG②	亻古一	故	DTY	古攵、	冠	PFQF	冖二儿寸
咕	KDG	口古一	顾	DBDM②	厂巴丆贝	倌	WPNN③	亻宀⺄⺄
孤	BRCY②	子厂厶、		DBD98③	厂巴丆			
沽	IDG	氵古一	崮	MLDG	山囗古二			
			梏	STFK	木丿土口			

字	编码	字根	字	编码	字根	字	编码	字根
				gui			**gun**	
棺	WPN98	亻宀乙	归	JVG②	刂ヨ丶	滚	IUCE③	氵六厶⿰
	SPNN③	木宀乙	圭	FFF③	土土二	绲	XJXX③	纟日匕匕
	SPN98	木宀乙	妫	VYLY③	女、力、	辊	LJXX②	车日匕匕
鳏	QGLI	鱼一皿小		VYE98③	女、力	磙	DUCE③	石六厶⿰
馆	QNPN③	勹乙宀乙	龟	QJNB③	夕日乙《	鲧	QGTI	鱼一丿小
	QNP98	勹乙宀	规	FWMQ③	二人门儿	棍	SJXX③	木日匕匕
管	TPNN②	𥫗宀乙乙		GMQ98	夫门儿			
	TPN98	𥫗宀目	皈	RRCY	白厂又丶		**guo**	
贯	XFMU③	口十贝㇒	闺	UFFD	门土土三	锅	QKMW③	钅口冂人
	XM98	毌贝		UFF98	门土土	呙	KMWU	口冂人
惯	NXFM③	忄口十贝	硅	DFFG③	石土土一	埚	FKMW③	土口冂人
	NXM98	忄毌贝		DFFG98③	石土土一	郭	YBBH③	亠子阝丨
掼	RXFM③	扌口十贝	瑰	GRQC③	王白儿厶	崞	MYBG③	山亠子一
	RXM98③	扌毌贝	鲑	QGFF	鱼一土土	聒	BTDG③	耳丿古一
涫	IPNN③	氵宀乙乙	宄	PVB	宀九《	蝈	JLGY③	虫囗王丶
	IPN98	氵宀目	轨	LVN②	车九乙	国	LGYI③	囗王丶
盥	QGIL③	匚一水皿	庋	YFCI③	广十又丶	帼	MHLY③	冂丨口丶
	EIL98	臼水皿		OFC98	广十又	掴	RLGY	扌囗王
灌	IAKY③	氵艹口圭	匦	ALVV③	匚车九《	虢	EFHM	爫寸广几
鹳	AKKG	艹口口一	诡	YQDB③	讠夕厂巴		EFHW98	爫寸虍几
罐	RMAY	𠂉山艹圭	癸	WGDU	癶一大㇒	馘	UTHG	丷丿目一
	TFBY98	𠂉十山圭	鬼	RQCI	白儿厶丶	果	JSI②	日木
			晷	JTHK	日夂卜口	猓	QTJS	犭丿日木
	guang		簋	TVEL③	𥫗ヨ匚皿	椁	SYBG③	木亠子一
光	IQB③	丷儿《		TVL98	𥫗艮皿	蜾	JJSY③	虫日木丶
	IG98	丷一	刽	WFCJ	人二厶刂	裹	YJSE	亠日木⿰
咣	KIQN③	口丷儿乙	刿	MQJH	山夕刂丨	过	FPI②	寸辶
	KIG98③	口丷一	柜	SANG③	木匚コ一	涡	IKMW③	氵口冂人
桄	SIQN	木丷儿乙	炅	JOU	日火㇒			
	SIGQ98	木丷一儿	刽	KHGM	口丨一贝		**ha**	
胱	EIQN③	月丷儿乙	桂	SFFG	木土土一	哈	KWGK③	口人一口
	EIG98	月丷一	跪	KHQB	口止夕巴	蛤	JWGK②	虫人一口
广	YYGT	广、一丿	鳜	QGDW	鱼一厂人	铪	QWGK	钅人一口
	OYGT98②	广、一丿	桧	SWFC③	木人二厶			
犷	QTYT	犭丿广丶					**hai**	
	QTOT98	犭丿广丶				孩	BYNW	子亠乙人
逛	QTGP	犭丿王辶						

	BYN98	孑⺤乙	罕	POWFJ③	一八干丨	毫	YPTN③	亠冖丿乙
嗨	KITU	口氵⺁丶	喊	KDGT	口厂一丿		YPE98	亠冖毛
	KITX98	口氵⺁母		KDGK98	口厂一口	嗥	KRDF	口白大十
骸	MEYW③	冂月亠人	汉	ICY②	氵又丶		KRDF98	口白大十
海	ITXU③	氵⺁母丶	汗	IFH③	氵干丨	豪	YPEU	亠冖豕丶
	ITX98	氵⺁母		IF98②	氵干		YPG98	亠冖一
胲	EYNW	月亠乙人	旱	JFJ	日干丨	嚎	KYPE③	口亠冖豕
醢	SGDL	西一ナ皿	悍	NJFH③	忄日干丨	壕	FYPE③	土亠冖豕
亥	YNTW	亠乙丿丶	捍	RJFH③	扌日干丨	濠	IYPE③	氵亠冖豕
骇	CYNW	马亠乙人		RJFH98	扌日干丨	好	VBG②	女子一
	CGYW98	马一亠人	焊	OJFH③	火日干丨	郝	FOBH③	土小阝丨
害	PDHK②	宀三丨口	菌	ABIB	艹了乂凵	号	KGNB③	口一乙⺍
氦	RNYW	𠂉乙亠人	颔	WYNM	人丶乙贝		KGNB98②	口一乙⺍
	RYNW98	气亠乙人	撖	RNBT	扌乙耳攵	昊	JGDU③	日一大丶
还	GIPI③	一小辶丶	憾	NDGN	忄厂一心	浩	ITFK	氵丿土口
	DH98	丆卜	撼	RDGN	扌厂一心	耗	DITN	三小丿乙
			翰	FJWN③	十早人羽		FSE98	二木毛
han			瀚	IFJN	氵十早羽	皓	RTFK	白丿土口
酣	SGAF	西一廿二				颢	JYIM③	日亠小贝
	SGF98	西一甘	**hang**				JYIM98	日亠小贝
犴	QTFH	犭丿干丨	杭	SYMN③	木亠几乙	灏	IJYM	氵日亠贝
顸	FDMY	干丆贝丶		SYW98	木亠几			
蚶	JAFG③	虫廿二一	夯	DLB	大力⺍	**he**		
	JFG98	虫甘一		DER98	大力彡	喝	KJQN③	口日勹乙
憨	NBTN	乙耳攵心	绗	XTFH	纟彳二丨	诃	YSKG③	讠丁口一
鼾	THLF	丿目田干		XTGS98	纟彳一丁	呵	KSKG③	口丁口一
邗	FBH	干阝丨	航	TEYM③	丿舟亠几	嗬	KAWK	口艹亻口
含	WYNK	人丶乙口		TUY98	丿舟丶	禾	TTTT③	禾禾禾禾
邯	AFBH③	廿二阝丨	沆	IYMN③	氵亠几乙	合	WGKF③	人一口二
	FBH98	甘阝丨		IYWN98	氵亠几乙		WGKF98	人一口二
函	BIBK	了乂凵丨				何	WSKG③	亻丁口一
晗	JWYK	日人丶口	**hao**			劾	YNTL	亠乙丿力
涵	IBIB③	氵了乂凵	蒿	AYMK	艹亠冂口		YNTE98	亠乙丿力
焓	OWYK	火人丶口	嚆	KAYK③	口艹亠口	和	TKG	禾口一
寒	PFJU	宀艹丨丶	薅	AVDF	艹女厂寸	河	ISKG③	氵丁口一
	PAW98③	宀廿八	蚝	JTFN	虫丿二乙	曷	JQWN	日勹人乙
韩	FJFH	十早二丨		JEN98	虫毛乙	阂	UYNW③	门亠乙人

核	SYNW	木冖乙人	哼	KYBH③	口亐了丨	猴	QTWD③	犭丿亻大
	SYN98	木冖乙	桁	STFH	木彳二丨	瘊	UWND③	疒亻冖大
盍	FCLF	土厶皿二		STG98	木彳一	篌	TWND③	𥫗亻冖大
	FCL98	土厶皿	珩	GTFH③	王彳二丨	糇	OWND③	米亻冖大
荷	AWSK③	艹亻丁口		GTG98	王彳一	骺	MERK③	骨月厂口
涸	ILDG③	氵口古一	横	SAMW③	木艹由八	吼	KBNN③	口子乙乙
盒	WGKL	人一口皿	衡	TQDH	彳角大丨	后	RGKD②	厂一口三
菏	AISK③	艹氵丁口		TQD98	彳角大	厚	DJBD③	厂日子三
蚵	JSKG③	虫丁口一	蘅	ATQH	艹彳角丨		TXTY③	彳幺夂丶
貉	EETK	𤣩夂口		ATQS98	艹彳角丁		TXTY98	彳幺夂丶
	ETKG98	豸夂口一				逅	RGKP	厂一口辶
阖	UFCL③	门土厶皿	**hong**			候	WHND③	亻丨冖大
翮	GKMN	一口冂羽	烘	OAWY③	火艹八丶	堠	FWND	土亻冖大
贺	LKMU③	力口贝丷		OAWY98③	火艹八丶		FWN98	土亻冖
	EKM98	力口贝	薨	LCCU③	车又又丷	鲎	IPQG	丷冖鱼一
褐	PUJN	衤丷曰乙	哄	KAWY③	口艹八丶	鍭	QOY	钅火丶
赫	FOFO③	土小土小	訇	QYD	勹言三	夥	JSQQ③	日木夕夕
鹤	PWYG③	冖亻圭一	蕻	ALPX	艹皿冖匕	嚯	KFWY	口雨亻圭
壑	HPGF③	丨冖一土	弘	XCY	弓厶丶	蠖	JAWC	虫艹亻又
				XC98	弓厶			
hei			红	XAG②	纟工一	**hu**		
黑	LFOU③	囗土灬丷	宏	PDCU③	宀ナ厶丷	呼	KTUH②	口丿丷丨
嘿	KLFO③	口囗土灬	闳	UDCI③	门ナ厶⺀		KTU98	口丿丷
			泓	IXCY③	氵弓厶丶	乎	TUHK③	丿丷丨川
hen			洪	IAWY③	氵艹八丶		TUFK98	丿丷十川
痕	UVEI③	疒彐⺀	荭	AXAF③	艹纟工二	忽	QRNU③	勹丿心丷
	UVI98	疒艮⺀	虹	JAG②	虫工一	烀	OTUH③	火丿丷丨
很	TVEY③	彳彐⺀		JAG98	虫工一		OTU98	火丿丷
	TVY98	彳艮	鸿	IAQG	氵工勹一	轷	LTUH	车丿丷丨
狠	QTVE③	犭丿彐⺀		IAQ98	氵工勹		LTUF98	车丿丷十
	QTV98	犭丿艮	蕻	ADAW	艹县艹八	唿	KQRN	口勹丿心
恨	NVEY②	忄彐⺀	蕻	IPAW③	丷冖艹八	惚	NQRN	忄勹丿心
	NV98	忄艮	讧	YAG	讠工一	滹	IHAH	氵虍七丨
							IHTF98	氵虍丿十
heng			**hou**			囫	LQRE③	囗勹丿彡
恒	NGJG③	忄一日一	喉	KWND	口亻冖大	弧	XRCY③	弓厂厶丶
亨	YBJ	亠口了刂	侯	WNTD③	亻冖丿大	狐	QTRY③	犭丿厂丶

附录A 五笔字根速查表

字	编码	字根	字	编码	字根	字	编码	字根
胡	DEG②	古月一	瓠	DFNY	大二乙丶	环	GGIY③	王一小丶
	DEG98	古月一	鹱	QYNC	勹乙又		GDH98	王丆丨
壶	FPOG③	士冖业一	镬	QGAC98	钅一艹又	洹	IGJG③	氵一日一
	FPO98	士冖业	锪	QAWC	钅艹亻厶	桓	SGJG	木一日一
斛	QEUF	夕用丷十		QAW98	钅艹亻	萑	AWYF	艹亻圭二
觳	QEUF③	夕用丷十	藿	AFWY	艹雨亻圭	锾	QEFC	钅爫二又
湖	IDEG③	氵古月一					QEGC98	钅爫一又
猢	QTDE	犭丿古月	**hua**			寰	PLGE③	宀罒一衣
葫	ADEF	艹古月二	花	AWXB③	艹亻匕巜	缳	XLGE	纟罒一衣
煳	ODEG	火古月一	华	WXFJ③	亻匕十丨	鬟	DELE	镸彡罒衣
瑚	GDEG③	王古月一	哗	KWXF③	口亻匕十	缓	XEFC	纟爫二又
鹕	DEQG③	古月勹一	骅	CWXF③	马亻匕十		XEGC98	纟爫一又
槲	SQEF	木夕用十		CGWF98	马一亻十	幻	XNN	幺乙乙
糊	ODEG③	米古月一	铧	QWXF③	钅亻匕十	奂	QMDU③	夕冂大丷
蝴	JDEG③	虫古月一	滑	IMEG③	氵冂月一	宦	PAHH③	宀匚丨丨
醐	SGDE	西一古月	猾	QTME③	犭丿冂月	唤	KQMD	口夕冂大
觳	FPGC	士冖一又		QTME98	犭丿冂月	换	RQMD②	扌夕冂大
虎	HAMV②	虍七几巜	化	WXN②	亻匕乙	浣	IPFQ	氵宀二儿
	HWV98	虍几巜	划	AJH②	戈刂丨	涣	IQMD③	氵夕冂大
浒	IYTF	氵讠丿十	画	GLBJ②	一田凵丨	患	KKHN	口口丨心
唬	KHAM	口虍七几	话	YTDG③	讠丿古一	焕	OQMD③	火夕冂大
	KHWN98	口虍几冖	桦	SWXF③	木亻匕十	逭	PNHP	宀乛丨辶
琥	GHAM③	王虍七几	耆	DHDF	三丨石二		PNP98	宀乛辶
	GHW98	王虍几				痪	UQMD③	疒夕冂大
互	GXGD②	一彑一三	**huai**			豢	UDEU③	丷大豕丶
	GX98	一彑	怀	NGIY②	忄一小丶		UGG98	丷夫一
户	YNE	丶尸彡		NDH98	忄丆丨	漶	IKKN	氵口口心
沍	UGXG③	冫一彑一	徊	TLKG③	彳囗口一	鲩	QGPQ③	鱼一宀儿
	UGXG98	冫一彑	淮	IWYG③	氵亻圭一	擐	RLGE	扌罒一衣
护	RYNT③	扌丶尸丿	槐	SRQC③	木白儿厶		RLG98	扌罒一
沪	IYNT③	氵丶尸丿	踝	KHJS	口止日木	圜	LLGE③	囗罒一衣
岵	MDG	山古一	坏	FGIY③	土一小丶			
怙	NDG	忄古一		FDH98	土丆丨	**huang**		
戽	YNUF③	丶尸丷十				荒	AYNQ	艹亠乙儿
祜	PYDG	礻古一	**huan**				AYNK98	艹亠乙凵
笏	TQRR③	竹勹丿丿	欢	CQWY③	又夕人丶	肓	YNEF	亠乙月二
扈	YNKC	丶尸口巴	獾	QTAY	犭丿艹丶	慌	NAYQ③	忄艹亠儿

字	编码	拆分	字	编码	拆分	字	编码	拆分
	NAY98	忄廾丶	辉	IQPL	丷儿一车	慧	DHDN③	三丨三心
皇	RGF	白王二		IGQL98	丷一儿车	蕙	AGJN③	艹一日心
凰	MRGD③	几白王三	麾	YSSN	广木木乙	蟪	JGJN	虫一日心
	WRGD98	几白王三		OSSE98	广木木毛			
隍	BRGG③	阝白王一	徽	TMGT	彳山一攵		**hun**	
黄	AMWU③	艹由八丷	隳	BDAN	阝ナ工小	昏	QAJF	氏七日二
徨	TRGG③	彳白王一	回	LKD	囗口三	珲	GPLH③	王冖车丨
惶	NRGG	忄白王一		LK98	囗口	荤	APLJ	艹冖车丨
湟	IRGG③	氵白王一	洄	ILKG③	氵囗口一	婚	VQAJ②	女氏七日
遑	RGPD③	白王辶三	茴	ALKF	艹囗口二	阍	UQAJ③	门氏七日
煌	ORGG②	火白王一	蛔	JLKG③	虫囗口一		UQAJ98	门氏七日
潢	IAMW③	氵艹由八	悔	NTXU③	忄𠂉母	浑	IPLH③	氵冖车丨
璜	GAMW	王艹由八		NTX98	忄𠂉母	馄	QNJX	勹乙日匕
篁	TRGF	𥫗白王二	卉	FAJ	十廾刂	魂	FCRC③	二厶白厶
蝗	JRGG②	虫白王一	汇	IAN	氵匚乙	诨	YPLH③	讠冖车丨
癀	UAMW③	疒艹由八	会	WFCU②	人二厶	混	IJXX③	氵日匕匕
磺	DAMW③	石艹由八	讳	YFNH	讠二乙丨	溷	ILEY	氵囗豕
簧	TAMW	𥫗艹由八	哕	KMQY③	口山夕		ILGE98	氵囗一豕
蟥	JAMW③	虫艹由八	浍	IWFC	氵人二厶			
鳇	QGRG③	鱼一白王	绘	XWFC	纟人二厶		**huo**	
恍	NIQN③	忄丷儿乙	荟	AWFC	艹人二厶	耠	DIWK③	三小人口
	NIG98	忄丷一	诲	YTXU③	讠𠂉母		FSW98	二木人
晃	JIQB②	日丷儿儿		YTX98	讠𠂉母	锪	QQRN③	钅勹丿心
	JIGQ98③	日丷一儿	恚	FFNU	土土心丶	劐	AWYJ	艹亻圭刂
谎	YAYQ③	讠亠乚儿	烩	OWFC③	火人二厶	豁	PDHK	宀三丨口
	YAY98	讠亠乚		OWFC98	火人二厶		PDH98	宀三丨
幌	MHJQ	门丨日儿	贿	MDEG③	贝ナ月一	攉	RFWY	扌雨亻圭
			彗	DHDV	三丨三彐		RFW98	扌雨亻
	hui			DHDV98③	三丨三彐	活	ITDG③	氵丿古一
灰	DOU②	ナ火	晦	JTXU③	日𠂉母	火	OOOO③	火火火火
	DOU98	ナ火		JTX98	日𠂉母	伙	WOY②	亻火
诙	YDOY③	讠ナ火	秽	TMQY③	禾山夕	钬	QOY	钅火
咴	KDOY③	口ナ火	喙	KXEY③	口彑豕	夥	JSQQ	日木夕夕
恢	NDOY③	忄ナ火	惠	GJHN③	一日丨心		JSQ98	日木夕
挥	RPLH③	扌冖车丨	绩	XKHM	纟口丨贝	或	AKGD②	戈口一三
虺	GQJI	一儿虫	毁	VAMC	臼工几又	货	WXMU③	亻匕贝
晖	JPLH	日冖车丨		EAW98	臼工几	获	AQTD③	艹犭丿犬

附录A 五笔字根速查表

字	编码	字根	字	编码	字根	字	编码	字根
	AQTD98	艹夕丿犬		KVB98	口彐卩		SBY98	木乃丶
祸	PYKW	礻丶口人	姬	VAHH③	女匚丨丨	丞	BKCG③	了口又一
惑	AKGN	戈口一心	屐	NTFC	尸彳十又	侽	WFKG	亻士口一
霍	FWYF	雨亻圭二	积	TKWY③	禾口八丶	急	QVNU③	夕彐心丷
镬	QAWC③	钅艹亻又	笄	TGAJ	竹一廾刂	笈	TEYU	竹乃丶丷
藿	AFWY	艹雨亻圭	赍	ADWF②	艹三八土	疾	TBYU98	疒乃丶丷
蠖	JAWC	虫艹亻又	跻	DWF98	亠八土	戢	UTDI③	疒广大丶
			绩	XGMY③	纟主贝丶		KBNT	口耳乙丿
ji			穄	TDNM	禾广乙山		KBNY98	口耳乙丶
机	SMN②	木几乙	犄	TRDK③	丿扌大口	棘	GMII	一门小小
	SW98	木几	齑	CDS98	牛大丁		SMS98	木门木
讥	YMN	讠几乙	缉	XKBG③	纟口耳一	殛	GQBG③	一夕了一
	YWN98	讠几乙	赍	FWWM③	十人人贝	集	WYSU②	亻圭木丷
丌	GJK	一刂川	畸	LDSK③	田大丁口	嫉	VUTD③	女疒广大
击	FMK	二山川	跻	KHYJ	口止文刂	楫	SKBG	木口耳一
	GB98	丰凵	箕	TADW③	竹艹三八	蒺	AUTD	艹疒广大
叽	KMN	口几乙	畿	TDW98	竹艹八	辑	LKBG③	车口耳一
	KWN98	口几乙	稽	XXAL③	幺幺戈田	瘠	UIWE③	疒丷人月
饥	QNMN③	夕乙几乙	齑	TDNJ	竹广乙刂	戢	AKBT	艹口耳丿
	QNW98	夕乙几	赍	YDJJ	文三刂刂		AKBY98	艹口耳丶
乩	HKNN③	卜口乙乙	墼	GJFF	一日十土	籍	TDIJ	竹艹三小日
圾	FEYY②	土乃丶丶		LBW98	车凵八		TFS98	竹二木
	FBY98	土乃丶	激	IRYT③	氵白方攵	几	MTN②	几丿乙
玑	GMN	王几乙	羁	LAFC③	皿廿革马		WTN98	亻丿乙
	GWN98	王几乙		LAF98	皿廿革	己	NNGN③	己乙一乙
肌	EMN	月几乙	及	EYI②	乃丶丶	虮	JMN	虫几乙
	EWN98	月几乙		BY98	乃丶		JWN98	虫几乙
芨	AEYU③	艹乃丶丷	吉	FKF②	土口二	挤	RYJH③	扌文刂丨
	ABY98	艹乃丶	岌	MEYU	山乃丶丷	脊	IWEF③	丷人月二
矶	DMN	石几乙		MBY98	山乃丶	掎	RDSK③	扌大丁口
	DWN98	石几乙	汲	IEYY	氵乃丶丶	戟	FJAT②	十早戈丿
鸡	CQYG③	又勹丶一		IBYY98③	氵乃丶丶		FJA98	十早戈
	CQG98	又鸟一	级	XEYY②	纟乃丶丶	嵴	MIWE③	山丷人月
咭	KFKG	口士口一		XBYY98②	纟乃丶丶	麂	YNJM	广乙刂几
迹	YOPI③	亠小辶丶	即	VCBH③	彐厶卩丨	虮	OXXW98	户匕匕人
剞	DSKJ	大丁口刂		VBH98	彐卩丨	计	YFH②	讠十丨
唧	KVCB	口彐厶卩	极	SEYY②	木乃丶丶	伎	WFCY	亻十又丶

jia

汉字	编码	拆分	汉字	编码	拆分	汉字	编码	拆分
纪	XNN②	纟已乙		AFS98	艹二木		GUDB98	一丷大阝
妓	VFCY③	女十又丶	荠	AYJJ	艹文刂刂	荚	AGUW	艹一丷人
忌	NNU	己心丷					AGUD98	艹一丷大
技	RFCY③	扌十又丶			jia	恝	DHVN	三丨刀心
芰	AFCU	艹十又丷	加	LKG②	力口一		DHAR③	厂目戈丿
际	BFIY②	阝二小丶		EK98②	力口		DHA98	厂目戈
剂	YJJH	文刂刂丨	伽	WLKG③	亻力口一	铗	QGUW	钅一丷人
季	TBF②	禾子二		WEK98	亻力口		QGUD98	钅一丷大
	TBF98	禾子二	夹	GUWI③	一丷人氵	蛱	JGUW	虫一丷人
哜	KYJH③	口文刂丨		GUD98	一丷大		JGU98	虫一丷
既	VCAQ③	ヨム匚儿	佳	WFFG	亻土土一	颊	GUWM	一丷人贝
	VAQN98	艮匚儿乙		WFF98	亻土土		GUDM98	一丷大贝
洎	ITHG	氵丿目一	迦	LKPD③	力口辶三	甲	LHNH	甲丨乙丨
济	IYJH③	氵文刂丨		EKP98	力口辶	胛	ELH	月甲丨
继	XONN②	纟米乙乙	枷	SLKG③	木力口一	贾	SMU③	西贝丷
觊	MNMQ	山已冂儿		SEK98	木力口		SM98②	西贝
	MNM98	山已冂	浃	IGUW③	氵一丷人	钾	QLH	钅甲丨
寂	PHIC②	宀上小又		IGUD98	氵一丷大	瘕	UNHC③	疒コ丨又
寄	PDSK③	宀大丁口	珈	GLKG③	王力口一	价	WWJH③	亻人刂丨
悸	NTBG③	忄禾子一		GEK98	王力口	驾	LKCF③	力口马二
祭	WFIU③	癶二小丷	家	PEU②	宀豕丷		EKC98	力口马
蓟	AQGJ	艹鱼一刂		PGEU98②	宀一豕丷	架	LKSU③	力口木丷
	AQG98	艹鱼一	痂	ULKD	疒力口三		EKS98	力口木
暨	VCAG	ヨム匚一		UEKD98	疒力口三	假	WNHC③	亻コ丨又
	VAQ98	艮匚儿	笳	TLKF	竹力口二	嫁	VPEY③	女宀豕丶
跽	KHNN	口止己心		TEK98	竹力口		VPG98	女宀一
霁	FYJJ③	雨文刂刂	袈	LKYE③	力口亠衣	稼	TPEY③	禾宀豕丶
鲚	QGYJ	鱼一文刂		EKY98	力口亠		TPG98	禾宀一
稷	TLWT③	禾田八夂	裕	PUWK	衤人口			
鲫	QGVB	鱼一ヨβ	葭	ANHC	艹コ丨又			jian
	QGV98	鱼一ヨ	跏	KHLK	口止力口	戋	GGGT	戋一一丿
冀	UXLW③	丷匕田八		KHEK98	口止力口		GAI98	一戈丷
髻	DEFK	镸彡士口	嘉	FKUK	士口丷口	奸	VFH	女干丨
骥	CUXW③	马丷匕八	镓	QPEY③	钅宀豕丶	尖	IDU②	小大丷
	CGU98	马一丷		QPGE98	钅宀一豕	坚	JCFF③	刂又土二
诘	YFK	讠士口	岬	MLH	山甲丨		JCFF②	刂又土二
藉	ADIJ③	艹三小日	郏	GUWB	一丷人阝	歼	GQTF	一夕丿十

附录A 五笔字根速查表

间	UJD②	门日三		UDG98	丷三一		WVG98	亻彐キ
肩	YNED	丶尸月三	剪	UEJV	丷月刂刀	涧	IUJG	氵门日一
艰	CVEY②	又彐ㄨ丶	检	SWGI②	木人一丷	舰	TEMQ	丿舟门儿
	CV98	又艮		SWGI98③	木人一一		TUM98	丿舟门
兼	UVOU③	丷彐小丷	趼	KHGA	口止一廾	渐	ILRH②	氵车斤丨
	UVJ98	丷彐刂	睑	HWGI	目人一丷		ILR98	氵车斤
监	JTYL	刂丿丶皿		HWGG98	目人一一	谏	YGLI③	讠一囗小
笺	TGR	𥫗戈ノ	硷	DWGI	石人一丷		YSL98	讠木囗
	TGA98	𥫗一戈		DWGG98	石人一一	毽	TFNP	丿二乙廴
湔	IUEJ③	氵丷月刂	裥	PUUJ	衤丷门日		EVGP98	毛彐キ廴
犍	TRVP	丿扌彐廴	铜	QUJG	钅门日一	溅	IMGT	氵贝戋丿
	CVGP98③	马キ廴	简	TUJF③	𥫗门日二		IMGA98	氵贝一戈
缄	XDGT③	纟厂一丿	谫	YUEV③	讠丷月刀	腱	EVFP	月彐二廴
	XDG98	纟厂一	戬	GOGA	一业一戈		EVG98	月彐キ
搛	RUVO	扌丷彐小		GOJA98	一业日戈	践	KHGT③	口止戋丿
	RUVW98	扌丷彐八	碱	DDGT③	石厂一丿		KHG98	口止一
煎	UEJO	丷月刂灬		DDG98	石厂一	鉴	JTYQ	刂丿丶金
缣	XUVO	纟丷彐小	蕳	UEJN	丷月刂羽	键	QVFP	钅彐二廴
	XUV98③	纟丷彐八	謇	PFJY	宀二刂言		QVGP98	钅彐キ廴
蒹	AUVO③	艹丷彐小		PAWY98	宀廾八言	僭	WAQJ	亻匚儿日
	AUVW98③	艹丷彐八	蹇	PFJH	宀二刂止	槛	SJTL③	木刂丿皿
鲣	QGJF	鱼一刂土		PAWH98	宀廾八止	箭	TUEJ③	𥫗丷月刂
鹣	UVOG	丷彐小一	见	MQB	冂儿《	踺	KHVP	口止彐廴
	UVJG98	丷彐刂一		MQ98	冂儿			
鞯	AFAB③	廿中艹子	件	WRHH③	亻𠂉丨丨		**jiang**	
囝	LBD②	囗子三		WTG98	亻丿キ	江	IAG②	氵工一
拣	RANW	扌七乙八	建	VFHP	彐二丨廴	姜	UGVF③	丷王女二
枧	SMQN	木冂儿乙		VGPk98③	彐キ廴口		UGVF98	丷王女二
	SMQ98	木冂儿	饯	QNGT	勹乙戋丿	将	UQFY③	丬夕寸丶
俭	WWGI	亻人一丷		QNG98	勹乙一	茳	AIAF③	艹氵工二
柬	GLII③	一囗小丷	剑	WGIJ③	人一丷刂	浆	UQIU③	丬夕水丷
	SL98	木囗	牮	WARH	亻弋𠂉丨	豇	GKUA	一口丷工
茧	AJU	艹虫丷	毽	WAYG98	亻弋丶キ	僵	WGLG③	亻一田一
捡	RWGI	扌人一丷	荐	ADHB③	艹ナ丨子	缰	XGLG③	纟一田一
	RWGG98③	扌人一一	贱	MGT	贝戋丿	礓	DGLG③	石一田一
笕	TMQB	𥫗冂儿《		MGA98	贝一戈	疆	XFGG③	弓土一一
减	UDGT③	丷厂一丿	健	WVFP③	亻彐二廴		XFGG98③	弓土一一

字	编码	字根	字	编码	字根	字	编码	字根
讲	YFJH③	讠二刂丨	蛟	JUQY③	虫六乂丶	较	LUQY②	车六乂丶
奖	UQDU③	丬夕大丷		JUR98	虫六乂		LURY98②	车六乂丶
桨	UQSU③	丬夕木丷	跤	KHUQ	口止六乂	教	FTBT	土丿子攵
蒋	AUQF③	艹丬夕寸		KHUR98	口止六乂	窖	PWTK	宀八丿口
	AU98	艹丬	僬	WWYO	亻亻圭灬	酵	SGFB	西一土孑
耩	DIFF	三小二土	鲛	QGUQ	鱼一六乂	醮	SGWO	西一亻灬
	FSAF98	二木艹土		QGUR98	鱼一六乂	嚼	KELF③	口爫罒寸
匠	ARK②	匚斤Ⅲ	蕉	AWYO③	艹亻圭灬	爝	OELF③	火爫罒寸
降	BTAH②	阝夂匚丨		AWYO98	艹亻圭灬			
	BTG98	阝夂一	礁	DWYO③	石亻圭灬		**jie**	
泽	ITAH③	氵夂匚丨		DWYO98	石亻圭灬	阶	BWJH③	阝人刂丨
	ITG98	氵夂一	鹪	WYOG	亻圭灬一		BWJ98③	阝人刂
绛	XTAH	纟夂匚丨	角	QEJ②	⺈用刂	偈	WJQN86	亻日勹乙
	XTG98	纟夂一	佼	WUQY	亻六乂丶		WJQ98	亻日勹
酱	UQSG	丬夕西一		WUR98	亻六乂	疖	UBK	疒卩Ⅲ
犟	XKJH	弓口虫丨	侥	WATQ	亻七丿儿	皆	XXRF③	匕匕白二
	XKJG98	弓口虫一		WAT98	亻七丿	接	RUVG③	扌立女一
糨	OXKJ②	米弓口虫	狡	QTUQ③	犭丿六乂	秸	TFKG	禾土口一
	OXK98	米弓口		QTU98	犭丿六	喈	KXXR	口匕匕白
			绞	XUQY③	纟六乂丶	嗟	KUDA	口丷𦍌工
	jiao			XUR98	纟六乂		KUA98	口𦍌工
交	UQU②	六乂冫	饺	QNUQ	夂乙六乂	揭	RJQN③	扌日勹乙
	UR98②	六乂		QNUR98	夂乙六乂	街	TFFH	彳土土丨
郊	UQBH③	六乂阝丨	皎	RUQY③	白六乂丶		TFFS98	彳土土丁
	URB98③	六乂阝		RUR98	白六乂	孑	BNHG	孑乙丨一
姣	VUQY③	女六乂丶	矫	TDTJ	丿大丿刂	节	ABJ②	艹卩刂
	VUR98	女六乂	脚	EFCB	月土厶卩	讦	YFH	讠干丨
娇	VTDJ	女丿大刂	铰	QUQY	钅六乂丶	劫	FCLN	土厶力乙
浇	IATQ③	氵七丿儿		QUR98	钅六乂		FCET98	土厶力丿
茭	AUQU	艹六乂冫	搅	RIPQ	扌⺌冖儿	杰	SOU②	木灬冫
	AUR98	艹六乂	剿	VJSJ	巛日木刂	拮	RFKG③	扌士口一
骄	CTDJ	马丿大刂	敫	RYTY	白方攵丶	洁	IFKG	氵士口一
	CGT98	马一丿	徼	TRYT	彳白方攵	结	XFKG②	纟士口一
胶	EUQY②	月六乂丶	缴	XRYT	纟白方攵	桀	QAHS	夕匚丨木
	EURY98③	月六乂丶	叫	KNHH②	口乙丨丨		QGS98	夕牛木
椒	SHIC③	木上小又	峤	MTDJ	山丿大刂	婕	VGVH③	女一彐丨
焦	WYOU③	亻圭灬冫	轿	LTDJ	车丿大刂	捷	RGVH③	扌一彐丨

附录A 五笔字根速查表

颉	FKDM③	土口厂贝	襟	PUSI③	氵木小	经	XCAG②	纟工一
睫	HGVH③	目一ヨ止	仅	WCY	亻又丶		XCAG98③	纟工一
截	FAWY③	十戈亻圭	馑	BIGB	了氺一阝	茎	ACAF③	艹叉工二
	FAWY98	十戈亻圭	紧	JCXI②	丨又幺小	荆	AGAJ③	艹一廾刂
碣	DJQN③	石曰勹乙	堇	AKGF	廿口丰二	惊	NYIY	忄亠小丶
竭	UJQN	立曰勹乙	谨	YAKG③	讠廿口丰	旌	YTTG	方𠂉丿丰
鲒	QGFK	鱼一土口	锦	QRMH③	钅白冂丨	菁	AGEF	艹一月二
羯	UDJN	丷尹曰乙	廑	YAKG	广廿口丰		AGE98	艹一月
	UJQN98	羊曰勹乙	厪	OAK98③	广廿口丰	晶	JJJF③	日日日二
姐	VEGG③	女目一一	谨	QNAG	夕乙廿丨	腈	EGEG	月丰月丰
解	QEVH③	夕用刀丨	槿	SAKG③	木廿口丰	睛	HGEG②	目一月丰
	QEV98	勹用刀	瑾	GAKG	王廿口丰	粳	OGJQ③	米一日乂
介	WJJ②	人刂刂	尽	NYUU③	尸丶丶丶		OGJ98	米一日
戒	AAK	戈廾川	劲	CALN	又工力乙	兢	DQDQ③	古儿古儿
芥	AWJJ③	艹人刂刂	荩	CAE98	又工力	精	OGEG	米一月丰
届	NMD②	尸由三	妗	WWYN③	女人丶乙		OGEG98②	米一月丰
界	LWJJ③	田人刂刂		WWYN98②	女人丶乙	鲸	QGYI③	鱼一亠小
	LWJJ98	田人刂刂	近	RPK②	斤辶Ⅲ	井	FJK③	二刂Ⅲ
疥	UWJK③	疒人刂Ⅲ	进	FJPK②	二刂辶Ⅲ	阱	BFJH③	阝二刂丨
诫	YAAH	讠戈廾丨	荩	FJP98	二刂辶	到	CAJH	又工刂丨
借	WAJG③	亻艹日一	荩	ANYU	艹尸丶丶	胼	EFJH③	月二刂丨
蚧	JWJH③	虫人刂丨		ANY98	艹尸丶	颈	CADM②	又工厂贝
骱	MEWJ③	骨月人刂	晋	GOGJ	一业一日	景	JYIU②	日亠小丶
				GOJ98	一业日		JYI98	日亠小
jin			浸	IVPC③	氵彐冖又	儆	WAQT	亻艹勹攵
今	WYNB	人丶乙巛	烬	ONYU③	火尸丶丶		WAQ98	亻艹勹
巾	WYN98③	人丶乙巛	赆	MNYI③	贝尸丶丶	憬	NJYI③	忄日亠小
	MHK	冂丨Ⅲ	缙	XGOJ	纟一业日	警	AQKY	艹勹口言
斤	RTTH③	斤丿丿丨		XGO98	纟一业	净	UQVH③	冫⺈彐丨
金	QQQQ	金金金金	禁	SSFI③	木木二小	弪	XCAG	弓又工一
津	IVFH	氵彐二丨	靳	AFRH③	廿甲斤丨	径	TCAG③	彳又工一
	IVGH98	氵彐丨丨	觐	AKGQ	廿口丰儿	迳	CAPD③	又工辶三
矜	CBTN	矛卩丿乙	噤	KSSI	口木木小	胫	ECAG③	月又工一
	CNHN98	矛乙丨乙				痉	UCAD	疒又工三
衿	PUWN	衤丶人乙	**jing**			竞	UKQB	立口儿巛
筋	TELB	𥫗月力乙	京	YIU	亠小丶		UKQ98	立口儿
	TEER98	𥫗月力乙	泾	ICAG③	氵又工一	婧	VGEG③	女一月丰

字	编码	拆分	字	编码	拆分	字	编码	拆分
竟	UJQB③	立日儿《	疚	UQYI③	疒ク、ゝ	举	IWFH③	丷八二丨
敬	AQKT③	艹勹口攵	柩	SAQY	木匚ク、		IGWG98	丷一八丰
	AQKT98	艹勹口攵	柏	SVG	木臼一	矩	TDAN③	丿大匚乚
靓	GEMQ③	青月冂儿		SEG98	木臼一	莒	AKKF	艹口口二
靖	UGEG③	立青月一	厩	DVCQ③	厂ヨム儿	榉	SIWH③	木丷八丨
境	FUJQ③	土立日儿		DVA98	厂臼匚		SIG98	木丷一
獍	QTUQ	犭丿立儿	救	FIYT	十氺、攵	榘	TDAS	丿大匚木
静	GEQH③	青月勹丨		GIYT98	一氺、攵	龃	HWBG	止人凵一
镜	QUJQ③	钅立日儿	就	YIDN②	亠小尢乙	踽	KHTY	口止丿、
			舅	VLLB③	臼田力《	句	QKD	勹口三
	jiong			ELE98	臼田力	巨	AND	匚コ三
迥	MKPD③	冂口辶三	僦	WYIN86③	亻亠小乙	讵	YANG	讠匚コ一
	MKPD98②	冂口辶三	鹫	YIDG	亠小尢一	拒	RANG③	扌匚コ一
扃	YNMK	、尸冂口				苣	AANF	艹匚コ二
炯	OMKG③	火冂口一		**ju**		具	HWU③	且八丶
窘	PWVK	宀八ヨ口	居	NDD③	尸古三	炬	OANG③	火匚コ一
			拘	RQKG③	扌勹口一	钜	QANG③	钅匚コ一
	jiu		狙	QTEG	犭丿月一	俱	WHWY③	亻且八、
究	PWVB③	宀八九《	苴	AEGF③	艹且一二	倨	WNDG③	亻尸古一
纠	XNHH③	纟丨丨丨	驹	CQKG	马勹口一	剧	NDJH③	尸古刂丨
鸠	VQYG	九勹、一		CGQ98	马一勹	惧	NHWY③	忄且八、
	VQG98	九鸟一	疽	UEGD③	疒月一三	据	RNDG③	扌尸古一
赳	FHNH	土龰乙丨	掬	RQOY③	扌勹米、	距	KHAN③	口止匚乚
阄	UQJN③	门夕日乙	椐	SNDG③	木尸古一	惧	TRHW	丿扌且八
啾	KTOY③	口禾火、	琚	GNDG③	王尸古一		CHWY98②	马且八
揪	RTOY③	扌禾火、	锔	QNNK	钅尸乙口	飓	MQHW	几乂且八
鬏	DETO	镸彡禾火	裾	PUND	衤冫尸古		WRH98	几乂且
九	VTN	九丿乙	雎	EGWY	且一亻圭	锯	QNDG③	钅尸古一
久	QYI③	ク、丶	鞠	AFQO③	廿串勹米	婆	PWOV③	宀八米女
灸	QYOU③	ク、、火	鞫	AFQY	廿串勹言	聚	BCTI③	耳又丿水
玖	GQYY③	王ク、、	局	NNKD③	尸乙口三		BCI98③	耳又氺
韭	DJDG	三刂三一	桔	SFKG	木士口一	屦	NTOV	尸彳米女
酒	ISGG	氵西一一	菊	AQOU③	艹勹米、	踞	KHND	口止尸古
旧	HJG③	丨日一	橘	SCBK	木マ卩口	遽	HAEP③	广七豕辶
臼	VTHG③	臼丿丨一		SCNK98	木マ乙口		HGEP98	虍一豕辶
	ETH98	臼丿丨	咀	KEGG③	口月一一	醵	SGHE	西一广豕
咎	THKF③	夂卜口二	沮	IEGG③	氵月一一			

附录A 五笔字根速查表

juan

捐	RKEG③	扌口月一
娟	VKEG③	女口月一
涓	IKEG③	氵口月一
鹃	KEQG③	口月勹一
镌	QWYE	钅亻圭乃
	QWYB98	钅亻圭乃
蠲	UWLJ	䒑八皿虫
卷	UDBB	䒑大巳《
	UGB98	䒑夫巳
锩	QUDB	钅䒑大巳
	QUGB98	钅䒑夫巳
倦	WUDB③	亻䒑大巳
	WUGB98	亻䒑夫巳
桊	UDSU③	䒑大木丶
	UGS98	䒑夫木
狷	QTKE	犭丿口月
绢	XKEG③	纟口月一
隽	WYEB	亻圭乃《
	WYB98	亻圭乃
眷	UDHF	䒑大目二
	UGHF98	䒑夫目二
鄄	SFBH③	西土孑丨

jue

决	UNWY②	冫𠃍人丶
噘	KDUW③	口厂䒑人
撅	RDUW	扌厂䒑人
孑	BYI	了丨丶
诀	YNWY	讠𠃍人丶
抉	RNWY	扌𠃍人丶
珏	GGYY③	王王丶丶
绝	XQCN③	纟⺈巴乙
觉	IPMQ	䒑冖门儿
倔	WNBM③	亻尸凵山
崛	MNBM	山尸凵山

掘	RNBM	扌尸凵山
桷	SQEH③	木⺈用丨
㭴	QENW③	⺈用乙人
厥	DUBW③	厂䒑凵人
劂	DUBJ	厂䒑凵刂
谲	YCBK	讠マ卩口
	YCNK98	讠マ乙口
獗	QTDW	犭丿厂人
蕨	ADUW③	艹厂䒑人
噘	KHAE	口广匕豖
	KHGE98	口虍一豖
橛	SDUW③	木厂䒑人
爵	ELVF③	爫皿彐寸
镢	QDUW	钅厂䒑人
蹶	KHDW	口止厂人
矍	HHWC③	目目亻又
爝	OELF③	火爫皿寸
攫	RHHC③	扌目目又

jun

军	PLJ③	冖车刂
君	VTKD	彐丿口三
	VTK98	彐丿口
均	FQUG③	土勹冫一
钧	QQUG	钅勹冫一
皲	PLHC③	冖车广又
	PLBY98	冖车皮丶
菌	ALTU③	艹囗禾
筠	TFQU	⺮土勹冫
麇	YNJT	广⺕丿禾
麏	OXXT98	声匕匕禾
俊	WCWT③	亻厶八夂
郡	VTKB	彐丿口阝
峻	MCWT③	山厶八夂
捃	RVTK③	扌彐丿口
浚	ICWT	氵厶八夂
骏	CCWT③	马厶八夂

| 竣 | UCWT98 | 立厶八夂 |

ka

咖	KLKG③	口力口一
	KEK98	口力口
咔	KHHY	口上卜
喀	KPTK③	口宀夂口
卡	HHU	上卜
佧	WHHY③	亻上卜
胩	EHHY③	月上卜

kai

开	GAK③	一廾Ⅲ
揩	RXXR	扌匕匕白
锎	QUGA	钅门一廾
凯	MNMN③	山乙几乙
	MNW98	山乙几
剀	MNJH③	山乙刂丨
垲	FMNN③	土山己乙
恺	NMNN③	忄山己乙
铠	QMNN③	钅山己乙
慨	NVCQ③	忄彐厶儿
	NVA98	忄彐匚
蒈	AXXR	艹匕匕白
楷	SXXR②	木匕匕白
锴	QXXR③	钅匕匕白
忾	NRNN86③	忄𠂉乙乙
	NRN98	忄气乙

kan

刊	FJH③	干刂丨
槛	SJTL	木刂⺁皿
勘	ADWL	艹三八力
	DWNE98	甘八乙力
龛	WGKX	人一口七
	WGKY98	人一口丶

字	编码	拆分
堪	FADN③	土卄三乙
	FDW98	土甘八乙
戡	ADWA	卄三八戈
	DWNA98	甘八乙戈
坎	FQWY③	土夕人丶
侃	WKQN③	亻口儿乙
	WKKN98	亻口口乙
砍	DQWY③	石夕人丶
莰	AFQW	卄土夕人
看	RHF	𠂆目二
阚	UNBT③	门乙耳攵
瞰	HNBT③	目乙耳攵

kang

康	YVII③	广彐水氵
	OVI98③	广彐水
慷	NYVI③	忄广彐水
	NOVI98	忄广彐水
糠	OYVI	米广彐水
	OOVI98	米广彐水
亢	YMB	亠几巜
	YWB98	亠几巜
伉	WYMN③	亻亠几乙
	WYW98	亻亠几
扛	RAG	扌工一
抗	RYMN	扌亠几乙
	RYW98	扌亠几
闶	UYMV	门亠几巜
	UYWV98	门亠几巜
炕	OYMN③	火亠几乙
	OYW98	火亠几
钪	QYMN③	钅亠几乙
	QYW98	钅亠几

kao

考	FTGN③	土丿一乙
尻	NVV	尸九巜

拷	RFTN③	扌土丿乙
栲	SFTN	木土丿乙
烤	OFTN③	火土丿乙
铐	QFTN	钅土丿乙
犒	TRYK	丿扌亠口
靠	CYM98	牛亠门
	TFKD	丿土口三

ke

科	TUFH②	禾冫十丨
	TUFH98	禾冫十丨
坷	FSKG③	土丁口一
苛	ASKF③	卄丁口二
柯	SSKG③	木丁口一
珂	GSKG③	王丁口一
轲	LSKG③	车丁口一
疴	USKD	疒丁口三
钶	QSKG③	钅丁口一
棵	SJSY③	木日木丶
颏	YNTM	亠乙丿贝
稞	TJSY	禾日木丶
窠	PWJS③	宀八日木
颗	JSDM③	日木丆贝
瞌	HFCL	目土厶皿
磕	DFCL③	石土厶皿
蝌	JTUF③	虫禾冫十
髁	MEJS③	冂月日木
壳	FPMB③	士冖几巜
	FPW98	士冖几
咳	KYNW	口亠乙人
可	SK②	丁口
岢	MSKF③	山丁口二
渴	IJQN③	氵日勹乙
克	DQB③	古儿巜
刻	YNTJ③	亠乙丿刂
客	PTKF②	宀夂口二
恪	NTKG	忄夂口一
课	YJSY③	讠日木丶
氪	RNDQ	气古儿
	RDQ98	气古儿
骒	CJSY③	马日木丶

缂	CGJ98	马一日
	XAFH	纟廿半丨
嗑	KFCL	口土厶皿
溘	IFCL③	氵土厶皿
锞	QJSY③	钅日木丶

ken

肯	HE②	止月
垦	VEFF③	彐㇏土二
	VFF98	艮土二
恳	VENU	彐㇏心
	VN98	艮心
啃	KHEG③	口止月一
裉	PUVE	衤冫彐㇏
	PUVY98	衤冫艮

keng

吭	KYMN③	口亠几乙
	KYW98	口亠几
坑	FYMN	土亠几乙
	FYW98	土亠几
铿	QJCF	钅丨又土

kong

空	PWAF②	宀八工二
倥	WPWA③	亻宀八工
崆	MPWA③	山宀八工
箜	TPWA③	𥫗宀八工
孔	BNN	子乙乙
恐	AMYN	工几丶心
	AWY98	工几丶
控	RPWA③	扌宀八工

kou

抠	RAQY③	扌匚乂
	RAR98	扌匚乂
彀	FPGC	士一一又

附录A 五笔字根速查表

苊	ABNB③	艹子乙《	快	NNWY③	忄⇒人乀			**kui**
岖	HAQY③	目匚乂乀	蒯	AEEJ	艹月月刂	亏	FNV	二乙巛
	HAR98	目匚乂	块	FNWY③	土⇒人乀		FNB98	二乙《
口	KKKK	口口口口	侩	WWFC	亻人二厶	岿	MJVF③	山刂彐二
叩	KBH	口卩丨	郐	WFCB	人二厶阝	悝	NJFG	忄日土一
扣	RKG③	扌口一	哙	KWFC	口人二厶	盔	DOLF③	ナ火皿二
	RK98②	扌口	狯	QTWC	犭丿人厶	窥	PWFQ	宀二人儿
寇	PFQC	宀二儿又	脍	EWFC③	月人二厶		PWG98	宀夫门
筘	TRKF③	𥫗扌口二	筷	TNNW③	𥫗忄⇒人	奎	DFFF	大土土二
蔻	APFC	艹宀二又				逵	FWFP	土八土辶
				kuan		馗	VUTH	九丷丿目
	ku		宽	PAMQ②	宀艹冂儿	喹	KDFF	口大土土
枯	SDG②	木古一	髋	MEPQ	冂月宀儿	揆	RWGD	扌⺹一大
	SDG98③	木古一	款	FFIW③	士二小人	葵	AWGD③	艹⺹一大
刳	DFNJ	大二乙刂				暌	JWGD	日⺹一大
哭	KKDU	口口犬丶		**kuang**		魁	RQCF	白儿厶十
堀	FNBM	土尸凵山	匡	AGD	匚王三	睽	HWGD	目⺹一大
窟	PWNM③	宀八尸山	诓	YAGG	讠匚王一	蝰	JDFF	虫大土土
骷	MEDG	冂月古一	哐	KAGG③	口匚王一	夔	UHTT③	丷止丿夂
苦	ADF	艹古二	筐	TAGF③	𥫗匚王二		UTHT98	丷丿目夂
库	YLK	广车川	狂	QTGG③	犭丿王一	傀	WRQC	亻白儿厶
	OL98	广车川	诳	YQTG③	讠犭丿王	跬	KHFF	口止土土
绔	XDFN③	纟大二乙	夼	DKJ	大川刂	匮	AKHM	匚口丨贝
誇	IPTK③	䒑宀丿口	邝	YBH	广阝丨	喟	KLEG③	口田月一
裤	PUYL③	衤丶广车		OBH98	广阝丨	愦	NKHM	忄口丨贝
	PUO98	衤丶广车	圹	FYT	土广丿	愧	NRQC③	忄白儿厶
酷	SGTK	西一丿口		FOT98	土广丿	溃	IKHM	氵口丨贝
			纩	XYT	纟广丿	蒉	AKHM	艹口丨贝
	kua			XOT98	纟广丿	馈	QNKM	夕乙口贝
夸	DFNB③	大二乙丨	况	UKQN③	冫口儿乙	篑	TKHM	𥫗口丨贝
侉	WDFN③	亻大二乙	旷	JYT	日广丿	聩	BKHM③	耳口丨贝
垮	FDFN	土大二乙		JOT98	日广丿			
挎	RDFN	扌大二乙	矿	DYT	石广丿		**kun**	
胯	EDFN③	月大二乙		DO98	石广	昆	JXXB③	日匕匕《
跨	KHDN③	口止大乙	贶	MKQN③	贝口儿乙	坤	FJHH	土日丨丨
			框	SAGG	木匚王一	琨	GJXX③	王日匕匕
	kuai		眶	HAGG③	目匚王一			

字	编码	字根		字	编码	字根		字	编码	字根
锟	QJXX③	钅日匕匕			GUSI98②	一丷木氵	谰	YUGI③	讠门一小
髡	DEGQ	镸彡一儿	崃	MGOY③	山一米丶		YUS98	讠门木
醌	SGJX	西一日匕		MGUS98	山一丷木	澜	IUGI	氵门一小
悃	NLSY③	忄口木丶	徕	TGOY③	彳一米丶		IUS98	氵门木
捆	RLSY③	扌口木丶		TGUS98	彳一丷木	滥	PUJL	氵丷刂皿
阃	ULSI③	门口木氵	涞	IGOY③	氵一米丶	斓	YUGI	文门一小
困	LSI③	口木氵		IGU98	氵一丷木		YUSL98	文门木囗
			莱	AGOU③	艹一米丶	篮	TJTL	⺮刂𠂉皿
kuo				AGUS98	艹一丷木	镧	QUGI	钅门一小
阔	UITD③	门氵丿古	铼	QGOY	钅一米丶		QUS98	钅门木
扩	RYT②	扌广丿		QGUS98	钅一丷木	览	JTYQ	刂𠂉丶儿
	RO98②	扌广	赉	GOMU③	一米贝丷	揽	RJTQ③	扌刂𠂉儿
括	RTDG③	扌丿古一		GUSM98	一丷木贝	缆	XJTQ③	纟刂𠂉儿
蛞	JTDG	虫丿古一	睐	HGOY③	目一米丶	榄	SJTQ	木刂𠂉儿
廓	YYBB③	广亠子阝		HGU98	目一丷	漤	ISSV	氵木木女
			赖	GKIM	一口小贝	罱	LFMF③	皿十门十
la				SKQ98	木口⺈	懒	NGKM	忄一口贝
垃	FUG	土立一	濑	IGKM	氵一口贝		NSKM98	忄木口贝
拉	RUG②	扌立一		ISKM98	氵木口贝	烂	OUFG	火丷二一
啦	KRUG③	口扌立一	癞	UGKM	疒一口贝		OUD98	火丷三
邋	VLQP③	巛口乂辶		USKM98	疒木口贝	滥	IJTL③	氵刂𠂉皿
	VLRP98	巛口乂辶	籁	TGKM	⺮一口贝			
旯	JVB	日九《		TSK98	⺮木口	**lang**		
砬	DUG	石立一				狼	QTYE③	犭丿丶𧘇
喇	KGKJ③	口一口刂	**lan**				QTYV98	犭丿丶艮
	KSKJ98	口木口刂	兰	UFF	丷二二	啷	KYVB③	口丶彐阝
剌	GKIJ	一口小刂		UDF98	丷三二		KYV98	口丶艮
	SKJ98	木口刂	岚	MMQU	山几乂丷	郎	YVCB	丶彐厶阝
腊	EAJG	月艹日一		MWR98	山几乂		YVB98	丶艮阝
瘌	UGKJ	疒一口刂	拦	RUFG③	扌丷二一	茛	AYVE	艹丶彐𧘇
	USKJ98	疒木口刂		RUD98	扌丷三		AYV98	艹丶艮
蜡	JAJG③	虫艹日一	栏	SUFG③	木丷二一	廊	YYVB③	广丶彐阝
辣	UGKI	辛一口小		SUD98	木丷三		OYVB98	广丶艮阝
	USKG98	辛木口一	婪	SSVF③	木木女二	琅	GYVE	王丶彐𧘇
			阑	UGLI	门一囗小		GYV98	王丶艮
lai				USL98	门木囗	榔	SYVB	木丶彐阝
来	GOI②	一米氵	蓝	AJTL③	艹刂𠂉皿	稂	TYVE③	禾丶彐𧘇

附录A 五笔字根速查表

	TYV98	禾、艮	耢	DIAL	三小艹力	类	ODU③	米大丶
锒	QYVE	钅、彐𠂊		FSA98	二木艹	累	LXIU②	田幺小丶
	QYVY98	钅、艮、	酪	SGTK	西一夂口	酹	SGEF③	西一罒寸
螂	JYVB③	虫、彐阝				擂	RFLG③	扌雨田二
朗	YVCE③	、彐厶月		**le**		嘞	KAFL③	口廿申力
	YVE98	、朗	勒	AFLN③	廿申力乙		KAF98	口廿申
阆	UYVE③	门、彐𠂊		AFE98	廿申力丿			
	UYV98	门、艮	仂	WLN	亻力乙		**leng**	
浪	IYVE③	氵、彐𠂊		WET98	亻力丿	棱	SFWT③	木土八夂
	IYV98	氵、艮	乐	QII③	匚小丶	塄	FLYN③	土罒方乙
蒗	AIYE	艹氵、𠂊		TNII98②	丿乙小丶		FLY98	土罒方
	AIYV98	艹氵、艮	叻	KLN	口力乙	楞	SLYN③	木罒方乙
				KET98	口力丿		SLY98	木罒方
	lao		泐	IBLN③	氵阝力乙	冷	UWYC	冫人、マ
捞	RAPL③	扌艹冖力		IBE98	氵阝丿	愣	NLYN③	忄罒方乙
	RAP98	扌艹冖	鳓	QGAL	鱼一廿力		NLY98	忄罒方
劳	APLB③	艹冖力巜		QGAE98	鱼一廿丿			
	APE98	艹冖丿	肋	ELN	月力乙		**li**	
牢	PRHJ③	宀𠂉丨丨		EET98	月力丿	厘	DJFD	厂日土三
	PTG98	宀丿丰				梨	TJSU③	禾刂木丶
唠	KAPL③	口艹冖力		**lei**		狸	QTJF	犭丿日土
	KAP98	口艹冖	雷	FLF	雨田二	离	YBMC③	文凵冂厶
崂	MAPL③	山艹冖力	嫘	VLXI③	女田幺小		YBMC98	文凵冂厶
	MAPE98	山艹冖丿	缧	XLXI	纟田幺小	莉	ATJJ③	艹禾刂丨
痨	UAPL	疒艹冖力	檑	SFLG③	木雨田一	骊	CGMY③	马一冂丶
	UAPE98	疒艹冖丿	镭	QFLG③	钅雨田一		CGG98③	马一一
铹	QAPL③	钅艹冖力	羸	YNKY	亠乙口、	犁	TJRH③	禾刂𠂉丨
	QAP98	钅艹冖		YEUY98	亠月羊丶		TJTG98	禾刂丿丰
醪	SGNE	西一羽彡	耒	DII	三小丶	喱	KDJF	口厂日土
老	FTXB③	土丿匕巜		FSI98	二木丶		KDJ98	口厂日
佬	WFTX③	亻土丿匕	诔	YDIY	讠三小丶	鹂	GMYG	一冂、一
姥	VFTX③	女土丿匕		YFSY98	讠二木、	漓	IYBC	氵文凵厶
栳	SFTX	木土丿匕	垒	CCCF	厶厶厶土		IYR98	氵、乂
铑	QFTX	钅土丿匕	磊	DDDF	石石石二	缡	XYBC③	纟文凵厶
涝	IAPL③	氵艹冖力	蕾	AFLF	艹雨田二		XYR98	纟、乂
	IAP98	氵艹冖	儡	WLLL③	亻田田田	蓠	AYBC	艹文凵厶
烙	OTKG③	火夂口一	泪	IHG	氵目一		AYRC98③	艹、乂厶

蜊	JTJH③	虫禾刂丨	利	TJH	禾刂丨	笠	TUF	⺮立二
蟉	FITV③	二小女女	励	DDNL	厂厂乙力	粒	OUG	米立一
	FTD98	未女厂		DGQE98	厂一勹力		OU98	米立
璃	GYBC③	王文凵㠯	呖	KDLN③	口厂力乙	砺	ODDN③	米厂厂乙
	GYR98	王亠乂		KDE98	口厂力		ODGQ98	米厂一勹
鲡	QGGY	鱼一一丶	坜	FDLN③	土厂力一	蛎	JDDN③	虫厂厂乙
	QGG98	鱼一一		FDET98	土厂力丿		JDGQ98	虫厂一勹
黎	TQTI③	禾勹丿水	沥	IDLN③	氵厂力乙	俐	WSSY③	亻西木丶
篱	TYBC③	⺮文凵㠯		IDET98	氵厂力丿	痢	UTJK③	疒禾刂川
	TYR98	⺮亠乂	苈	ADLB③	艹厂力⻏	詈	LYF	罒言二
罹	LNWY③	罒忄亻圭		ADER98	艹厂力彡	跞	KHQI	口止⺁小
藜	ATQI③	艹禾勹水	例	WGQJ③	亻一夕刂		KHTI98	口止丿小
黧	TQTO	禾勹丿灬	戾	YNDI③	丶尸犬氵	雳	FDLB	雨厂力
蠡	XEJJ③	彑豕虫虫	枥	SDLN③	木厂力乙		FDE98	雨厂力
礼	PYNN	礻丶乙乙		SDE98	木厂力	溧	ISSU	氵西木
李	SBF②	木子二	疠	UDNV	疒厂乙巛	篥	TSSU③	⺮西木
里	JFD	日土三		UGQE98	疒一勹彡			
俚	WJFG③	亻日土一	隶	VII	彐水	**lia**		
哩	KJFG③	口日土一	俐	WTJH③	亻禾刂	俩	WGMW③	亻一冂人
娌	VJFG	女日土一	俪	WGMY	亻一冂丶		WGMW98	亻一冂人
逦	GMYP	一冂丶辶	栎	SQIY③	木⺁小丶			
理	GJFG②	王日土一		STNI98	木丿乙小	**lian**		
锂	QJFG③	钅日土一	疬	UDLV③	疒厂力巛	连	LPK③	车辶川
鲤	QGJF	鱼一日土		UDE98	疒厂力		LP98②	车辶
澧	IMAU③	氵冂廿	荔	ALLL③	艹力力力	奁	DAQU③	大匚乂
醴	SGMU	酉一冂		AEE98	艹力力		DAR98	大匚乂
鳢	QGMU	鱼一冂	轹	LQIY③	车⺁小丶	帘	PWMH③	宀八冂丨
力	LTN②	力丿乙		LTN98	车丿乙	怜	NWYC	忄人丶マ
	EN98	力乙	郦	GMYB	一冂丶⻏	涟	ILPY③	氵车辶丶
历	DLV②	厂力巛	栗	SSU	西木	莲	ALPU③	艹车辶
	DE98	厂力	猁	QTTJ③	犭丿禾刂	联	BUDY②	耳丷大丶
厉	DDNV③	厂厂乙巛	砺	DDDN	石厂厂乙	裢	PULP③	衤丷车辶
	DGQ98	厂一勹		DDGQ98	石厂一勹	廉	YUVO	广丷彐小
立	UUUU②	立立立立	砾	DQIY③	石⺁小丶		OUV98	广丷彐
吏	GKQI③	一口乂小		DTN98	石丿乙	鲢	QGLP	鱼一车辶
	GKR98	一口乂	苈	AWUF	艹亻立二	濂	IYUO③	氵广丷
丽	GMYY③	一冂丶	唳	KYND	口丶尸犬		IOU98	氵广丷

臁	EYUO③	月广灬小		YPWB98	亠一几巛	烈	GQJO	一夕刂灬
	EOU98	月广灬	谅	YYIY③	讠亠小丶	捩	RYND	扌、尸犬
镰	QYUO	钅广灬小	辆	LGMW③	车一冂人	猎	QTAJ③	犭丿卄日
	QOUW98	钅广灬八	晾	JYIY	日亠小丶	裂	GQJE	一夕刂衣
蠊	JYUO③	虫广灬小	量	JGJF②	曰一日土	趔	FHGJ	土龰一刂
	JOUW98	虫广灬八				躐	KHVN	口止巛乙
敛	WGIT	人一业丿		**liao**		鬣	DEVN	镸彡巛乙
琏	GLPY③	王车辶丶	疗	UBK	疒了川			
脸	EWGI②	月人一业	潦	IDUI	氵大丷小		**lin**	
检	PUWI	衤丷人业	辽	BPK②	了辶川	林	SSY②	木木丶
	PUWG98	衤丷人一	聊	BQTB②	耳卩丿卩	邻	WYCB	人、マ卩
蔹	AWGT	卄人一丿	僚	WDUI③	亻大丷小	临	JTYJ③	刂丿丶
练	XANW③	纟七乙八	寥	PNWE③	宀羽人彡	啉	KSSY③	口木木丶
炼	OANW	火七乙八	廖	YNWE	广羽人彡	淋	ISSY③	氵木木丶
恋	YONU③	亠小心丶	嘹	KDUI	口大丷小	琳	GSSY③	王木木丶
殓	GQWI③	一夕人业	寮	PDUI	宀大丷小	粼	OQAB	米夕匚卩
	GQW98	一夕人	撩	RDUI	扌大丷小		OQGB98	米夕牛卩
链	QLPY③	钅车辶丶	獠	QTDI	犭丿大小	嶙	MOQH③	山米夕丨
楝	SGLI③	木一囗小	缭	XDUI③	纟大丷小		MOQ98	山米夕
	SSL98	木木囗	燎	ODUI	火大丷小	遴	OQAP③	米夕匚辶
潋	IWGT	氵人一丿	镣	QDUI③	钅大丷小		OQG98	米夕牛
			鹩	DUJG	大丷日一	辚	LOQH③	车米夕丨
	liang		钌	QBH	钅了丨		LOQ98	车米夕
良	YVEI②	、彐以丶	蓼	ANWE③	卄羽人彡	霖	FSSU	雨木木丷
	YV98	、艮	尥	BNH	了乙丨	瞵	HOQH③	目米夕丨
凉	UYIY	冫亠小丶	虭	DNQY③	ナ乙勹丶		HOQ98	目米夕
梁	IWS③	氵刀八木	料	OUFH③	米丷十丨	磷	DOQH③	石米夕丨
椋	SYIY	木亠小丶	撂	RLTK③	扌田夂口		DOQ98	石米夕
粮	OYVE③	米、彐以				鳞	QGOH③	鱼一米丨
	OYV98	米、艮		**lie**			QG098	鱼一米
粱	IVWO	氵刀八米	列	GQJH②	一夕刂丨	麟	YNJH	广コ刂丨
墚	FIVS③	土氵刀木	咧	KGQJ	口一夕刂		OXXG98	声匕匕牛
踉	KHYE	口止、以	劣	ITLB③	小丿力巛	凛	UYLI③	冫亠口小
	KHYV98	口止、艮		ITER98	小丿力彡	廪	YYLI	广亠口小
两	GMWW	一冂人人	列				OYL98	广亠口
魉	RQCW	白儿厶人	洌	IGQJ	氵一夕刂	懔	NYLI③	忄亠口小
亮	YPMB③	亠冖几巛	埒	FEFY③	土罒寸丶	檩	SYLI	木亠口小

字	编码	字根	字	编码	字根	字	编码	字根
吝	YKF	文口二		KEB98②	口力《	泷	IDXN③	氵ナヒ乙
赁	WTFM	亻丿士贝	吟	KWYC	口人、丶		IDX98	氵ナヒ
蔺	AUWY③	艹门亻圭				茏	ADXB③	艹ナヒ《
				liu			ADX98	艹ナヒ
䐃	EOQH②	月米夕丨						
	EOQ98	月米夕	溜	IQYL	氵匚丶田	栊	SDXN③	木ナヒ乙
躏	KHAY	口止艹圭	熘	OQYL	火匚丶田		SDX98	木ナヒ
			刘	YJH②	文刂丨	珑	GDXN③	王ナヒ乙
	ling		浏	IYJH	氵文刂丨		GDX98	王ナヒ
玲	GWYC③	王人、丶	流	IYCQ③	氵一厶儿	胧	EDXN③	月ナヒ乙
拎	RWYC	扌人、丶		IYC98	氵一厶		EDX98	月ナヒ
伶	WWYC	亻人、丶	留	QYVL	匚丶刀田	砻	DXDF	ナヒ石二
灵	VOU②	ヨ火丷	琉	GYCQ③	王一厶儿		DXYD98	ナヒ、石
囹	LWYC③	囗人、丶		GYC98	王一厶	笼	TDXB③	竹ナヒ《
岭	MWYC	山人、丶	硫	DYCQ③	石一厶儿		TDX98	竹ナヒ
泠	IWYC	氵人、丶		DYC98	石一厶	聋	DXBF	ナヒ耳二
苓	AWYC	艹人、丶	旒	YTYQ	方亠儿		DXYB98	ナヒ、耳
柃	SWYC	木人、丶		YTYK98	方亠儿	隆	BTGG③	阝夂一圭
瓴	WYCN	人、丶乙	遛	QYVP	匚丶刀辶	癃	UBTG	疒阝夂一
	WYCY98	人、丶	馏	QNQL	夕乙匚田	窿	PWBG③	宀八阝一
凌	UFWT③	冫土八夂	骝	CQYL	马匚丶田	陇	BDXN③	阝ナヒ乙
铃	QWYC	钅人、丶		CGQL98	马一匚田		BDX98	阝ナヒ
陵	BFWT③	阝土八夂	榴	SQYL	木匚丶田	垄	DXFF③	ナヒ土二
棂	SVOY③	木ヨ火丶	瘤	UQYL	疒匚丶田		DXYF98	ナヒ、土
绫	XFWT③	纟土八夂	镏	QQYL	钅匚丶田	垅	FDXN③	土ナヒ乙
羚	UDWC	丷ヂ人丶	鎏	IYCQ	氵一厶金		FDX98	土ナヒ
	UWYC98	羊人、丶	柳	SQTB③	木匚丿卩	拢	RDXN③	扌ナヒ乙
翎	WYCN	人、丶羽	绺	XTHK③	纟夂卜口		RDX98	扌ナヒ
聆	BWYC	耳人、丶	锍	QYCQ	钅一厶儿			
菱	AFWT	艹土八夂		QYCK98	钅一厶口		lou	
蛉	JWYC	虫人、丶	六	UYGY②	六、一、	搂	ROVG②	扌米女一
零	FWYC	雨人、丶	鹨	NWEG	羽人彡一	娄	OVF	米女二
龄	HWBC	止人凵丶				喽	KOVG③	口米女一
鲮	QGFT	鱼一土夂		long		蒌	AOVG③	艹米女一
酃	FKKB③	雨口口阝	龙	DXV②	ナヒ《	楼	SOVG③	木米女一
领	WYCM	人、丶贝		DXYI98	ナヒ、氵	耧	DIOV③	三小米女
令	WYCU②	人、丶丷	咙	KDXN③	口ナヒ乙		FS098	二木米
另	KLB②	口力《		KDX98	口ナヒ	蝼	JOVG③	虫米女一

附录A 五笔字根速查表

字	编码	字根	字	编码	字根	字	编码	字根
髅	MEOV③	骨月米女		BGB98	阝キ凵	卵	QYTY③	⺈丶丿
嵝	MOVG③	山米女一	录	VIU②	彐水	乱	TDNN③	丿古乙乙
篓	TOVF③	⺮米女二	赂	MTKG③	贝夂口			
陋	BGMN③	阝一门乙	辂	LTKG	车夂口		**lun**	
漏	INFY	氵尸雨丶	逯	IVIY③	彐水辶	抡	RWXN③	扌人匕乙
瘘	UOVD③	疒米女三	逯	VIPI	彐水辶	仑	WXB	人匕巜
镂	QOVG③	钅米女一	鹿	YNJX③	广⺋比	伦	WWXN③	亻人匕乙
露	FKHK	雨口止口		OXLL98	声匕车车	囵	LWXV	囗人匕巜
			禄	PYVI	礻彐水	沦	IWXN③	氵人匕乙
	lu		碌	DVIY③	石彐水丶	纶	XWXN③	纟人匕乙
卢	HNE②	卜尸彡	路	KHTK③	口止夂口	轮	LWXN③	车人匕乙
噜	KQGJ③	口鱼一日	漉	IYNX	氵广⺋比	论	YWXN③	讠人匕乙
撸	RQGJ③	扌鱼一日		IOX98	氵声匕			
庐	YYNE	广丶尸彡	戮	NWEA③	羽人彡戈		**luo**	
	OYNE98	广丶尸彡	辘	LYNX	车广⺋比	罗	LQU②	罒夕
芦	AYNR	艹丶尸彡		LOXX98	车声匕匕	猡	QTLQ	犭丿罒夕
垆	FHNT	土卜尸丿	潞	IKHK	氵口止口	脶	EKMW③	月口冂人
泸	IHNT③	氵卜尸丿	璐	GKHK	王口止口	萝	ALQU③	艹罒夕
炉	OYNT③	火丶尸丿	簏	TYNX	⺮广⺋比	逻	LQPI③	罒夕辶
栌	SHNT	木卜尸丿		TOX98	⺮声匕	椤	SLQY③	木罒夕
胪	EHNT	月卜尸丿	鹭	KHTG	口止夂一	锣	QLQY③	钅罒夕
轳	LHNT	车卜尸丿	麓	SSYX	木木广比	箩	TLQU③	⺮罒夕
鸬	HNQG③	卜尸勹一		SSOX98	木木声匕	骡	CLXI③	马田幺小
舻	TEHN③	丿舟卜尸	氇	TFNJ	丿二乙日		CGL98	马一田
	TUHN98	丿⺡卜尸	睩	EQG98	毛鱼一	镙	QLXI③	钅田幺小
颅	HNDM	卜尸ナ贝	倮	WJSY③	亻日木丶	螺	JLXI③	虫田幺小
鲈	QGHN	鱼一卜尸				裸	PUJS	衤日木
卤	HLQI③	卜口乂丶		**luan**		瘰	ULXI③	疒田幺小
	HL98	卜囗	栾	YOSU③	亠小木	蠃	YNKY	亠乙口
虏	HALV	广七力巛	娈	YOVF③	亠小女二	泺	YEJ98	亠月虫
	HEE98	虍力彡	孪	YOBF③	亠小子二		IQIY③	氵⺈小
掳	RHAL③	扌广七力	恋	YOMJ③	亠小山刂		ITNI98	氵丿乙小
	RHET98	扌虍力丿	挛	YORJ③	亠小手刂	洛	ITKG③	氵夂口
鲁	QGJF③	鱼一日二	鸾	YOQG	亠小勹一	络	XTKG③	纟夂口
橹	SQGJ③	木鱼一日	脔	YOMW	亠小冂人	荦	APRH③	艹冖丨
氇	QQGJ③	钅鱼一日	滦	IYOS	氵亠小木		APT98	艹冖丿
陆	BFMH③	阝二山丨	銮	YOQF	亠小金二	骆	CTKG③	马夂口

字	编码	字根	字	编码	字根	字	编码	字根
	CGTK98	马一夂口	铹	QEFY	钅艹寸丶	迈	DNPV③	厂乙辶巛
珞	GTKG③	王夂口一					GQP98	一勹辶
落	AITK③	艹氵夂口		**m**		麦	GTU	丰夂冫
摞	RLXI③	扌田幺小	呒	KFQN③	口二儿乙	卖	FNUD	十乙冫大
漯	ILXI③	氵田幺小	唔	KGKG③	口五口一	脉	EYNI	月丶乙氺
雒	TKWY	夂口亻圭		KGK98	口五口			
							man	
	lü			**ma**		蛮	YOJU③	亠小虫丷
吕	KKF②	口口二	妈	VCG②	女马一	颟	AGMM	艹一门贝
偻	WOVG③	亻米女一	嬷	VYSC③	女广木厶	馒	QNJC	夕乙曰又
滤	IHAN③	氵卢七心		VOS98	女广木	瞒	HAGW	目艹一人
	IHN98	氵虍心	麻	YSSI③	广木木氵	鞔	AFQQ	廿革⺈儿
驴	CYNT③	马丶尸丿		OSS98	广木木	鳗	QGJC	鱼一曰又
	CGY98③	马一丶	蟆	JAJD	虫艹日大	满	IAGW	氵艹一人
闾	UKKD	门口口三		CNNG②	马乙乙一	螨	JAGW	虫艹一人
榈	SUKK③	木门口口		CG98②	马一	曼	JLCU③	曰罒又丷
侣	WKKG③	亻口口一	犸	QTCG	犭丿马一	谩	YJLC③	讠曰罒又
旅	YTEY	方丿㐅丶	玛	GCG	王马一	墁	FJLC③	土曰罒又
稆	TKKG③	禾口口一	码	DCG	石马一	幔	MHJC	冂丨曰又
铝	QKKG③	钅口口一	蚂	JCG	虫马一	慢	NJLC③	忄曰罒又
屡	NOVD②	尸米女三		JCG98	虫马一	漫	IJLC	氵曰罒又
缕	XOVG③	纟米女一	杩	SCG	木马一	缦	XJLC③	纟曰罒又
膂	YTEE	方⺈⺆月	骂	KKCF③	口口马二	蔓	AJLC③	艹一罒又
褛	PUOV③	衤丷米女		KKC98	口口马	熳	OJLC③	火曰罒又
履	NTTT③	尸彳㐅丶	唛	KGTY③	口丰夂丶	镘	QJLC③	钅曰罒又
律	TVFH	彳彐二丨	吗	KCG	口马一			
	TVG98	彳彐丰	嘛	KYSS②	口广木木		**mang**	
虑	HANI③	虍七心氵		KOSS98	口广木木	忙	NYNN	忄亠乙
	HN98	虍心				邙	YNBH③	亠乙阝丨
绿	XVIY②	纟彐水丶		**mai**		芒	AYNB③	艹亠乙《
氯	RNVI③	气乙彐水	埋	FJFG③	土日土一	盲	YNHF③	亠乙目二
	RVI98	气彐水	霾	FEEF	雨罒土	茫	AIYN	艹氵亠乙
捋	REFY	扌罒寸丶		FEJ98	雨豸日	硭	DAYN③	石艹亠乙
			买	NUDU	乙冫大	莽	ADAJ③	艹犬卄丨
	lüe		荬	ANUD	艹乙冫大	漭	IADA	氵艹犬卄
略	LTKG③	田夂口一	劢	DNLN③	厂乙力乙	蟒	JADA	虫艹犬卄
掠	RYIY	扌亠小八		GQET98	一勹力乙	氓	YNNA	亠乙コ七

附录A 五笔字根速查表

mao

猫	QTAL	犭丿艹田
毛	TFNV③	丿二乙巛
	ETGN98	毛丿一乙
矛	CBTR③	乛卩丿丿
	CNHT98	乛乙丨丿
耗	TRTN	丿扌丿乙
	CEN98	耗乙
茅	ACBT	艹乛卩丿
	ACN98	艹乛乙
旄	YTTN	方𠂉丿乙
	YTEN98	方𠂉毛乙
锚	QALG③	钅艹田一
髦	DETN	镸彡丿乙
	DEEB98	镸彡毛《
蝥	CBTJ	乛卩丿虫
	CNHJ98	乛乙丨虫
蟊	CBTJ	乛卩丿虫
	CNHJ98	乛乙丨虫
卯	QTBH	匚丿卩丨
峁	MQTB③	山匚丿卩
泖	IQTB③	氵匚丿卩
茆	AQTB	艹匚丿卩
昴	JQTB③	日匚丿卩
铆	QQTB③	钅匚丿卩
茂	ADNT③	艹厂乙丿
	ADU98	艹戊
冒	JHF	曰目二
贸	QYVM③	乛丶刀贝
耄	FTXN	土丿匕乙
	FTXE98	土丿匕毛
袤	YCBE	亠乛卩衣
	YCN98	亠乛乙
帽	MHJH③	冂丨日丨
瑁	GJHG	王曰目一
瞀	CBTH	乛卩丿目

me

| 么 | TCU② | 丿厶丶 |

mei

眉	NHD	𡰣目三
没	IMCY②	氵几又丶
	IWCY98	氵几又丶
枚	STY	木攵丶
玫	GTY③	王攵丶
莓	ATXU③	艹𠂉𠂉丶
	ATX98	艹𠂉母
梅	STXU③	木𠂉𠂉丶
	STX98	木𠂉母
媒	VAFS③	女艹二木
	VFS98	女甘木
嵋	MNHG③	山𡰣目一
湄	INHG③	氵𡰣目一
猸	QTNH	犭丿𡰣目
楣	SNHG③	木𡰣目一
煤	OAFS②	火艹二木
	OFS98	火甘木
酶	SGTU	西一𠂉丶
	SGTX98	西一𠂉母
镅	QNHG③	钅𡰣目一
鹛	NHQG③	𡰣目勹一
霉	FTXU	雨𠂉𠂉丶
	TXGU	𠂉𠂉一丶
	TX98	𠂉母
美	UGDU	䒑王大丶
浼	IQKQ③	氵夕口儿
镁	QUGD③	钅䒑王大

妹	VFIY③	女二小丶
	VFY98	女未丶
昧	JFIY③	日二小丶
	JFY98	日未丶
袂	PUNW③	礻冫コ人
媚	VNHG③	女𡰣目一
寐	PNHI	宀乙丨小
魅	PUFU98	宀丬未丶
	RQCI	白儿厶小
	RQCF98	白儿厶未

men

门	UYHN③	门丶丨乙
扪	RUN	扌门乙
钔	QUN	钅门乙
闷	UNI	门心氵
焖	OUNY③	火门心丶
懑	IAGN	氵艹一心
们	WUN②	亻门乙

meng

蒙	APGE③	艹冖一豕
虻	APF98	艹冖二
萌	JYNN③	虫亠乙乙
盟	AJEF③	艹日月二
甍	JELF③	日月皿二
薨	ALPN	艹皿冖乙
曹	ALPY98	艹皿冖丶
朦	ALPH	艹皿一目
檬	EAPE③	月艹冖豕
礞	SAPE③	木艹冖豕
艨	DAPE③	石艹冖豕
䑃	TEAE	丿舟艹豕
	TUA98	丿舟艹
勐	BLLN③	子皿力乙
	BLE98	子皿力
猛	QTBL	犭丿子皿

锰	QBLG③	钅子皿一
艋	TEBL	ノ舟子皿
	TUB98	ノ舟子
蜢	JBLG③	虫子皿一
懵	NALH③	忄艹皿目
蠓	JAPE③	虫艹冖豕
梦	SSQU③	木木夕丶

mi

迷	OPI②	米辶氵
咪	KOY	口米、
弥	XQIY③	弓勹小、
祢	PYQI③	礻丶勹小
猕	QTXI	犭丿弓小
谜	YOPY	讠米辶、
醚	SGOP③	西一米辶
糜	YSSO	广木木米
	OSSO98	广木木米
縻	YSSI	广木木小
	OSSI98	广木木小
麋	YNJO	广コ丨米
	OXXO98	声匕匕米
靡	YSSD	广木木三
	OSSD98	广木木三
蘼	AYSD	艹广木三
	AOSD98	艹广木三
米	OYT③	米、丿
芈	GJGH	一丨一丨
弭	XBG	弓耳一
敉	OTY	米攵、
脒	EOY	月米、
眯	HOY②	目米、
糸	XIU	幺小丶
汨	IJG	氵日一
宓	PNTR	宀心丿丶
泌	INTT③	氵心丿丿
觅	EMQB③	爫冂儿丶

mian

秘	TNTT②	禾心丿丿
密	PNTM③	宀心丿山
幂	PJDH③	冖日大丨
谧	YNTL	讠心丿皿
嘧	KPNM③	口宀心山
蜜	PNTJ	宀心丿虫

mian

面	DMJD②	ブ冂丨三
	DLJF98②	ブ囗丨二
眠	HNAN③	目尸七乙
绵	XRMH②	纟白冂丨
棉	SRMH③	木白冂丨
免	QKQB③	夕口儿《
沔	IGHN③	氵一丨乙
勉	QKQL	夕口儿力
眄	QKQE③	夕口儿力
眄	HGHN③	目一丨乙
	HGHN98	目一丨乙
娩	VQKQ③	女夕口儿
冕	JQKQ	曰夕口儿
渑	IDMD③	氵ブ冂三
	IDL98	氵ブ囗
缅	XDMD	纟ブ冂三
	XDL98	纟ブ囗
腼	EDMD	月ブ冂三
	EDL98	月ブ囗
湎	IKJN③	氵口日乙

miao

苗	ALF	艹田二
	AL98	艹田
喵	KALG③	口艹田一
描	RALG③	扌艹田一
瞄	HALG③	目艹田一
	HAL98	目艹田
鹋	ALQG③	艹田勹一
杪	SITT③	木小丿丿
眇	HITT③	目小丿丿

秒	TITT②	禾小丿丿
淼	IIIU	水水水丶
渺	IHIT	氵目小丿
缈	XHIT③	纟目小丿
藐	AEEQ③	艹豸白儿
	AER98	艹豸白
邈	EERP	豸白辶
	ERQP98	豸白儿辶
妙	VITT③	女小丿丿
庙	YMD	广由三
	OMD98②	广由三
缪	XNWE③	纟羽人彡

mie

灭	GOI	一火氵
乜	NNV	乙乙巛
咩	KUDH③	口丷手丨
	KUH98	口羊丨
蔑	ALDT	艹四厂丿
	ALA98	艹四戈
篾	TLDT	竹四厂丿
	TLA98	竹四戈
蠛	JALT③	虫艹四丿
	JAL98	虫艹四

min

民	NAV①	尸七巛
黾	KJNB③	口日乙《
岷	MNAN③	山尸七乙
玟	GYY	王文、
苠	ANAB③	艹尸七《
珉	GNAN③	王尸七乙
缗	XNAJ③	纟尸七日
皿	LHNG③	皿丨乙一
	LHN98	皿丨乙
闵	UYI	门文氵
抿	RNAN③	扌尸七乙
泯	INAN③	氵尸七乙

附录A 五笔字根速查表

字	编码	字根	字	编码	字根	字	编码	字根
闽	UJI	门虫氵	麽	YSSC	广木木厶	蚰	JCRH③	虫厶乛丨
悯	NUYY③	忄门文、		OSSC98	广木木厶		JCT98	虫厶丿
敏	TXGT	𠂉母一攵	摩	YSSR	广木木手	哞	KCRH③	口厶乛丨
	TXT98	𠂉母攵		OSSR98③	广木木手		KCTG98	口厶丿
憨	NATN	尸七攵心	磨	YSSD	广木木石	牟	CRHJ②	厶乛丨丨
鳘	TXGG	𠂉母一一		OSSD98	广木木石		CTGJ98	厶丿丨丨
	TXTG98	𠂉母攵一	蘑	AYSD③	艹广木石	侔	WCRH③	亻厶乛丨
				AOSD98	艹广木石		WCTG98③	亻厶丿丨
ming			魔	YSSC	广木木厶	眸	HCRH③	目厶乛丨
明	JEG②	日月一		OSSC98	广木木厶		HCTG98	目厶丿丨
名	QKF②	夕口二	抹	RGSY③	扌一木、	鍪	CBTQ	厶卩丿金
鸣	KQYG③	口勹、一	末	GSI②	一木氵		CNHQ98	厶乙丨金
	KQG98	口鸟一	殁	GQMC	一夕几又	某	AFSU③	艹二木丶
茗	AQKF	艹夕口二		GQWC98③	一夕几又		FS98	甘木
冥	PJUU③	冖日六丶	沫	IGSY③	氵一木、			
铭	QQKG③	钅夕口一	茉	AGSU③	艹一木丶	**mu**		
溟	IPJU	氵冖日六	陌	BDJG③	阝厂日一	母	XGUI③	口一丶氵
暝	JPJU	日冖日六	秣	TGSY③	禾一木、		XNNY98	母乙乙、
瞑	HPJU③	目冖日六		TGSY98	禾一木、	毪	TFNH	丿二乙丨
螟	JPJU③	虫冖日六	莫	AJDU③	艹日大丶		ECT98	毛厶丿
酩	SGQK	西一夕口		AJD98	艹日大	亩	YLF	亠田二
命	WGKB	人一口卩	寞	PAJD③	宀艹日大		YL98	亠田
				IAJD98	氵艹日大	牡	TRFG	丿扌土一
miu			漠	AJDC	艹日大马		CFG98	牜一
谬	YNWE	讠羽人彡		AJDG98	艹日大一	姆	VXGU②	女口一丶
			貊	EEDJ③	四丆丆日		VX98	女母
mo				EDJG98	豸丆一	拇	RXGU③	扌口一丶
摸	RAJD	扌艹日大	墨	LFOF	囗土灬土		RXY98	扌母、
谟	YAJD③	讠艹日大	瘼	UAJD	疒艹日大	木	SSSS	木木木木
嫫	VAJD	女艹日大	镆	QAJD	钅艹日大	仫	WTCY	亻丿厶丶
	VAJ98	女艹日	默	LFOD	囗土灬犬	目	HHHH	目目目目
馍	QNAD	勹乙艹大	貘	EEAD③	四乛艹大	沐	ISY	氵木丶
摹	AJDR	艹日大手		EAJD98	豸艹日大	坶	FXGU③	土口一丶
模	SAJD	木艹日大	糖	DIYD③	三小广石		FX98	土母
	SAJD98②	木艹日大		FSOD98	二木广石	牧	TRTY③	丿扌攵丶
膜	EAJD	月艹日大					CTY98	牜攵丶
	EAJD98③	月艹日大	**mou**			首	AHF	艹目二
			谋	YAFS③	讠艹二木			
				YFS98	讠甘木			

字	编码	拆分	字	编码	拆分	字	编码	拆分
钼	QHG	钅目一	艿	AEB	艹乃巜	䎃	RAT98	扌七丿
募	AJDL	艹日大力		ABR98	艹乃彡	硇	DTLQ③	石丿口乂
	AJDE98	艹日大彡	氖	RNEB③	𠂉乙乃巜		DTL98	石丿口
墓	AJDF	艹日大土		RBE98	气乃彡	铙	QATQ③	钅七丿儿
幕	AJDH	艹日大丨	奈	DFIU③	大二小丶	猱	QTCS	犭丿マ木
	AJDH98③	艹日大丨	柰	SFIU	木二小丶	蛲	JATQ	虫七丿儿
睦	HFWF②	目土八土	耐	DMJF	厂冂丨寸	垴	FYBH	土文凵丨
	HFWF98③	目土八土	萘	ADFI	艹大二小		FYR98	土亠乂
慕	AJDN	艹日大小	肃	EHNN③	乃目乙乙	恼	NYBH③	忄文凵丨
暮	AJDJ	艹日大日		BHN98	乃目乙		NYR98	忄亠乂
穆	TRIE③	禾白小彡				脑	EYBH③	月文凵丨
			nan				EYR98	月亠乂
n			男	LLB②	田力巜	瑙	GVTQ③	王巛丿乂
嗯	KLDN	口口大心		LE98	田力		GVT98	王巛丿
			囡	LVD	囗女三	淖	IHJH③	氵卜早丨
na			南	FMUF②	十冂丷十			
那	VFBH③	刀二阝丨	难	CWYG②	又亻圭一	**ne**		
	NG98	乙扌	喃	KFMF③	口十冂十	呢	KNXN③	口尸匕乙
拿	WGKR	人一口手	楠	SFMF③	木十冂十	讷	YMWY③	讠冂人丶
镎	QWGR	钅人一手	赧	FOBC	土业卩又			
纳	XMWY③	纟冂人丶	腩	EFMF③	月十冂十	**nei**		
	XMW98	纟冂人	蝻	JFMF③	虫十冂十	内	MWI②	冂人丶
肭	EMWY③	月冂人丶				馁	QNEV③	勹乙爫女
娜	VVFB③	女刀二阝	**nang**					
	VNG98	女乙扌	囊	GKHE③	一口丨衣	**nen**		
衲	PUMW	衤冫冂人	囔	KGKE	口一口衣	嫩	VGKT③	女一口夂
钠	QMWY③	钅冂人丶	馕	QNGE	勹乙一衣		VSK98	女木口
捺	RDFI	扌大二小	曩	JYKE③	日亠口衣	恁	WTFN	亻丿士心
呐	KMWY③	口冂人丶		JYK98	日亠口			
			攮	RGKE	扌一口衣	**neng**		
nai						能	CEXX②	厶月匕匕
乃	ETN	乃丿乙	**nao**					
	BNT98	乃乙丿	闹	UYMH③	门亠冂丨	**ni**		
俐	WBG	亻耳一	孬	GIVB③	一小女子	泥	INXN③	氵尸匕乙
捺	RDFI	扌大二小		DHVB98	𠂇卜女子		INX98	氵尸匕
奶	VEN②	女乃乙	呶	KVCY③	口女又丶	妮	VNXN③	女尸匕乙
	VBT98	女乃丿	挠	RATQ	扌七丿儿	尼	NXV②	尸匕巛

附录A 五笔字根速查表

字	编码	字根	字	编码	字根	字	编码	字根	字	编码	字根
坭	FNXN③	土尸匕乙		GGLJ98	夫夫车刂	聂	BCCU③	耳又又〉			
怩	NNXN③	忄尸匕乙	撵	RFWL	扌二人车	臬	THSU③	丿目木〉			
倪	WVQN③	亻臼儿乙		RGG98③	扌夫夫	啮	KHWB	口止人凵			
	WEQ98	亻臼儿	碾	DNAE③	石尸共K	嗫	KBCC	口耳又又			
铌	QNXN③	钅尸匕乙	廿	AGHG③	廿一丨一	镊	QBCC	钅耳又又			
猊	QTVQ	犭丿臼儿		AGHG98	廿一丨一	镍	QTHS③	钅丿目木			
	QTEQ98	犭丿臼儿	念	WYNN	人、乙心		QTHS98	钅丿目木			
霓	FVQB③	雨臼儿《	埝	FWYN	土人、心	颞	BCCM	耳又又贝			
	FEQ98	雨臼儿	蔫	AGHO	艹一止灬	蹑	KHBC	口止耳又			
鲵	QGVQ	鱼一臼儿		AGH98	艹一止		KHBC98	口止耳又			
	QGE98	鱼一臼	粘	OHKG②	米卜口	孽	AWNB	艹亻コ子			
伲	WNXN③	亻尸匕乙		OHKG98	米卜口		ATNB98	艹丿目子			
你	WQIY②	亻勹小、				蘖	AWNS	艹亻コ木			
	WQIY98②	亻勹小、		**niang**			ATNS98	艹丿目木			
拟	RNYW③	扌乙丶人	娘	VYVE③	女、彐k						
昵	JNXN③	日尸匕乙		VYV98②	女、艮		**nin**				
逆	UBTP③	䒑凵丿辶	酿	SGYE	西一、k	您	WQIN	亻勹小心			
	UBTP98	䒑凵丿辶		SGYV98	西一、艮						
匿	AADK	匚艹ナ口					**ning**				
	AAD98	匚艹ナ		**niao**		宁	PSJ②	宀丁刂			
溺	IXUU③	氵弓〉〉	鸟	QYNG	勹、乙一	咛	KPSH	口宀丁丨			
睨	HVQN③	目臼儿乙		QGD98	鸟一三	拧	RPSH	扌宀丁丨			
	HEQ98	目臼儿	茑	AQYG	艹勹、一	狞	QTPS③	犭丿宀丁			
腻	EAFM③	月弋二贝		AQGF98	艹鸟一二	柠	SPSH	木宀丁丨			
	EAF98	月弋二	袅	QYNE	勹、乙衣	聍	BPSH	耳宀丁丨			
慝	AADN	匚艹ナ心		QYEU98	鸟一衣〉	凝	UXTH③	冫匕ヒ疋			
			嬲	LLVL③	田力女力	佞	WFVG③	亻二女一			
	nian			LEV98	田力女	泞	IPSH	氵宀丁丨			
年	RHFK②	𠂉丨十川	尿	NII	尸水氵	甯	PNEJ③	宀心用刂			
	TG98②	𠂉 牛	脲	ENIY③	月尸水、	苎	APGF	艹宀一二			
拈	RHKG	扌卜口									
	RHK98	扌卜口		**nie**			**niu**				
鲇	QGHK	鱼一卜口	捏	RJFG	扌日土一	牛	RHK	𠂉丨川			
鲶	QGWN	鱼一人心		RJF98	扌日土		TGK98	丿丰川			
黏	TWIK	禾人水口	陧	BJFG③	阝日土一	拗	RXL③	扌幺力			
捻	RWYN	扌人、心	涅	IJFG	氵日土一		RXE98	扌幺力			
辇	FWFL	二人二车		IJFG98③	氵日土一	妞	VNFG③	女乙土一			

	VNHG98	女乙丨一		**nü**		欧	AQQ③	匚乂夕人
忸	NNFG③	忄乙土一	女	VVV③	女女女女		ARQ98③	匚乂勹人
	NNHG98	忄乙丨一	钕	QVG	钅女一	讴	YAQY③	讠匚乂
扭	RNFG③	扌乙土一	恧	DMJN	厂門刂心		YAR98	讠匚乂
	RNH98	扌乙丨	衄	TLNF	丿皿乙土	殴	AQMC③	匚乂几又
狃	QTNF	犭丿乙土		TLNG98	丿皿乙一		ARW98	匚乂几
	QTNG98	犭丿乙一				瓯	AQGN	匚乂一乙
纽	XNFG③	纟乙土一		**nuan**			ARG98	匚乂一
	XNHG98③	纟乙丨一	暖	JEFC③	日爫二又	鸥	AQQG	匚乂夕一
钮	QNFG③	钅乙土一		JEGC98	日爫キ又		ARQG98	匚乂鸟一
	QNHG98③	钅乙丨一				呕	KAQY	口匚乂
				nue			KARY98③	口匚乂
	nong		虐	HAAG③	卢匚一一	偶	WJMY③	亻日门丶
农	PEI	冖𧘇丶		HAG98③	虍匚一	耦	DIJY③	三小日丶
	PE98	冖𧘇	疟	UAGD	疒匚一三		FSJ98	二木日
侬	WPEY③	亻冖𧘇丶				藕	ADIY	艹三小丶
哝	KPEY③	口冖𧘇丶		**nuo**			AFSY98	艹二木丶
浓	IPEY③	氵冖𧘇丶	挪	RVFB③	扌刀二阝	怄	NAQY③	忄匚乂
脓	EPEY③	月冖𧘇丶		RNGB98	扌乙丰阝		NAR98	忄匚乂
	EPEY98③	月冖𧘇丶	傩	WCWY	亻又亻圭	沤	IAQY③	氵匚乂
弄	GAJ	王廾丨	诺	YADK③	讠艹ナ口		IAR98	氵匚乂
			喏	KADK	口艹ナ口			
	nou			KAD98	口艹ナ		**pa**	
耨	DIDF③	三小厂寸	搦	RXUU③	扌弓冫冫	怕	NRG②	忄白一
	FSD98	二木厂	锘	QADK③	钅艹ナ口	扒	RWY	扌八
			懦	NFDJ	忄雨丆刂	趴	KHWY③	口止八丶
	nu			NFD98	忄雨丆		KHW98	口止八
奴	VCY	女又丶	糯	OFDJ	米雨丆刂	啪	KRRG③	口扌白一
孥	VCBF	女又子二		OFDJ98③	米雨丆刂	葩	ARCB③	艹白巴《
	VCB98	女又子				杷	SCN	木巴乙
驽	VCCF③	女又马二		**o**		爬	RHYC	厂丨丶巴
	VCC98	女又马	哦	KTRT③	口丿扌丿	耙	DICN③	三小巴乙
努	VCLB③	女又力《		KTR98	口丿扌		FSC98	二木巴
	VCE98	女又力	喔	KNGF	口尸一土	琶	GGCB③	王王巴《
弩	VCXB③	女又弓《	噢	KTMD	口丿门大	筢	TRCB③	𥫗扌巴《
胬	VCMW	女又冂人				帕	MHRG③	冂丨白一
怒	VCNU③	女又心丷		**ou**				

	pai			HWVT98	目八刀丿	鲍	DFNN	大二乙巳
拍	RRG	扌白一	胖	LUFH③	田丷十丨	跑	KHQN③	口止勹巳
俳	WDJD	亻三刂三		LUG98	田丷丰	泡	IQNN③	氵勹巳乙
	WHD98	亻丨三	祥	PUUF③	礻丷丷十	疱	UQNV③	疒勹巳巛
徘	TDJD	彳三刂三		PUU98	礻丷丷			
	THDD98	彳丨三三	襻	PUSR	礻丷木手		**pei**	
排	RDJD③	扌三刂三				胚	EGIG③	月一小一
	RHD98	扌丨三		**pang**			EDH98	月厂卜
牌	THGF	丿丨一十	旁	UPYB③	立冖方《	呸	KGIG③	口一小一
哌	KREY③	口厂⺄乀		YUP98	亠丷冖		KDHG98	口厂卜一
派	IREY③	氵厂⺄乀	彷	TYN	彳方乙	酷	SGUK	西一立口
	IRE98	氵厂乀		TYT98	彳方丿	陪	BUKG③	阝立口一
湃	IRDF	氵手三十	乓	RGYU③	斤一丶丶	培	FUKG③	土立口一
	IRDF98	氵手三十		RYU98	丘丶丶	赔	MUKG③	贝立口一
蒎	AIRE③	艹氵厂乀	滂	IUPY③	氵立冖方	锫	QUKG	钅立口一
				IYUY98	氵亠丷方	裴	DJDE	三刂三⻂
	pan		庞	YDXV③	广ナ匕巛		HDHE98	丨三丨⻂
潘	ITOL	氵丿米田		ODX98	广ナ匕	沛	IGMH	氵一门丨
	IT098	氵丿米	螃	JUPY③	虫立冖方		IGMH98③	氵一门丨
攀	SQQR③	木乂乂手		JYU98	虫亠丷方	佩	WMGH③	亻几一丨
	SRR98	木乂乂	耪	DIUY	三小立方		WWGH98	亻几一丨
兯	NHDE	乙丨ナ彡	膀	FSYY	二木一丶	帔	MHHC	门丨丨又
	UNHT98	丷乙丨丿		EUFH③	月丷十丨		MHB98	门丨皮
盘	TELF③	丿舟皿二		EUG98	月丷丰	旆	YTGH③	方⺊一丨
	TUL98	丿舟皿				配	SGNN	西一己乙
磐	TEMD	丿舟几石		**pao**		辔	XLXK③	纟车纟口
	TUWD98	丿舟几石	抛	RVLN③	扌九力乙	霈	FIGH③	雨氵一丨
蹒	KHAW	口止艹人		RVE98	扌九力			
蟠	JTOL	虫丿米田	脬	EEBG③	月爫子一		**pen**	
判	UDJH	丷ナ刂丨	刨	QNJH	勹巳刂丨	喷	KFAM③	口十艹贝
	UGJH98	丷丰刂丨	咆	KQNN③	口勹巳乙	盆	WLF	八刀皿二
泮	IUFH	氵丷十丨	庖	YQNV③	广勹巳巛	溢	IWVL	氵八刀皿
	IUGH98	氵丷丰		OQNV98	广勹巳巛			
叛	UDRC	丷ナ厂又	狍	QTQN	犭丿勹巳		**peng**	
	UGRC98	丷丰厂又	炮	OQNN②	火勹巳乙	烹	YBOU③	亠了灬丶
盼	HWVN③	目八刀乙		OQN98	火勹巳	怦	NGUH	忄一丷丨
			袍	PUQN③	礻丷勹巳		RGUF98	忄一丷十

字	编码	拆分	字	编码	拆分	字	编码	拆分
抨	RGUH	扌一丷丨	砒	DXXN③	石匕匕乙	譬	NKUY	尸口辛言
	RGUF98	扌一丷十	铍	QHCY③	钅丨又丶	䗌	NHI	乙止氵
砰	DGUH③	石一丷丨		QBY98	钅皮丶			
	DGU98	石一丷	劈	NKUV	尸口辛刀	**pian**		
嘭	KFKE	口士口彡	噼	KNKU③	口尸口辛	偏	WYNA	亻、尸艹
朋	EEG②	月月一	霹	FNKU③	雨尸口辛	片	THGN③	丿丨一乙
	EE98	月月	皮	HCI②	丿又氵		THG98	丿丨一
堋	FEEG③	土月月一		BNTY98③	皮乙丿丶	犏	TRYA	丿扌、
彭	FKUE	士口丷彡	苉	AXXB③	艹匕匕巜		CYN98	牛、尸
棚	SEEG③	木月月一	枇	SXXN	木匕匕乙	篇	TYNA	𥫗、尸
	SEE98	木月月	毗	LXXN③	田匕匕乙		TYN98	𥫗、尸
硼	DEEG③	石月月一	疲	UHCI③	疒丿又氵	翩	YNMN	、尸冂羽
	DEEG98	石月月一		UBI98	疒皮氵	骈	CUAH②	马丷廾丨
蓬	ATDP	艹夊三辶	蚍	JXXN	虫匕匕乙		CGUA98③	马一丷廾
鹏	EEQG③	月月勹一	郫	RTFB	白丿十阝	胼	EUAH③	月丷廾丨
澎	IFKE	氵士口彡	陴	BRTF	阝白丿十	蹁	KHYA	口止、
篷	TTDP	𥫗夊三辶	啤	KRTF	口白丿十	谝	YYNA	讠、尸
膨	EFKE③	月士口彡	埤	FRTF③	土白丿十	骗	CYNA	马、尸
蟛	JFKE③	虫士口彡	琵	GGXX③	王王匕匕		CGYA98	马一、艹
捧	RDWH③	扌三人丨	脾	ERTF③	月白丿十			
	RDW98	扌三人	罴	LFCO	皿土厶灬	**piao**		
碰	DUOG③	石丷业一	蜱	JRTF③	虫白丿十	飘	SFIQ	西二小乂
	DUO98③	石丷业	貔	EETX	豸丿⺊		SFIR98	西二小乂
			豼	ETL98	豸丿口	剽	SFIJ	西二小刂
pi			鼙	FKUF	士口丷十	漂	ISFI③	氵西二小
丕	GIGF	一小一二	匹	AQV	匚儿巜	缥	XSFI③	纟西二小
	DHGD98	丆卜一三	庀	YXV	广匕巜		XSFI98	纟西二小
批	RXXN②	扌匕匕乙		OXV98	广匕巜	螵	JSFI③	虫西二小
	RXX98	扌匕匕	仳	WXXN③	亻匕匕乙	瓢	SFIY	西二小丶
纰	XXXN	纟匕匕乙	妃	FNN	土已乙	殍	GQEB	一夕爫子
	XXX98	纟匕匕	痞	UGIK③	疒一小口	瞟	HSFI③	目西二小
邳	GIGB	一小一阝		UDH98	疒丆卜	票	SFIU	西二小丷
	DHGB98	丆卜一阝	擗	RNKU③	扌尸口辛	嘌	KSFI③	口西二小
坯	FGIG	土一小一	癖	UNKU③	疒尸口辛	嫖	VSFI③	女西二小
	FDHG98	土丆卜一	屁	NXXV	尸匕匕巜			
披	RHCY③	扌丿又丶	淠	ILGJ	氵田一刂	**pie**		
	RBY98	扌皮丶	媲	VTLX	女丿口匕	撇	RUMT	扌丷冂夂
			睥	HRTF②	目白丿十			
			僻	WNKU③	亻尸口辛			
			甓	NKUN	尸口辛乙			
				NKUY	尸口辛丶			

附录A 五笔字根速查表

气	RITY98	扌屵攵丶	瓶	SGU98	木一丷	pu			
	RNTR	𠂉乙丿丶		UAGN③	丷廾一乙	扑	RHY	扌卜丶	
	RTE98	气丿彡	萍	UAGY98③	丷廾一丶	脯	EGEY③	月一月丶	
瞥	UMIH	丷冂小目		AIGH	艹氵一丨		ESY98	月甫丶	
	ITHF98	屵攵目二	鲆	AIG98	艹氵一	仆	WHY	亻卜丶	
苤	AGIG③	艹一小一		QGGH③	鱼一一丨	铺	QGEY③	钅一月丶	
	ADHG98	艹丆卜一		QGGF98③	鱼一一十		QSY98②	钅甫丶	
						匍	QGEY	勹一月丶	
pin			**po**				QSI98	勹甫氵	
拼	RUAH③	扌丷廾丨	坡	FHCY③	土广又丶	莆	AGEY③	艹一月丶	
姘	VUAH③	女丷廾丨		FB98②	土皮丶		AS98	艹甫	
贫	WVMU③	八刀贝丷	钋	QHY	钅卜丶	菩	AUKF③	艹立口二	
嫔	VPRW③	女宀丘八	泼	INTY	氵乙丿丶	葡	AQGY③	艹勹一丶	
频	HIDM③	止小丆贝		INTY98③	氵乙丿丶		AQS98	艹勹甫	
	HHD98	止少丆	颇	HCDM③	广又丆贝	蒲	AIGY	艹氵一丶	
颦	HHDF	止少丆十		BDM98	皮丆贝		AIS98	艹氵甫	
品	KKKF③	口口口二	婆	IHCV	氵广又女	璞	GOGY	王业丷丶	
榀	SKKK③	木口口口		IBV98	氵皮女		GOU98	王业丷	
牝	TRXN③	丿扌匕乙	鄱	TOLB	丿米田阝	濮	IWOY③	氵亻业丶	
	CX98②	牛匕	皤	RTOL	白丿米田		IWO98	氵亻业	
聘	BMGN③	耳由一乙	叵	AKD	匚口三	镤	QOGY③	钅业丷丶	
			钷	QAKG③	钅匚口一		QOUG98	钅业丷夫	
ping			笸	TAKF	𥫗匚口二	朴	SHY	木卜丶	
乒	RGTR③	斤一丿彡	迫	RPD	白辶三	圃	LGEY	囗一月丶	
	RTR98	丘丿彡	珀	GRG	王白一		LSI98	囗甫氵	
娉	VMGN	女由一乙	破	DHCY③	石广又丶	埔	FGEY	土一月丶	
平	GUHK②	一丷丨川		DB98	石皮		FSY98	土甫丶	
	GUF98	一丷十	粕	ORG	米白一	浦	IGEY	氵一月丶	
评	YGUH③	讠一丷丨	魄	RRQC	白白儿厶		IS98	氵甫	
	YGU98	讠一丷		HCU	⺊又丷	普	UOGJ②	丷业一日	
凭	WTFM	亻丿士几					UOJF98③	丷业日二	
坪	FGUH③	土一丷丨	**pou**			溥	IGEF	氵一月寸	
	FGU98	土一丷	剖	UKJH③	立口刂丨		ISFY98	氵浦寸丶	
苹	AGUH③	艹一丷丨	掊	RUKG③	扌立口一	谱	YUOJ③	讠丷业日	
	AGUF98	艹一丷十		RUKG98	扌立口一	氆	TFNJ	丿二乙日	
屏	NUAK③	尸丷廾川	衰	YVEU	亠日农丷		EU098	毛丷业	
枰	SGUH③	木一丷丨		YEE98	亠日农				

字	编码	拆分	字	编码	拆分	字	编码	拆分
错	QUOJ③	钅丷业日	奇	DSKF	大丁口二	企	WHF	人止二
蹉	KHOY③	口止业丶		DSKF98③	大丁口二	纪	MNN	山己乙
	KHOG98	口止业夫	歧	HFCY③	止十又丶	岂	MNB②	山己巛
瀑	IJAI③	氵日共水	祈	PYRH③	礻斤丨		MN98	山己
曝	JJAI③	日日共水	耆	FTXJ	土丿匕日	芑	ANB	艹己
			脐	EYJH③	月文刂丨	启	YNKD③	丶尸口三
qi			颀	RDMY③	斤厂贝丶	杞	SNN	木己乙
七	AGN②	七一乙		RDMY98	斤厂贝丶	起	FHNV③	土止巳巛
沏	IAVN③	氵七刀乙	崎	MDSK	山大丁口	绮	XDSK③	纟大丁口
	IAV98	氵七刀	淇	IADW	氵艹三八	气	RNB	仁乙巛
妻	GVHV②	一⺕丨女		IDWY98	氵共八丶		RTG98	气丿一
柒	IASU③	氵七木丷	畦	LFFG③	田土土一	讫	YTNN	讠仁乙乙
凄	UGVV	冫一⺕女	萁	AADW	艹艹三八	汽	ITNN③	氵仁乙乙
栖	SSG	木西一		ADWU98	艹共八丶		ITNN98	氵仁乙乙
桤	SMNN	木山己乙	骐	CADW	马艹三八	迄	TNPV③	仁乙辶巛
	SMN98	木山己		CGDW98	马一共八		TNPV98	仁乙辶巛
戚	DHIT③	厂上小丿	骑	CDSK	马大丁口	弃	YCAJ③	亠厶廾丨
	DHII98	戊上小氵		CGDK98	马一大口	汽	IRNN③	氵仁乙乙
萋	AGVV③	艹一⺕女	棋	SADW③	木艹三八		IR98	氵气
期	ADWE	艹三八月		SDW98	木共八	泣	IUG	氵立一
	DWE98	共八月	琦	GDSK③	王大丁口	契	DHVD③	三丨刀大
欺	ADWW	艹三八人	琪	GADW③	王艹三八	砌	DAVN③	石七刀乙
	DWQ98	共八⺈		GDWY8	王共八		DAV98	石七刀
嘁	KDHT	口厂上丿	祺	PYAW③	礻丶艹八	葺	AKBF③	艹口耳二
	KDHI98	口戊上小		PYDW98	礻共八	碛	DGMY③	石丯贝丶
械	SDHT	木厂上丿	蛴	JYJH③	虫文刂丨	器	KKDK③	口口犬口
	SDHI98	木戊上小	旗	YTAW③	方⺁艹八	憩	TDTN	丿古丿心
漆	ISWI③	氵木人水		YTDW98	方⺁共八	歙	DSKW	大丁口人
蹊	KHED	口止爫大	綮	ADWI	三艹八小			
亓	FJJ	二刂刂		DWX98	共八幺	**qia**		
祁	PYBH③	礻丶阝丨	蜞	JADW③	虫艹三八	恰	NWGK	忄人一口
齐	YJJ	文刂刂		JDW	虫共八		NW98②	忄人一口
圻	FRH	土斤丨	蕲	AUJR	艹丷日斤	袷	PUWK	礻丷人口
岐	MFCY③	山十又丶	鳍	QGFJ	鱼一土日	掐	RQVG③	扌⺈臼一
芪	AQAB③	艹⺈匕巛	麒	YNJW	广乛刂八		RQE98	扌⺈臼
其	ADWU③	艹三八丷		OXXW98	声匕匕八	葜	ADHD	艹三丨大
	DW98	共八	乞	TNB	丿乙	冾	IWGK③	氵人一口

附录A 五笔字根速查表

髂	MEPK③	骨月宀口		QGAY98②	钅一戈丶		WBA98	人巴戈
			钳	QAFG③	钅廾二一	跄	KHWB	口止人巴
	qian			QFG98	钅甘一	腔	EPWA③	月宀八工
千	TFK	ノ十川	乾	FJTN98	十早乁乙	蜣	JUDN	虫丷尸乙
仟	WTFH	亻ノ十丨	搧	RYNE	扌丶尸月	羌	JUN98	虫羊乙
阡	BTFH③	阝ノ十丨	箝	TRAF	竹扌廾二	锖	QGEG	钅丰月一
扦	RTFH	扌ノ十丨		TRFF98	竹扌甘二		QGEG98③	钅丰月一
芊	ATFJ③	艹ノ十丨	潜	IFWJ③	氵二人日	锵	QUQF	钅丬夕寸
迁	TFPK③	ノ十辶川		IGGJ98③	氵夫夫日		QUQ98	钅丬夕
佥	WGIF	人一业二	黔	LFON	四土灬乙	锢	QXKJ③	钅弓口虫
	WGIG98	人一丨	浅	IGT	氵戋丿	强	XKJY②	弓口虫丶
岍	MGAH	山一廾丨		IGA98	氵一戈	墙	FFUK	土十丷口
钎	QTFH③	钅ノ十丨	欠	EQWY	月夕人丶		FFUK98③	土十丷口
	QTFH98	钅ノ十丨	慊	NUVO③	忄丷彐灬	嫱	VFUK	女十丷口
牵	DPRH③	大宀冖丨		NUV98	忄丷彐	蔷	AFUK	艹十丷口
	DPT98	大宀ノ	遣	KHGP	口丨一辶	樯	SFUK	木十丷口
悭	NJCF③	忄川又土	谴	YKHP	讠口丨辶	抢	RWBN③	扌人巴乙
铅	QMKG③	钅几口一	缱	XKHP	纟口丨辶	羟	UDCA	丷尸又工
	QWK98	钅几口	欠	QWU②	夕人丷		UCAG98	羊ス工一
谦	YUVO③	讠丷彐灬	茜	AQWU③	艹夕人丷	襁	PUXJ③	衤丷弓虫
	YUV98	讠丷彐	茜	ASF	艹西二	炝	OWBN	火人巴乙
愆	TIFN	彳氵二乙	倩	WGEG	亻丰月一			
	TIGN98③	彳氵二心	堑	LRFF③	车斤土二		**qiao**	
签	TWGI	竹人一业	嵌	MAFW③	山廾二人	敲	YMKC	亠冂口又
	TWGG98	竹人一一		MFQ98	山甘勹	峤	MTDJ	山丿大川
骞	PFJC	宀二川马	椠	LRSU③	车斤木丷	悄	NIEG②	忄丶月一
	PAWG98	宀共八一	歉	UVOW	丷彐灬人	硗	DATQ③	石七丿儿
搴	PFJR	宀二川手		UVJW98	丷彐川人	跷	KHAQ	口止七儿
	PAWR98	宀共八手				劁	WYOJ	亻主灬川
褰	PFJE	宀二川衣		**qiang**		锹	QTOY③	钅禾火丶
	PAWE98	宀共八衣	枪	SWBN③	木人巴乙	橇	STFN	木丿二乙
前	UEJJ②	丷月刂川	戗	KWBN③	口人巴乙		SEEE98	木毛毛毛
荨	AVFU③	艹彐寸丷	羌	UDNB	丷尸乙《	缲	XKKS③	纟口口木
铃	QWYN	钅人丶乙		UNV98	羊乙巛	乔	TDJJ③	丿大川川
虔	HAYI③	广七文丶	嫱	NHDA	乙丨尸戈	侨	WTDJ	亻丿大川
	HY98	虍文	戕	UAY98	爿戈丶	荞	ATDJ	艹丿大川
钱	QGT②	钅戈丿	戗	WBAT	人巴戈丿	桥	STDJ③	木丿大川

字	编码	拆分
谯	YWYO	讠亻圭灬
憔	NWYO	忄亻圭灬
鞒	AFTJ	廿革丿丨
樵	SWYO	木亻圭灬
瞧	HWYO③	目亻圭灬
巧	AGNN	工一乙乙
愀	NTOY③	忄禾火丶
俏	WIEG③	亻丷月一
诮	YIEG③	讠丷月一
峭	MIEG③	山丷月一
窍	PWAN	宀八工乙
翘	ATGN	七丿一羽
撬	RTFN	扌丿二乙
	REE98	扌毛毛
鞘	AFIE	廿革丷月

qie

字	编码	拆分
切	AVN②	七刀乙
	AV98	七刀
趄	FHEG③	土止月一
茄	ALKF	艹力口二
	AEK98	艹力口
且	EGD②	月一三
	EG98	月一
妾	UVF	立女二
怯	NFCY	忄土厶丶
窃	PWAV	宀八七刀
挈	DHVR	三丨刀手
惬	NAGW③	忄匚一人
	NAG98	忄匚一
箧	TAGW	竹匚一人
	TAGD98	竹匚一大
锲	QDHD③	钅三丨大
	QDH98③	钅三丨
郄	QDCB③	乂ナ厶阝
	RDCB98	乂ナ厶阝

qin

字	编码	拆分
亲	USU②	立木丶
	US98	立木
侵	WVPC③	亻彐冖又
钦	QQWY③	钅⺈人丶
衾	WYNE	人丶乙衣
芩	AWYN	艹人丶乙
芹	ARJ	艹斤丨
秦	DWTU③	三人禾丶
琴	GGWN③	王王人乙
禽	WYBC③	人文凵厶
	WYRC	人亠乂厶
勤	AKGL	廿口圭力
	AKG98	廿口圭
嗪	KDWT	口三人禾
溱	IDWT③	氵三人禾
	IDWT98	氵三人禾
噙	KWYC	口人文厶
擒	RWYC	扌人文厶
檎	SWYC	木人文厶
螓	JDWT	虫三人禾
锓	QVPC③	钅彐冖又
寝	PUVC	宀丬彐又
吣	KNY	口心丶
沁	INY②	氵心丶
揿	RQQW③	扌钅⺈人
覃	SJJ	西早丨

qing

字	编码	拆分
青	GEF	圭月二
请	YGEG	讠圭月一
繁	YNTI	、尸夂小
氢	RNCA	⺁乙又工
	RCA98	气又工
轻	LCAG②	车又工一
倾	WXDM	亻匕ア贝
卿	QTVB	⺁丿彐卩
圊	LGED	囗圭月三
清	IGEG③	氵圭月一
蜻	JGEG	虫圭月一
鲭	QGGE	鱼一圭月
情	NGEG③	忄圭月一
晴	JGEG③	日圭月一
氰	RNGE	⺁乙圭月
	RGE98	气圭月
擎	AQKR	艹勹口手
檠	AQKS	艹勹口木
黥	LFOI	黑亠灬小
苘	AMKF③	艹冂口二
顷	XDMY②	匕ア贝丶
项	XDMY	匕ア贝丶
磬	FNMY	士尸几言
	FNWY98	士尸几言
庆	YDI②	广大丶
	ODI98③	广大丶
箐	TGEF	竹圭月二
磬	FNMD	士尸几石
	FNWD98	士尸几石
謦	FNMM	士尸几山
	FNWB98	士尸几凵

qiong

字	编码	拆分
穷	PWLB③	宀八力
	PWEB98③	宀八力
邛	AMYH	工几、辶
	AWYH98	工几、辶
銎	AMYQ	工几、金
	AWYQ98	工几、金
邛	ABH	工阝丨
穹	PWXB③	宀八弓巜
茕	APNF	艹冖乙十
	APNF98	艹冖乙十
筇	TABJ③	竹工阝丨

附录A 五笔字根速查表

琼	GYIY	王亠小丶	糗	OTHD	米丿目犬	衢	THHH	彳目目丨
蛩	AMYJ	工几丶虫					THH98	彳目目
	AWYJ98	工几丶虫		**qu**		蠼	JHHC	虫目目又
			区	AQI②	匚乂氵	取	BCY②	耳又丶
	qiu			AR98②	匚乂	娶	BCVF③	耳又女二
秋	TOY②	禾火丶	瞿	HHWY	目目亻圭	龋	HWBY	止人山丶
湫	ITOY	氵禾火丶	曲	MAD②	冂廾三	去	FCU③	土厶
丘	RGD	斤一三	岖	MAQY③	山匚乂丶	阒	UHDI③	门目犬
	RTH98	丘丿丨		MAR98	山匚乂	觑	HAOQ	卢七业儿
邱	RGBH③	斤一阝丨	诎	YBMH③	讠山山丨		HOM98	卢业门
	RBH98	丘阝丨	驱	CAQY③	马匚乂丶	趣	FHBC③	土止耳又
蚯	JRGG	虫斤一一		CGA98	马一匚			
	JR98	虫丘	屈	NBMK③	尸山山川		**quan**	
楸	STOY③	木禾火丶	祛	PYFC	礻丶土厶	圈	LUDB③	口丷大巳
鳅	QGTO	鱼一禾火	蛆	JEGG	虫且一一		LUGB98	口丷夫巳
囚	LWI	囗人氵	躯	TMDQ	丿冂三乂	悛	NCWT③	忄厶八夂
犰	QTVN	犭丿九乙		TMDR98	丿冂三乂	全	WGF②	人王二
求	FIYI③	十氺丶氵	蛐	JMAG③	虫冂廾一	权	SCY②	木又丶
	GI98	一氺	趋	FHQV	土止夕彐	诠	YWGG③	讠人王一
虬	JNN	虫乙乙		FHQ98	土止夕	泉	RIU	白水氵
泅	ILWY③	氵囗人丶	麹	FWWO	十人人米	荃	AWGF	艹人王二
伙	WFIY	亻十氺丶		SWWO98	木人人米	拳	UDRJ③	丷大手刂
	WGIY98	亻一氺丶	夋	LFOT	罒土灬夂		UGR98	丷夫手
酋	USGF	丷西一二	劬	QKLN③	勹口力乙	轻	LWGG	车人王一
述	FIYP	十氺丶辶		QKET98	勹口力	痊	UWGD③	疒人王大
	GIYP98	一氺丶辶	胸	EQKG③	月勹口一	铨	QWGG③	钅人王一
球	GFIY③	王十氺丶	鸲	QKQG	勹口勹一	筌	TWGF	𥫗人王二
	GGIY8	王一氺	渠	IANS	氵匚一木	蜷	JUDB	虫丷大巳
赇	MFIY③	贝十氺丶	蕖	AIAS	艹氵匚木		JUGB98	虫丷夫巳
	MGI98	贝一氺	磲	DIAS	石氵匚木	醛	SGAG	西一艹王
巯	CAYQ③	又工丶儿	璩	GHAE	王卢七豕	颧	AKKM③	艹口口贝
	CAYK98③	又工丶儿		GHGE98	王卢一豕	犬	DGTY	犬一丿丶
道	USGP	丷西一辶	蘧	AHAP③	艹卢七辶	畎	LDY	田犬丶
裘	FIYE	十氺丶⾐		AHG98	艹卢一	绻	XUDB	纟丷大巳
	GIYE98	一氺丶⾐	氍	HHWN	目目亻乙		XUGB98	纟丷夫巳
蜩	JUSG③	虫丷西一		HHWE98	目目亻毛	劝	CLN②	又力乙
觓	THLV	丿目田九	癯	UHHY	疒目目圭			

券	CET98	又力丿	攘	RYKE③	扌一口㐄	扔	reng	
	UDVB③	丷大刀巜	让	YHG②	讠上一		REN②	扌乃乙
	UGV98	丷夫刀					RBT98	扌乃丿
	que			rao		仍	WEN②	亻乃乙
缺	RMNW③	𠂉山𠃌人	饶	QNAQ③	夕乙七儿		WBT98	亻乃丿
	TFB98	丿干凵	荛	AATQ③	艹弋七儿		ri	
炔	ONWY③	火𠃌人丶	桡	SATQ③	木弋七儿	日	JJJJ	日日日日
瘸	ULKW	疒力口人	扰	RDNN③	扌ナ乙乙		rong	
	UEKW98③	疒力口人		RDN98	扌ナ乙	冗	PMB	冖几巜
却	FCBH③	土厶卩丨	娆	VATQ③	女弋丿儿	容	PWWK③	宀八人口
悫	FPMN	士冖几心	绕	XATQ③	纟弋丿儿	戎	ADE	戈ナ彡
	FPWN98	士冖几心		re			ADE98	戈ナ力
雀	IWYF	小亻圭二	惹	ADKN	艹ナ口心	肜	EET	月彡丿
	qun		热	RVYO	扌九丶灬	狨	QTAD	犭丿戈ナ
逡	CWTP③	厶八夂辶		ren		绒	XADT③	纟戈ナ丿
裙	PUVK	礻冫彐口	人	WWWW	人人人人		XADY98③	纟戈ナ丶
群	VTKD③	彐丿口𦮴	仁	WFG	亻二一	茸	ABF	艹耳二
	VTKU98	彐丿口羊	壬	TFD	丿士三	荣	APSU③	艹冖木冫
	ran		忍	VYNU	刀丶心冫	嵘	MAPS	山艹冖木
然	QDOU②	夕犬灬冫		VYN98	刀丶心	溶	IPWK	氵宀八口
蚺	JMFG③	虫冂土一	苒	AWTF	艹亻丿士	蓉	APWK③	艹宀八口
	JMFG98	虫冂土一		AWT98	艹亻丿	榕	SPWK	木宀八口
髯	DEMF③	镸彡冂土	稔	TWYN	禾人丶心	熔	OPWK③	火宀八口
燃	OQDO	火夕犬灬	刃	VYI	刀丶冫	蝾	JAPS	虫艹冖木
冉	MFD	冂土三	认	YWY②	讠人丶		JAP98	虫艹冖
苒	AMFF③	艹冂土二	仞	WVYY③	亻刀丶丶	融	GKMJ③	一口冂虫
染	IVSU③	氵九木冫	任	WTFG③	亻丿士一		rou	
	rang		纫	XVYY③	纟刀丶丶	柔	CBTS	龴卩丿木
嚷	KYKE③	口一口㐄	妊	VTFG③	女丿士一		CNHS98	龴乙丨木
襄	PYYE	衤一一㐄	韧	LVYY③	车刀丶丶	揉	RCBS	扌龴卩木
瓤	YKKY③	一口口丶	饪	FNHY	二乙丨丶		RCNS98	扌龴乙木
穰	TYKE③	禾一口㐄	衽	QNTF	夕乙丿士	糅	OCBS③	米龴卩木
壤	FYKE③	土一口㐄	衽	PUTF	衤冫丿士		OCNS98	米龴乙木
			甚	AADN	艹艹三乙			
				ADWN98	艹三八乙			

附录A 五笔字根速查表

蹂	KHCS	口止マ木	睿	HPGH	⺧冖一目	三叁	DGGG②	三一一一
鞣	AFCS	廿中マ木		**run**			CDDF③	厶大三二
肉	MWWI③	冂人人氵	润	IUGG	氵门王一	毵	CDD98	厶大三
	ru		闰	UGD②	门王三		CDEN	厶大彡乙
如	VKG②	女口一		**ruo**		伞	CDEE98	厶大彡毛
茹	AVKF③	艹女口二	弱	XUXU②	弓冫弓冫		WUHJ③	人丷丨丨
儒	WFDJ③	亻雨丆刂	若	ADKF③	艹ナ口二		WUF98	人丷丨
嚅	KFDJ③	口雨丆刂	偌	WADK	亻艹ナ口	散	AETY③	艹月攵
孺	BFDJ③	子雨丆刂		WAD98	亻艹ナ	糁	OCDE③	米厶大彡
濡	IFDJ③	氵雨丆刂	箬	TADK	竹艹ナ口	馓	QNAT	夕乙艹攵
薷	AFDJ	艹雨丆刂		TAD98	竹艹ナ	霰	FAET③	雨艹月攵
襦	PUFJ	衤冫雨刂		**sa**			**sang**	
蠕	JFDJ	虫雨丆刂	撒	RAET③	扌艹月攵	桑	CCCS	又又又木
颥	FDMM	雨丆冂贝	仨	WDG	亻三一	嗓	KCCS③	口又又木
汝	IVG	氵女一	洒	ISG②	氵西一	搡	RCCS	扌又又木
乳	EBNN③	爫子乙乀	卅	GKK	一川川	磉	DCCS③	石又又木
辱	DFEF	厂二𠃋寸	飒	UMQY	立几乂、	颡	CCCM	又又又贝
入	TYI②	丿、氵		UWRY98	立人乂、	丧	FUEU③	十丷レ丶
洳	IVKG	氵女口一	脎	EQSY③	月乂木丶		**sao**	
溽	IDFF	氵厂二寸		ERS98	月乂木	搔	RCYJ	扌又、虫
缛	XDFF	纟厂二寸	萨	ABUT③	艹阝立丿	骚	CCYJ	马又、虫
	XDF98	纟厂二	挲	IITR	氵小丿手		CGCJ98	马一又虫
蓐	ADFF	艹厂二寸		**sai**		缲	XVJS③	纟巛日木
褥	PUDF	衤冫厂寸	赛	PFJM	宀二刂贝	臊	EKKS	月口口木
蚋	JMWY③	虫冂人丶		PA98②	宀艹八贝	鳋	QGCJ	鱼一又虫
侞	WADK	亻艹ナ口	塞	PFJF	宀二刂土	扫	RVG②	扌彐一
	ruan			PAWF 98	宀艹八土	嫂	VVHC③	女臼丨又
软	LQWY③	车夕人乀	腮	ELNY③	月田心丶		VEH98	女臼丨
阮	BFQN③	阝二儿乙	噻	KPFF③	口宀二土	埽	FVPH③	土彐冖丨
朊	EFQN③	月二儿乙		KPA98	口宀艹	瘙	UCYJ③	疒又、虫
	rui		鳃	QGLN③	鱼一田心		**se**	
锐	QUKQ③	钅丷口儿		**san**		涩	IVYH③	氵刀、止
蕊	ANNN③	艹心心心				色	QCB②	夕巴《
芮	AMWU	艹冂人丷				啬	FULK	十丷口口
枘	SMWY	木冂人丶						
瑞	GMDJ③	王山丆刂						

字	编码	字根
铯	QQCN	钅ㄅ巴乙
瑟	GGNT③	王王心丿
穑	TFUK	禾十丷口

sen

字	编码	字根
森	SSSU③	木木木丶

seng

字	编码	字根
僧	WULJ③	亻丷囗日

sha

字	编码	字根
杀	QSU	乂木丶
	RSU98	乂木丶
沙	IITT③	氵小丿丿
纱	XITT③	纟小丿丿
刹	QSJH③	乂木刂丨
	RSJ98	乂木刂
砂	DITT③	石小丿丿
莎	AIIT	艹氵小丿
铩	QQSY③	钅乂木、
	QRS98	钅乂木
痧	UIIT③	疒氵小丿
裟	IITE	氵小丿衣
鲨	IITG	氵小丿一
傻	WTLT	亻丿囗夂
	WTL98	亻丿囗
唼	KUVG③	口立女一
啥	KWFK	口人干口
歃	TFWY③	丿十臼人
	TFE98	丿十臼
煞	QVTO③	夕ヨ攵灬
霎	FUVF③	雨立女二

shai

字	编码	字根
筛	TJGH	竹丿一丨
晒	JSG	日西一

shan

字	编码	字根
山	MMMM③	山山山山
删	MMGJ	冂冂一刂
芟	AMCU③	艹几又丶
	AWCU98	艹几又丶
姗	VMMG③	女冂冂一
杉	SET	木彡丿
	SE98	木彡
衫	PUET③	衤丶彡丿
钐	QET	钅彡丿
珊	GMMG③	王冂冂一
舢	TEMH	丿舟山丨
	TUMH98	丿舟山丨
跚	KHMG	口止冂一
煽	OYNN	火丶尸羽
潸	ISSE	氵木木月
膻	EYLG③	月亠囗一
闪	UWI②	门人丶
陕	BGUW③	阝一丷人
	BGU98	阝一丷
讪	YMH	讠山丨
汕	IMH	氵山丨
疝	UMK	疒山川
苫	AHKF③	艹卜口二
扇	YNND	丶尸羽三
善	UDUK	丷丰丷口
	UUKF98	丷丰丷口
骟	CYNN	马丶尸羽
	CGYN98	马一丶羽
鄯	UDUB	丷丰丷阝
	UUKB98	丷丰丷阝
缮	XUDK	纟丷丰口
	XUUK98③	纟丷丰口
嬗	VYLG③	女亠囗一
	VYL98	女亠囗
擅	RYLG③	扌亠囗一

shang

字	编码	字根
鳝	QGUK	鱼一丷口
膳	EUDK	月丷丰口
	EUU98	月羊丷
赡	MQDY③	贝ㄅ厂言
蟮	JUDK	虫丷丰口
	JUU	虫羊丷
商	UMWK②	立冂八口
	YUM98	亠丷冂
伤	WTLN③	亻丿力乙
	WTE98	亻丿力
殇	GQTR	一夕丿彡
	QETR	歹用丿彡
觞	FUMK③	士立冂口
	FYUK98	士亠丷口
熵	OUMK③	火立冂口
	OYU98	火亠丷
裳	IPKE	丷冖口衣
垧	FTMK③	土丿冂口
晌	JTMK③	日丿冂口
赏	IPKM	丷冖口贝
上	HHGG③	上丨一一
	H98	上
尚	IMKF	丷冂口二
	IMK98	丷冂口
绱	XIMK③	纟丷冂口

shao

字	编码	字根
杓	SQYY	木ㄅ、、
捎	RIEG③	扌丷月一
梢	SIEG③	木丷月一
烧	OATQ③	火七儿
稍	TIEG③	禾丷月一
筲	TIEF	竹丷月二
艄	TEIE	丿舟丷月
	TUIE98	丿舟丷月

附录A 五笔字根速查表

字	编码	字根	字	编码	字根	字	编码	字根
蛸	JIEG③	虫丷月一	歈	OXXF98	户匕匕寸	莘	WF98	亻十
勺	QYI	勹、丶	歈	WGKW	人一口人	莘	AUJ	艹辛刂
芍	AQYU③	艹勹、	**shei**			**sheng**		
苕	AVKF	艹刀口二	谁	YWYG	讠亻圭一	升	TAK	丿廾Ⅲ
韶	UJVK③	立日刀口	**shen**			生	TGD②	丿丰三
少	ITR②	小丿彡					TGD98	丿丰三
	IT98	小丿	深	IPWS③	氵宀八木	声	FNR	士尸彡
劭	VKLN③	刀口力乙		IPWS98	氵宀八木	牲	TRTG	丿扌丿丰
	VKET98	刀口力丿	申	JHK	日丨川		CTG98	牜丿丰
邵	VKBH③	刀口阝丨	伸	WJHH③	亻日丨丨	胜	ETGG③	月丿丰一
绍	XVKG③	纟刀口一	身	TMDT③	丿门三丿	笙	TTGF	竹丿丰二
哨	KIEG③	口丷月一		TM98	丿门	甥	TGLL	丿丰田力
潲	ITIE③	氵禾丷月	呻	KJHH③	口日丨丨		TGLE98	丿丰田力
she			绅	XJHH③	纟日丨丨	绳	XKJN	纟口日乙
奢	DFTJ③	大土丿日	诜	YTFQ	讠丿土儿	省	ITHF	小丿目二
猞	QTWK	犭丿人口	娠	VDFE③	女厂二𧘇	眚	TGHF	丿丰目二
赊	MWFI③	贝人二小	砷	DJHH③	石日丨丨	圣	CFF	又土二
畬	WFIL	人二小田	神	PYJH③	礻日丨	晟	JDNT③	日厂乙丿
舌	TDD	丿古三	沈	IPQN③	氵宀儿乙		JDN98	曰厂乙
佘	WFIU	人二小丶	审	PJHJ②	宀日丨	盛	DNNL	厂乙乙皿
蛇	JPXN③	虫宀匕乙	哂	KSG	口西一		DNL98	戊乙皿
舍	WFKF③	人干口二	矧	TDXH	丿大弓丨	剩	TUXJ	禾丬匕刂
厍	DLK	厂车Ⅲ	谂	YWYN	讠人、心	嵊	MTUX③	山禾丬匕
设	YMCY③	讠几又丶	婶	VPJH③	女宀日丨	**shi**		
	YWCY98③	讠几又丶	渖	IPJH③	氵宀日丨	诗	YFFY③	讠土寸、
社	PYFG②	礻、土一		IPJH98	氵宀日丨	匙	JGHX	日一止匕
射	TMDF	丿门三寸	肾	JCEF③	⺁又月二	尸	NNGT	尸乙一丿
	TMD98	丿门三	甚	ADWN	廿三八乙	失	RWI②	⺁人丶
涉	IHIT③	氵止小丿		DWNB98	茸八乙巜		TGI98	丿夫丶
	IHH98	氵止	胂	EJHH	月日丨丨	师	JGMH	刂一冂丨
赦	FOTY③	土小攵、	渗	ICDE③	氵厶大彡	虱	NTJI③	乙丿虫丶
	FOTY98	土小攵、	慎	NFHW③	忄十且八	施	YTBN③	方𠂉也乙
慑	NBCC③	忄耳又又	椹	SADN	木廿三乙	狮	QTJH	犭丿刂丨
摄	RBCC	扌耳又又		SDWN98	木甚八乙	湿	IJOG③	氵日业一
滠	IBCC③	氵耳又又	蜃	DFEJ	厂二𧘇虫	蓍	AFTJ	艹土丿日
麝	YNJF	广乙刂寸	什	WFH	亻十丨			

鲺	QGNJ③	鱼一乙虫	事	GKVH②	一口彐丨	峙	MFFY③	山土寸、
十	FGH	十丨丨	侍	WFFY③	亻土寸、	酾	SGGY	西一一、
	FG98	十一		WFFY98	亻土寸、			
石	DGTG	石一丿一	势	RVYL	扌九、力		**shou**	
时	JFY②	日寸、		RVYE98	扌九、力	收	NHTY②	乙丨攵丶
识	YKWY③	讠口八、	视	PYMQ②	礻冂儿	手	RTGH②	手丿一丨
实	PUDU②	宀丷大⸱	试	YAAG③	讠弋工一	守	PFU②	宀寸⸱
拾	RWGK	扌人一口		YA98	讠弋	首	UTHF③	丷丿目二
炻	ODG	火石一	饰	QNTH	夕乙丿丨	艏	TEUH③	丿舟丷丨
蚀	QNJY③	夕乙虫、		QNT98	夕乙丿		TUUH98	丿舟丷丨
食	WYVE③	人、彐⋎	室	PGCF③	宀一厶土	寿	DTFU③	三丿寸⸱
	WYV98	人、艮	恃	NFFY③	忄土寸、	受	EPCU③	爫冖又⸱
埘	FJFY	土日寸、	拭	RAAG③	扌弋工一	狩	QTPF	犭丿宀寸
莳	AJFU	艹日寸⸱		RAA98	扌弋工	兽	ULGK③	丷田一口
鲥	QGJF	鱼一日寸	是	JGHU③	日一乛⸱	售	WYKF③	亻圭口二
史	KQI②	口乂⸱		J98	日	授	REPC③	扌爫冖又
	KRI98	口乂⸱	柿	SYMH	木亠冂丨	绥	XEPC③	纟爫冖又
矢	TDU	丿大⸱		SYM98	木亠冂	瘦	UVHC③	疒臼丨又
豕	EGTY③	豕一丿⠴	贳	ANMU③	廿乙贝⸱		UEHC98③	疒臼丨又
	GEI98	一豕⸱	适	TDPD③	丿古辶三	殳	MCU	几又⸱
使	WGKQ	亻一口乂	舐	TDQA	丿古匚七		WCU98	几又⸱
	WGK98	亻一口		TDQ98	丿古匚			
始	VCKG③	女厶口一	轼	LAAG②	车弋工一		**shu**	
驶	CKQY③	马口乂丶		LAAY98②	车弋工、	书	NNHY③	乙乙丨丶
	CGKR98	马一口乂	逝	RRPK	扌斤辶川	抒	RCBH③	扌龴卩丨
屎	NOI	尸米⸱	铈	QYMH	钅亠冂丨		RCNH98	扌龴乙丨
士	FGHG	士一丨一	弑	QSAA③	乂木弋工	纾	XCBH③	纟龴卩丨
氏	QAV②	厂七巛		RSA98	乂木七		XCN98	纟龴乙
世	ANV②	廿乙巛	谥	YUWL③	讠丷八皿	叔	HICY③	上小又丶
	ANV98	廿乙巛	释	TOCH	丿米又丨		HICY98③	上小又丶
仕	WFG	亻士一		TOC98	丿米又	枢	SAQY③	木匚乂丶
市	YMHJ	亠冂丨川	嗜	KFTJ	口土丿日		SAR98	木匚乂
	YM98	亠冂	筮	TAWW	𥫗工人人	姝	VRIY③	女丿小丶
示	FIU③	二小⸱		TAWW98	𥫗工人人	倏	VTFY98	女丿未
	FI98	二小	誓	RRYF	扌斤言二	殊	WHTD	亻丨夂犬
式	AAD②	弋工三	噬	KTAW	口𥫗工人	梳	GQRI③	一夕亠小
	AAYI98②	七工、⸱	螫	FOTJ	土业夂虫		GQTF98③	一夕丿未
							SYCQ③	木亠厶儿

附录A 五笔字根速查表

	SYC98	木宀厶	竖	JCUF③	刂又立二		FSH98	雨木目
淑	IHIC	氵上小又	恕	VKNU③	女口心丶	孀	VFSH③	女雨木目
	IHI98	氵上小	庶	YAOI③	广廿灬		VFSH98	女雨木目
菽	AHIC③	艹上小又		OA098	广廿灬	爽	DQQQ③	大乂乂乂
疏	NHYQ③	乙止𠂉儿	数	OVTY③	米女攵丶		DRR98	大乂乂
	NHY98	乙止𠂉		OV98	米女			
舒	WFKB	人干口卩	腧	EWGJ	月人一刂		**shui**	
	WFKH98	人干口丨	墅	JFCF	日土乛土	水	IIII②	水水水水
摅	RHAN	扌广七心	漱	IGKW	氵一口人	税	TUKQ③	禾丶口儿
	RHN98	扌虍心		ISKW98	氵木口人	睡	HTGF②	目丿一士
毹	WGEN	人一月乙	澍	IFKF	氵士口寸			
	WGEE98	人一月乙	蟀	JYXF③	虫亠幺十		**shun**	
输	LWGJ③	车人一刂	属	NTKY③	尸丿口丶	吮	KCQN③	口厶儿乙
蔬	ANHQ③	艹乙止儿				顺	KDMY②	川厂贝
	ANH98	艹乙止		**shua**		舜	EPQH	爫冖夕丨
秫	TSYY③	禾木丶丶	刷	NMHJ③	尸冂丨刂	瞬	EPQG98	爫冖夕丨
熟	YBVO③	亠子九灬	耍	DMJV	厂冂丨女	瞬	HEPH③	目爫冖丨
	YBV98③	亠子九					HEP98	目爫冖
孰	YBVY	亠子九丶		**shuai**				
赎	MFND③	贝十乙大	衰	YKGE	亠口一衣		**shuo**	
塾	YBVF	亠子九土	摔	RYXF③	扌亠幺十	说	YUKQ②	讠丶口儿
暑	JFTJ③	日土丿日	甩	ENV	月乙巛		YUK98③	讠丶口儿
黍	TWIU③	禾人水丶		ENV98	月乙巛	妁	VQYY③	女勹丶丶
署	LFTJ	罒土丿日	帅	JMHH③	刂冂丨丨	烁	OQIY	火𠂉小丶
鼠	VNUN	臼乙冫乙	率	YXIF②	亠幺氺十		OTN98	火丿乙
	ENU98	臼乙	蟀	JYXF③	虫亠幺十	朔	UBTE	丷凵丿月
蜀	LQJU③	罒勹虫丶				铄	QQIY③	钅𠂉小丶
薯	ALFJ	艹罒土日		**shuan**			QTNI98	钅丿乙小
曙	JLFJ②	日罒土日	闩	UGD	门一三	硕	DDMY③	石厂贝
术	SYI②	木丶丶	拴	RWGG③	扌人王一	搠	RUBE	扌丷凵月
戍	DYNT	厂丶乙丿		RWGG98	扌人王一	蒴	AUBE	艹丷凵月
	AWI98	戈人丶	栓	SWGG③	木人王一	槊	UBTS	丷凵丿木
束	GKII③	一口小丶	涮	INMJ③	氵尸冂刂			
	SKD98	木口三					**si**	
沭	ISYY	氵木丶丶		**shuang**		思	LNU②	田心丶
述	SYPI	木丶辶	双	CCY②	又又丶	厶	CNY	厶乙丶
树	SCFY③	木又寸丶	霜	FSHF②	雨木目二	丝	XXGF③	幺幺一二

司	NGKD③	乙一口三		DVGH98	⻓彐丨丨		TUEC98	ノ舟臼又
私	TCY	禾厶、				蜙	JVHC③	虫臼丨又
唑	KXXG	吐口幺幺		**song**			JEH98	虫臼丨
鸶	XXGG	幺幺一一	松	SWCY③	木八厶、	叟	VHCU③	臼丨又
斯	ADWR	艹三八斤	忪	NWCY③	忄八厶、		EHC98	臼丨又
	DWR98	其八斤	凇	USWC③	冫木八厶	喉	KYTD③	口方⺅大
缌	XLNY	纟田心、	崧	MSWC③	山木八厶	瞍	HVHC③	目臼丨又
蛳	JJGH③	虫刂一丨	淞	ISWC③	氵木八厶		HEH98	目臼丨
厮	DADR	厂艹三斤	菘	ASWC③	艹木八厶	擞	ROVT	扌米女夂
	DDW98	厂其八斤	嵩	MYMK③	山亠门口	薮	AOVT	艹米女夂
锶	QLNY③	钅田心、	怂	WWNU	人人心⺀			
嘶	KADR③	口艹三斤		WWNU98	人人心⺀		**su**	
	KDW98	口其八	悚	NGKI	忄一口小	苏	ALWU③	艹力八⺀
撕	RADR③	扌艹三斤		NSKG98	忄木口一		AEW98	艹力八
	RDWR98	扌其八斤	耸	WWBF③	人人耳二	酥	SGTY	酉一禾、
渐	IADR	氵艹三斤	竦	UGKI	立一口小	稣	QGTY	鱼一禾、
	IDWR98	氵其八斤		USKG98	立木口一	俗	WWWK	亻八人口
死	GQXB③	一夕匕《	讼	YWCY③	讠八厶、	凤	MGQI	几一夕⺀
巳	NNGN	巳乙一乙		YWCY98	讠八厶、	诉	YRYY②	讠斤、、
四	LHNG②	四丨乙一	宋	PSU	宀木⺀		YRY98	讠斤、
寺	FFU	土寸⺀	诵	YCEH	讠龴用丨	肃	VIJK③	彐小刂川
汜	INN	氵巳乙	送	UDPI③	䒑大辶⺀		VHJW98	彐丨刂八
伺	WNGK③	亻乙一口	颂	WCDM③	八厶厂贝	涑	IGKI	氵一口小
兕	MMGQ	几门一儿					ISKG98	氵木口一
	HNHQ98	丨乙丨儿		**sou**		素	GXIU③	䛭幺小⺀
姒	VNYW③	女乙、人	搜	RVHC③	扌臼丨又	速	GKIP	一口小辶
祀	PYNN	礻、巳乙	嗖	REHC98	扌臼丨又		SKP98	木口辶
泗	ILG	氵四一		KVHC③	口臼丨又	宿	PWDJ	宀亻⼚日
似	WNYW③	亻乙、人		KEH98	口臼丨	粟	SOU	西米⺀
饲	QNNK	夂乙乙口	溲	IVHC③	氵臼丨又	谡	YLWT③	讠田八夂
驷	CLG	马四一		IEH98	氵臼丨	嗉	KGXI	口䛭幺小
	CGLG98	马一四一	馊	QNVC	夂乙臼又	塑	UBTF	䒑凵丿土
俟	WCTD③	亻厶⺀大		QNEC98	夂乙臼又	愫	NGXI③	忄䛭幺小
笥	TNGK③	𥫗乙一口	飕	MQVC	几乂臼又	溯	IUBE	氵䒑凵月
耜	DINN③	三小コココ	螋	WREC98	几乂臼又	僳	WSOY③	亻西米、
	FSN98	二木コ	锼	QVHC	钅臼丨又	蔌	AGKW③	艹一口人
嗣	KMAK③	口门艹口		QEH98	钅臼丨		ASKW98	艹木口人
肆	DVFH③	⻓彐二丨	艘	TEVC	ノ舟臼又			

附录A 五笔字根速查表

字	码	字根	字	码	字根	字	码	字根
㻬	QEGI	夕用一小	飧	QWYE	夕人、乀	鳎	QGJN	鱼一日羽
	QES98	夕用木		QWYV98	夕人、艮	挞	RDPY③	扌大辶
嗽	KGKW	口一口人	损	RKMY③	扌口贝、	闼	UDPI	门大辶三
	KSKW98	口木口人	笋	TVTR③	⺮ヨノ	遢	JNPD③	日羽辶三
簌	TGKW	⺮一口人	隼	WYFJ	亻圭十丨	榻	SJNG③	木日羽一
	TSKW98	⺮木口人	榫	SWYF	木亻圭十	踏	KHIJ	口止水日
						蹋	KHJN	口止日羽

suan   suo   tai

酸	SGCT③	西一厶夂	梭	SCWT③	木厶八夂	胎	ECKG③	月厶口一
狻	QTCT	犭ノ厶夂	嗍	KUBE③	口⺉山月	台	CKF②	厶口二
蒜	AFII③	艹二小小	唆	KCWT③	口厶八夂	邰	CKBH③	厶口阝丨
算	THAJ③	⺮目廾丨	娑	IITV	氵小ノ女	抬	RCKG③	扌厶口一
			杪	SIIT③	木氵小ノ	苔	ACKF③	艹厶口二

sui

			睃	HCWT③	目厶八夂	炱	CKOU③	厶口火丷
虽	KJU③	口虫丷	嗦	KFPI	口十冖小	跆	KHCK	口止厶口
荽	AEVF③	艹爫女二	羧	UDCT	⺍龶厶夂	鲐	QGCK③	鱼一厶口
眭	HFFG③	目土土一		UCWT98	羊厶八夂	薹	AFKF③	艹士口土
睢	HWYG	目亻圭一	蓑	AYKE③	艹亠口衣	太	DYI②	大、丶
濉	IHWY③	氵目亻圭	缩	XPWJ③	纟宀亻日	汰	IDYY③	氵大、、
绥	XEVG③	纟爫女一	所	RNRH②	厂斤丨	态	DYNU③	大、心丷
隋	BDAE③	阝ナ工月	唢	KIMY③	口⺌贝、	肽	EDYY③	月大、、
随	BDEP③	阝ナ月辶	索	FPXI	十冖幺小	钛	QDYY③	钅大、、
髓	MEDP③	骨月ナ辶	琐	GIMY③	王⺌贝、	泰	DWIU	三人水丷
岁	MQU	山夕丷	锁	QIMY③	钅⺌贝、	酞	SGDY	西一大、
祟	BMFI③	凵山二小						

ta   tan

谇	YYWF③	讠亠人十	他	WBN②	亻也乙			
遂	UEPI③	丷豕辶三	她	VBN	女也乙	贪	WYNM	人、乙贝
碎	DYWF③	石亠人十	它	PXB②	宀匕《	澹	IQDY86	氵⺈厂言
隧	BUEP③	阝丷豕辶	跂	KHEY	口止乃丿		IQD98	氵⺈厂言
燧	OUEP③	火丷豕辶		KHBY98	口止乃丶	坍	FMYG	土门一一
穗	TGJN	禾一日心	铊	QPXN③	钅宀匕乙	摊	RCWY③	扌又亻圭
邃	PWUP	宀八丷辶	塌	FJNG③	土日羽一	滩	ICWY③	氵又亻圭
			溻	IJNG③	氵日羽一	瘫	UCWY	疒又亻圭

sun

			塔	FAWK	土艹人口	坛	FFCY③	土二厶、
孙	BIY②	子小、	獭	QTGM	犭丿一贝	昙	JFCU	日二厶丷
狲	QTBI	犭丿子小		QTS98	犭丿木	谈	YOOY③	讠火火、
荪	ABIU	艹子小丷						

字	编码	字根	字	编码	字根	字	编码	字根
郯	OOBH③	火火阝丨	糖	OYVK③	米广彐口	啕	KQRM	口勹㇉山
痰	UOOI③	疒火火氵		OOV98	米广彐		KQT98	口勹
锬	QOOY③	钅火火丶	螗	JYVK	虫广彐口	淘	IQRM③	氵勹㇉山
谭	YSJH③	讠西早丨		JOVK98	虫广彐口		IQT98	氵勹
潭	ISJH③	氵西早丨	螳	JIPF③	虫㇏宀土	萄	AQRM③	艹勹㇉山
檀	SYLG③	木亠口一	醣	SGYK	西一广口		AQT98	艹勹
忐	HNU	上心丶		SGOK98	西一广口	鼗	IQFC③	氵儿士又
坦	FJGG③	土日一一	帑	VCMH③	女又冂丨		QIF98	儿氵士
袒	PUJG	衤丶日一	倘	WIMK③	亻㇒冂口	讨	YFY	讠寸丶
钽	QJGG③	钅日一一	淌	IIMK③	氵㇒冂口	套	DDU	大镸
毯	TFNO	丿二乙火	傥	WIPQ	亻㇒宀儿			
	EOO98	毛火火	耥	DIIK	三小㇒口		**te**	
叹	KCY	口又丶	躺	FSIK98	二木㇒口	特	TRFF③	丿扌土寸
炭	MDOU③	山广火丶	躺	TMDK	丿冂三口		CFFY98	牛土寸丶
探	RPWS	扌宀八木	烫	INRO	氵乙㇒火	忑	GHNU	一卜心丶
碳	DMDO③	石山广火	趟	FHIK③	土止㇒口	忒	ANI	弋心丶
							ANYI98	弋心丶丶
	tang			**tao**		铽	QANY	钅弋心丶
汤	INRT③	氵乙㇒丿	涛	IDTF③	氵三丿寸	慝	AADN	匚艹心
铴	QINR③	钅氵乙㇒	焘	DTFO	三丿寸灬			
羰	UDMO③	丷𦍌山火	绦	XTSY③	纟夂木丶		**teng**	
	UMD98	丷山广火	掏	RQRM③	扌勹㇉山	疼	UTUI③	疒夂冫
镗	QIPF	钅㇒宀土		RQT98	扌勹	腾	EUDC③	月丷大马
唐	YVHK③	广彐丨口	滔	IEVG	氵爫臼一		EUGG98	月丷大马
	OVH98③	广彐丨口		IEE98	氵爫臼	誊	UDYF	丷大言二
堂	IPKF	⺌宀口土	韬	FNHV	二乙丨臼		UGY98	丷夫言
棠	IPKS	⺌宀口木		FNHE98	二乙丨爫	滕	EUDI	月丷大水
塘	FYVK③	土广彐口	饕	KGNE	口一乙冫		EUGI98	月丷夫水
	FOV98	土广彐		KGNV98	口一乙艮	藤	AEUI③	艹月丷水
搪	RYVK③	扌广彐口	洮	IIQN③	氵㇒儿乙			
	ROVK98	扌广彐口		IQI98	氵儿丶		**ti**	
溏	IYVK	氵广彐口	逃	IQPV③	㇒儿辶巛	梯	SUXT③	木丷弓丿
	IOV98	氵广彐		QIP98	儿㇒辶	剔	JQRJ	日勹㇒刂
瑭	GYVK	王广彐口	桃	SIQN③	木㇒儿乙	锑	QUXT③	钅丷弓丿
	GOV98	王广彐		SQI98	木儿丶	绨	XUXT	纟丷弓丿
樘	SIPF③	木㇒宀土	陶	BQRM③	阝勹㇉山	踢	KHJR③	口止日㇒
膛	EIPF③	月㇒宀土		BQRM98	阝勹㇉山	啼	KUPH②	口立冖丨

附录A 五笔字根速查表

				tiao			OCA98	火ㄨ工
提	KYU98	口丷一	挑			廷	TFPD	丿士廴三
缇	RJGH②	扌日一丨		RIQN③	扌ㄨ儿乙	亭	YPSJ③	亠冖一丁丨
鹈	XJGH③	纟日一丨		RQIY98	扌儿ㄨ丶	庭	YTFP	广丿士廴
题	UXHG	丷弓丨一	佻	WIQN③	亻ㄨ儿乙		OTFL98	广丿士廴
蹄	JGHM	日一丨贝		WQIY98	亻儿ㄨ丶	莛	ATFP	艹丿士廴
醒	KHUH	口止丷丨	祧	PYIQ	衤丶ㄨ儿	停	WYPS	亻亠冖丁
	KHYH98	口止一丨		PYQI98	衤丶儿ㄨ	婷	VYPS③	女亠冖丁
醍	SGJH	西一日丨	条	TSU②	夂木冫	葶	AYPS③	艹亠冖丁
体	WSGG③	亻木一一	迢	VKPD③	刀口廴三	蜓	JTFP	虫丿士廴
屉	NANV③	尸廿乙巛	笤	TVKF③	𥫗刀口二	霆	FTFP③	雨丿士廴
剃	UXHJ	丷弓丨刂	韶	HWBK	止人凵口	挺	RTFP	扌丿士廴
倜	WMFK③	亻冂土口	蜩	JMFK	虫冂土口	梃	STFP	木丿士廴
悌	NUXT③	忄丷弓丿	鬀	DEVK③	镸彡刀口	铤	QTFP	钅丿士廴
涕	IUXT	氵丷弓丿	鲦	QGTS	鱼一夂木	艇	TETP③	丿舟丿廴
逖	QTOP	犭丿火辶	窕	PWIQ③	宀八ㄨ儿		TUT98	丿舟丿
惕	NJQR③	忄日勹丿	眺	HIQN③	目ㄨ儿乙			
替	FWFJ③	二人二日		HQI98	目儿ㄨ		tong	
	GGJ98	夫夫日	巢	BMOU③	巛山米丷	通	CEPK③	マ用辶凵
嚏	KFPH	口十冖丨	跳	KHIQ③	口止ㄨ儿	嗵	KCEP③	口マ用辶
				KHQI98	口止儿ㄨ	仝	WAF	人工二
	tian					同	MGKD②	冂一口三
天	GDI②	一大丶		tie			MGKD98③	冂一口三
添	IGDN③	氵一大小	贴	MHKG	贝卜口一	佟	WTUY	亻夂冫丶
田	LLLL③	田田田田	萜	AMHK	艹冂丨口	彤	MYET③	冂一彡丿
恬	NTDG③	忄丿古一	铁	QRWY②	钅𠂉人丶	苘	AMGK③	艹冂一口
畋	LTY	田攵丶		QTG98	钅丿夫	桐	SMGK	木冂一口
甜	TDAF	丿古廿二	帖	MHHK③	冂丨卜口	砼	DWAG	石人工一
	TDF98	丿古甘		MHHK98	冂丨卜口	铜	QMGK③	钅冂一口
填	FFHW③	土十且八	餮	GQWE	一夕人⺪	童	UJFF	立日士二
阗	UFHW③	门十且八		GQWV98	一夕人艮	酮	SGMK	西一冂口
	UFHW	门十且八				僮	WUJF③	亻立日土
忝	GDNU③	一大小丷		ting		潼	IUJF	氵立日土
殄	GQWE	一夕人彡	听	KRH②	口斤丨	瞳	HUJF②	目立日土
腆	EMAW③	月冂廿八	厅	DSK②	厂丁川	统	XYCQ③	纟亠厶儿
舔	TDGN	丿古一小	汀	ISH	氵丁丨	捅	RCEH③	扌マ用丨
掭	RGDN	扌一大小	烃	OCAG②	火ㄨ工一	桶	SCEH③	木マ用丨

筒	TMGK	⺮冂一口		FQKY98	土夕口、	托	RTAN③	扌丿七乙
恸	NFCL	忄二厶力	菟	AQKY	艹夕口、	脱	EUKQ③	月丷口儿
	NFCE98	忄二厶力				驮	CDY	马大丶
痛	UCEK③	疒マ用⺌		**tuan**			CGDY98	马一大丶
			团	LFTE③	囗十丿彡	佗	WPXN③	亻宀匕乙
	tou		湍	IMDJ③	氵山而刂	陀	BPXN③	阝宀匕乙
偷	WWGJ	亻人一刂	抟	RFNY	扌二乙丶	坨	FPXN	土宀匕乙
钭	QUFH③	钅丷十丨	疃	LUJF③	田立日土	沱	IPXN③	氵宀匕乙
头	UDI	丷大氵	彖	XEU	彑豕丶	驼	CPXN②	马宀匕乙
投	RMCY③	扌几又丶					CGP98	马一宀
	RWC98	扌几又		**tui**		柁	SPXN③	木宀匕乙
骰	MEMC③	骨几又	推	RWYG	扌亻圭一	砣	DPXN③	石宀匕乙
	MEW98	骨月几又	颓	TMDM	禾几厂贝	鸵	QYNX	勹、乙匕
透	TEPV③	禾乃辶		TWD98	禾几厂		QGP98	鸟一宀
	TBP98	禾乃辶	腿	EVEP③	月彐⺊辶	驼	KHPX	口止宀匕
				EVP98	月艮辶	砣	SGPX③	西一宀匕
	tu		退	VEPI③	彐⺊辶氵	橐	GKHS	一口丨木
凸	HGMG③	丨一冂一		VP98	艮辶	鼍	KKLN③	口口田乙
	HGH98③	丨一丨一	煺	OVEP③	火彐⺊辶	妥	EVF②	爫女二
秃	TMB	禾几ㄑ		OVP98	火艮辶	庹	YANY	广廿尸丶
	TWB98	禾几ㄑ	蜕	JUKQ③	虫丷口儿		OANY98	广廿尸丶
突	PWDU③	宀八犬丶	裉	PUVP	衤丶彐	椭	SBDE③	木阝尸月
图	LTUI③	囗冬氵				拓	RDG②	扌石一
徒	TFHY	彳土㐄丶		**tun**		柝	SRYY	木斤、、
涂	IWTY③	氵人禾、	吞	GDKF③	一大口二	唾	KTGF③	口丿一士
	IWGS98	氵人一木	囤	LGBN③	囗一山乙	箨	TRCH	⺮扌又丨
荼	AWTU③	艹人禾丶	窀	JYBT③	日亠子夂		TRC98	⺮扌又
	AWGS98	艹人一木	屯	GBNV②	一山乙巛			
途	WTPI③	人禾辶氵	饨	QNGN	夕乙一乙		**wa**	
	WGSP98	人一木辶	豚	EEY	月豕丶	挖	RPWN	扌宀八乙
屠	NFTJ③	尸土丿日		EGEY98	月一豕丶	哇	KFFG③	口土土一
酴	SGWT	西一人禾	臀	NAWE	尸艹八月	娃	VFFG③	女土土一
	SGWS98	西一人木	氽	WIU	人水丶		VFFG98	女土土一
土	FFFF	土土土土				洼	IFFG	氵土土一
吐	KFG	口土一		**tuo**		娲	VKMW③	女口冂人
钍	QFG	钅土一	拖	RTBN③	扌丿也乙	蛙	JFFG③	虫土土一
兔	QKQY	夕口儿丶	毛	TAV	丿七巛	瓦	GNYN③	一乙、乙
堍	FQKY③	土夕口、					GNN98	一乙乙
						佤	WGNN③	亻一乙乙

附录A 五笔字根速查表

袜	WGNY98	亻一乙、	万	DNV	厂乙巜	为	YLYI③	、力、丶		
	PUGS③	衤丷一木		GQ98②	一勹		YEYI98	、力、丶		
腽	EJLG③	月日皿一	腕	EPQB③	月宀夕巴	韦	FNHK③	二乙丨二		
						围	LFNH	口二乙丨		
wai			**wang**			帏	MHFH③	冂丨二丨		
歪	GIGH③	一小一止	汪	IGG②	氵王一	沩	IYLY③	氵、力、		
	DHG98	厂卜一		IGG98	氵王一		IYEY98	氵、力、		
崴	MDGT	山厂一丿	亡	YNV	亠乙巜	违	FNHP	二乙丨辶		
	MDGV98	山戊一女	王	GGGG③	王王王王	闱	UFNH	门二乙丨		
外	QHY②	夕卜、	网	MQQI③	冂乂乂	桅	SQDB③	木勹厂巴		
				MRR98	冂乂乂	涠	ILFH③	氵口二丨		
wan			往	TYGG③	彳、王一	唯	KWYG	口亻圭一		
弯	YOXB③	亠小弓	枉	SGG	木王一	帷	MHWY③	冂丨亻圭		
剜	PQBJ	宀夕巴刂	罔	MUYN③	冂丷亠乙	惟	NWYG	忄亻圭一		
湾	IYOX③	氵亠小弓	惘	NMUN③	忄冂丷乙	维	XWYG	纟亻圭一		
蜿	JPQB③	虫宀夕巴	辋	LMUN③	车冂丷乙	嵬	MRQC③	山白儿厶		
豌	GKUB	一口丷巴	魍	RQCN	白儿厶乙	潍	IXWY③	氵纟亻圭		
丸	VYI	九、丶	妄	YNVF	亠乙女二	伟	WFNH	亻二乙丨		
纨	XVYY	纟九、丶	忘	YNNU	亠乙心丷		WFNH98	亻二乙丨		
芄	AVYU③	艹九、丶	旺	JGG	日王一	伪	WYLY③	亻、力、		
完	PFQB③	宀二儿丷	望	YNEG	亠乙月王		WYEY98	亻、力、		
玩	GFQN③	王二儿乙	兀	DNV	丆乙巜	尾	NTFN③	尸丿二乙		
顽	FQDM③	二儿丆贝					NE98②	尸毛		
浣	OPFQ③	火宀二儿	**wei**			纬	XFNH	纟二乙丨		
宛	PQBB②	宀夕巴丷	危	QDBB③	勹厂巴巜	苇	AFNH③	艹二乙丨		
挽	RQKQ	扌勹口儿	威	DGVT③	厂一女丿	委	TVF③	禾女二		
晚	JQKQ②	日勹口儿		DGV98	戊一女		TV98	禾女		
莞	APFQ	艹宀二儿	偎	WLGE	亻田一𧘇	炜	OFNH	火二乙丨		
婉	VPQB③	女宀夕巴	透	TVPD③	禾女辶三	玮	GFNH③	王二乙丨		
惋	NPQB	忄宀夕巴	隈	BLGE③	阝田一𧘇	洧	IDEG	氵ナ月一		
绾	XPNN③	纟宀乛乛	葳	ADGT③	艹厂一丿	娓	VNTN	女尸丿乙		
脘	EPFQ③	月宀二儿		ADG98	艹戊一		VNE98	女尸毛		
苑	APQB	艹宀夕巴	微	TMGT③	彳山一攵	诿	YTVG③	讠禾女一		
琬	GPQB③	王宀夕巴	煨	OLGE③	火田一𧘇	萎	ATVF③	艹禾女二		
皖	RPFQ③	白宀二儿	薇	ATMT③	艹彳山攵	陨	BRQC③	阝白儿厶		
畹	LPQB③	田宀夕巴	巍	MTVC③	山禾女厶	猥	QTLE	犭丿田𧘇		
碗	DPQB③	石宀夕巴	囗	LHNG	口丨乙一		QTL98	犭丿田		

字	编码	拆分	字	编码	拆分	字	编码	拆分
痿	UTVD③	疒禾女三		YXI98	文幺小	乌	QNGD③	勹乙一三
艉	TENN③	丿舟尸乙	稳	TQVN③	禾勹彐心		TNN98	丿乙乙
	TUN98	丿舟尸		TQ98	禾勹	圬	FFNN③	土二乙乙
韪	JGHH	日一疋丨	问	UKD	门口三		FFNN98	土二乙乙
鲔	QGDE	鱼一ナ月		UK98	门口	邬	QNGB	勹乙一阝
卫	BGD②	卩一三	汶	IYY	氵文丶		TNNB98	丿乙乙阝
未	FII	二小氵	璺	WFMY③	亻二门丶	呜	KQNG	口勹乙一
	FGGY98	未一一丶		EMGY98	臼门一丶		KTNG98	口丿乙一
位	WUG③	亻立一				巫	AWWI③	工人人
味	KFIY③	口二小丶	**weng**			屋	NGCF③	尸一厶土
	KFY98	口未丶	翁	WCNF③	八厶羽二	诬	YAWW③	讠工人人
畏	LGEU③	田一𧘇丶	嗡	KWCN③	口八厶羽	钨	QQNG③	钅勹乙一
胃	LEF③	田月二	蓊	AWCN③	艹八厶羽		QTNG98	钅丿乙一
喂	GJFK86	一日十口	瓮	WCGN③	八厶一乙	无	FQV②	二儿巛
	LKF98	车口二	蕹	AYXY	艹亠幺圭	毋	XDE	𠃍ナ彡
尉	NFIF	尸二小寸					NND98	乙乙ナ
谓	YLEG③	讠田月一	**wo**			吴	KGDU③	口一大丶
喂	KLGE③	口田一匕	窝	PWKW	宀八口人	吾	GKF	五口二
	KLGE98②	口田一匕	挝	RFPY③	扌寸辶	芜	AFQB	艹二儿
渭	ILEG③	氵田月一	倭	WTVG③	亻禾女一		AFQB98③	艹二儿
猬	QTLE	犭丿田月	涡	IKMW③	氵口冂人	梧	SGKG③	木五口一
蔚	ANFF③	艹尸二寸	莴	AKMW③	艹口冂人	语	IGKG	氵五口一
慰	NFIN③	尸二小心	蜗	JKMW③	虫口冂人	蜈	JKGD③	虫口一大
魏	TVRC③	禾女白厶	我	TRNT③	丿扌乙丿	鼯	VNUK	臼乙丷口
			沃	ITDY	氵丿大丶		ENUK98	臼乙丷口
wen			肟	EFNN③	月二乙乙	五	GGHG②	五一丨一
温	IJLG③	氵日皿一	卧	AHNH	匚丨卜丨	午	TFJ	丿十丨
瘟	UJLD③	疒日皿三	幄	MHNF	冂丨尸土	仵	WTFH	亻丿十丨
文	YYGY	文丶一丶	握	RNGF③	扌尸一土	伍	WGG	亻五一
纹	XYY	纟文丶	渥	INGF③	氵尸一土	坞	FQNG	土勹乙一
闻	UBD	门耳三	硪	DTRT③	石丿扌丿		FTNG98	土丿乙一
蚊	JYY	虫文丶		DTR98	石丿扌	妩	VFQN③	女二儿乙
阌	UEPC	门爫冖又	斡	FJWF③	十早人十	庑	YFQV③	广二儿巛
雯	FYU	雨文丶	龌	HWBF	止人凵土		OFQ98	广二儿
刎	QRJH③	勹丿刂				忤	NTFH	忄丿十丨
吻	KQRT③	口勹丿	**wu**			忾	NFQN③	忄二儿乙
紊	YXIU	文幺小丶	污	IFNN③	氵二乙乙	连	TFPK	丿十辶川

附录A 五笔字根速查表

字	编码	字根	字	编码	字根	字	编码	字根
武	GAHD③	一弋止三						
	GAH98	一弋止	鎏	ITDQ	氵丿大金	薪	ASRJ③	艹木斤刂
侮	WTXU③	亻𠂉母丶			**xi**	晰	JSRH③	日木斤丨
	WTX98	亻𠂉母				犀	NIRH③	尸水𠂉丨
悟	RGKG	扌五口一	西	SGHG	西一丨一		NIT98	尸水丿
悟	TRGK	丿扌五口	蹊	KHED	口止⺤大	稀	TQDH③	禾乂ナ丨
	CGKG98	牜五口一	裼	PUJR	衤丷日勿		TRDH98②	禾乂ナ丨
鹉	GAHG	一弋止一	夕	QTNY	夕丿乙丶	栖	OSG	米西一
舞	RLGH③	⺁卌一丨	兮	WGNB	八一乙《	翕	WGKN	人一口羽
	TGL98	𠂉一卌		WGN98	八一乙	舾	TESG③	丿舟西一
兀	GQV	一儿巛	汐	IQY	氵夕丶		TUSG98	丿舟西一
勿	QRE	勹⺁彡	吸	KEYY②	口乃丶丶	溪	IEXD③	氵⺤幺大
	QR98	勹⺁		KBY98	口乃丶	晳	SRRF	木斤白二
务	TLB③	夂力《	希	QDMH③	乂ナ冂丨	锡	QJQR③	钅日勹彡
	TE98	夂力		RDM98	乂ナ冂	僖	WFKK	亻士口口
戊	DNYT	厂乙丶丿	昔	AJF	廿日二	熄	OTHN	火丿目心
	DGTY98	戊一丶丿	析	SRH②	木斤丨	熙	AHKO	匚丨口灬
阢	BGQN③	阝一儿乙	矽	DQY	石夕丶	蜥	JSRH	虫木斤丨
机	SGQN	木一儿乙	穸	PWQU③	宀八夕丷	嘻	KFKK③	口士口口
芴	AQRR	艹勹⺁彡		PWQU98	宀八夕丷	嬉	VFKK③	女士口口
物	TRQR	丿扌勹彡	郄	QDMB	乂ナ冂阝	膝	ESWI③	月木人水
	CQ98	牜勹		RDMB98	乂ナ冂阝	樨	SNIH	木尸水丨
误	YKGD③	讠口一大	唏	KQDH③	口乂ナ丨		SNI98	木尸水
悟	NGKG	忄五口一		KRD98	口乂ナ	熹	FKUO	士口丷灬
晤	JGKG③	日五口一	奚	EXDU③	⺤幺大丷	羲	UGTT③	丷王禾丿
焐	OGKG③	火五口一	息	THNU③	丿目心丷		UGT98	丷王禾
婺	CBTV	又阝丿女	浠	IQDH	氵乂ナ丨	螅	JTHN	虫丿目心
	CNHV98	又乙丨女		IRDH98	氵乂ナ丨	蟋	JTON	虫丿米心
痦	UGKD	疒五口三	牺	TRSG③	丿扌西一	醯	SGYL	西一丶皿
鹙	CBTC	又阝丿马		CS98	牜西	曦	JUGT③	日丷王丿
	CNHG98	又乙丨马	悉	TONU③	丿米心丷		JUG98	日丷王
雾	FTLB③	雨夂力《	惜	NAJG	忄廿日一	黟	VNUD	臼乙冫大
	FTER98	雨夂力	欷	QDMW	乂ナ冂人		ENUD98	臼乙冫大
寤	PNHK	宀乙丨口		RDMW98	乂ナ冂人	习	NUD②	乙冫三
	PUGK98	宀⺊五口	浙	ISRH③	氵木斤丨	席	YAMH③	广廿冂丨
鹜	CBTG	又阝丿一	烯	OQDH③	火乂ナ丨		OAMH98②	广廿冂丨
	CNHG98	又乙丨一		ORD98	火乂ナ	袭	DXYE③	ナ匕丶𧘇
			硒	DSG	石西一		DXYE98	ナ匕丶𧘇

字	编码	拆分	字	编码	拆分	字	编码	拆分
觋	AWWQ	工人人儿	峡	MGUW③	山一丷人	弦	XYXY③	弓丶幺丶
媳	VTHN③	女丿目心		MGU98	山一丷	贤	JCMU③	刂又贝丷
隰	BJXO③	阝日幺灬	柙	SLH	木甲丨	咸	DGKT③	厂一口丿
檄	SRYT③	木白方攵	狭	QTGW	犭丿一人		DGK98	戊一口
洗	ITFQ③	氵丿土儿	硖	DGUW	石一丷人	涎	ITHP	氵丿止廴
玺	QIGY③	夕小王丶		DGUD98	石一丷大	娴	VUSY③	女门木丶
徙	THHY③	彳止丶	遐	NHFP③	𠃍丨二辶	舷	TEYX	丿舟丶幺
	THHY98	彳止丶	暇	JNHC③	日𠃍丨又		TUYX98	丿舟丶幺
铣	QTFQ	钅丿土儿	瑕	GNHC③	王𠃍丨又	街	TQFH③	彳钅二丨
喜	FKUK③	士口丷口	辖	LPDK③	车宀三口		TQG98	彳钅一
葸	ALNU	艹田心丷	霞	FNHC	雨𠃍丨又	痫	UUSI③	疒门木丶
	ALN98	艹田心	黠	LFOK	罒土灬口	鹇	USQG③	门木勹一
屣	NTHH	尸彳止丶	下	GHI②	一卜丶	嫌	VUVO②	女丷⺻小
	NTH98	尸彳止	吓	KGHY③	口一卜丶		VUVW98②	女丷⺻八
蓰	ATHH③	艹彳止丶	夏	DHTU	厂目夂	冼	UTFQ③	冫丿土儿
禧	PYFK	礻丶士口	厦	DDHT③	厂厂目夂	显	JOGF②	日业一二
戏	CAT②	又戈丿	罅	RMHH	缶山亠丨		JO98	日业
	CA98	又戈	罐	TFBF98	𠂉十凵十	险	BWGI③	阝人一丷
系	TXIU③	丿幺小丶					BWGG98	阝人一一
饩	QNRN	夕乙𠂉乙		**xian**		猃	QTWI	犭丿人丷
细	XLG②	纟田一	先	TFQB③	丿土儿巛		QTWG98	犭丿人一
阋	UVQV③	门臼儿巛	仙	WMH②	亻山丨	蚬	JMQN③	虫门儿乙
	UEQ98	门臼儿	纤	XTFH③	纟丿十丨	筅	TTFQ	⺮丿土儿
舄	VQOU③	臼勹灬丷	氙	RNMJ③	𠂉乙山刂	跣	KHTQ	口止丿儿
	EQ098	臼勹灬		RMK98	气山川	藓	AQGD	艹鱼一手
隙	BIJI③	阝小日小	祆	PYGD	礻丶一大		AQGU98	艹鱼一羊
裼	PYDD	礻丶三大	籼	OMH	米山丨	燹	EEOU③	豕豕火丷
榍	SKGN③	木口一乙	苋	AWGI	艹人一丷		GEG98	一豕一
				AWGG98	艹人一一	县	EGCU③	月一厶丷
	xia		掀	RRQW	扌斤⺈人	岘	MMQN	山门儿乙
虾	JGHY	虫一卜丶	跹	KHTP	口止丿辶	苋	AMQB③	艹门儿巛
呷	KLH	口甲丨	酰	SGTQ	西一丿儿	现	GMQN②	王门儿乙
瞎	HPDK②	目宀三口	锨	QRQW	钅斤⺈人	线	XGT②	纟一戋
匣	ALK	匚甲Ⅲ	鲜	QGUD③	鱼一丷手		XGAY98②	纟一戈
侠	WGUW③	亻一丷人		QGU98	鱼一羊	限	BVEY②	阝⺻匕丶
	WGU98	亻一丷	暹	JWYP③	日亻圭辶		BV98②	阝艮
狎	QTLH③	犭丿甲丨	闲	USI	门木丶	宪	PTFQ③	宀丿土儿

附录A 五笔字根速查表

陷	BQVG③	阝ㄅ臼一	想	SHNU③	木目心ᐟ	嵠	MQDE	山ㄨナ月
	BQE98	阝ㄅ臼	鲞	UDQG	⺌大鱼一		MRD98	山ㄨナ
馅	QNQV	ㄅ乙ㄅ臼		UGQG98	⺌夫鱼一	渚	IQDE③	氵ㄨナ月
	QNQE98	ㄅ乙ㄅ臼	向	TMKD②	ノ冂口三		IRD98	氵ㄨナ
羡	UGUW③	⺌王ᐟ人		TMK98	ノ冂口	小	IHTY②	小丨ノ丶
献	FMUD	十冂⺌犬	巷	AWNB③	廾八巳巜	晓	JATQ③	日七ノ儿
	FMU98	十冂⺌	项	ADMY③	工厂贝丶	筱	TWHT③	𥫗亻丨攵
腺	ERIY③	月白水丶	象	QJEU③	ㄅ日⺕豕	孝	FTBF③	土ノ子二
				QKE98	ㄅ口⺕豕	肖	IEF②	⺌月二
xiang			像	WQJE③	亻ㄅ日豕	哮	KFTB③	口土ノ子
香	TJF	禾日二		WQK98	亻ㄅ口	效	UQTY③	六乂攵丶
乡	XTE	纟ノ彡	橡	SQJE③	木ㄅ日豕		URT98	六乂攵
	XT98	纟ノ		SQK98	木ㄅ口	校	SUQY③	木六乂丶
芗	AXTR③	艹纟ノ彡	蠁	JQJE③	虫ㄅ日豕		SUR98	木六乂
相	SHG②	木目一		JQKE98	虫ㄅ口豕	笑	TTDU③	𥫗ノ大ᐟ
厢	DSHD③	厂木目三				啸	KVIJ③	口ヨ小刂
湘	ISHG	氵木目一	**xiao**				KVHW98②	口ヨ丨八
缃	XSHG③	纟木目一	消	IIEG③	氵⺌月一			
葙	ASHF③	艹木目二	枭	QYNS	ㄅ丶乙木	**xie**		
箱	TSHF③	𥫗木目二		QSU98	鸟木ᐟ	些	HXFF③	止匕二二
襄	YKKE③	亠口口𧘇	晓	KATQ③	口七ノ儿	楔	SDHD③	木三丨大
骧	CYKE③	马亠口𧘇	骁	CATQ	马七ノ儿	歇	JQWW③	日勹人人
	CGYE98	马一亠𧘇		CGAQ98	马一七儿	蝎	JJQN③	虫日勹乙
镶	QYKE③	钅亠口𧘇	宵	PIEF②	宀⺌月二	协	FLWY③	十力八丶
详	YUDH③	讠⺌手丨	绡	XIEG③	纟⺌月一		FE98	十力
	YU98	讠羊	逍	IEPD③	⺌月辶三	邪	AHTB	匚丨ノ阝
庠	YUDK	广⺌手川	萧	AVIJ	艹ヨ小刂	胁	ELWY③	月力八丶
	OUK98	广羊川		AVH98	艹ヨ丨		EEW98③	月力八
祥	PYUD③	礻⺌手三	硝	DIEG③	石⺌月一	挟	RGUW③	扌一⺌人
	PYU98	礻羊	销	QIEG③	钅⺌月一		RGU98	扌一⺌
翔	UDNG	⺌手羽一	潇	IAVJ	氵艹ヨ刂	偕	WXXR	亻匕匕白
	UNG98	羊羽一		IAVW98	氵艹ヨ八		WXX98	亻匕匕
享	YBF	亠子二	箫	TVIJ	𥫗ヨ小刂	斜	WTUF	人禾⺌十
	YB98	亠子		TVH98	𥫗ヨ丨	谐	WGSF98	人一木二
响	KTMK③	口ノ冂口	霄	FIEF③	雨⺌月二		YXXR	讠匕匕白
饷	QNTK	ㄅ乙ノ口	魈	RQCE	白儿厶月		YXX98	讠匕匕
飨	XTWE③	纟ノ人衣	器	KKDK	口口厂口	携	RWYE	扌圭乃
	XTW98	纟ノ人						

字	编码	字根	字	编码	字根	字	编码	字根
	RWYB98	扌亻圭乃	忻	NRH	忄斤丨	杏	RTHJ98	扌丿目刂
魕	LLLN	力力力心	芯	ANU	艹心丶		SKF	木口二
	EEEN98	力力力心	辛	UYGH	辛、一丨	姓	VTGG③	女丿一一
撷	RFKM	扌土口贝	昕	JRH	日斤丨	幸	FUFJ③	土丷十刂
缬	XFKM	纟士口贝	欣	RQWY③	斤勹人、	性	NTGG③	忄丿一一
鞋	AFFF	廿土土土	锌	QUH	钅辛丨	荇	ATFH	艹彳二丨
写	PGNG③	冖一乙一	新	USRH③	立木斤丨		ATGS98	艹彳一丁
泄	IANN	氵廿乙乙	歆	UJQW	立日勹人	悻	NFUF	忄土丷十
泻	IPGG	氵冖一一	薪	AUSR③	艹立木斤			
	IPG98	氵冖一	馨	FNMJ③	士尸几丨		**xiong**	
继	XANN	纟廿乙乙		FNWJ98	士尸几丨	兄	KQB	口儿匚
卸	RHBH③	𠂉止卩丨	鑫	QQQF③	金金金二		KQ98	口儿
	TGHB98	𠂉一止卩		QQQF98	金金金二	凶	QBK	乂凵川
屑	NIED	尸小月三	囟	TLQI	丿囗乂丶		RBK98	乂凵川
械	SAAH②	木戈廾丨		TLR98	丿囗乂	匈	QQBK③	勹乂凵川
	SAA98	木戈廾	信	WYG②	亻言一		QRB98	勹乂凵
亵	YRVE③	亠执九衣	衅	TLUF③	丿皿丷十	苎	AXB	艹弓巛
渫	IANS	氵廿乙木		TLU98	丿皿丷	洶	IQBH	氵乂凵丨
谢	YTMF③	讠丿冂寸					IRB98	氵乂凵
榍	SNIE③	木尸小月		**xing**		胸	EQQB②	月勹乂凵
	SNIE98	木尸小月	星	JTGF③	日丿一二		EQRB98②	月勹乂凵
榭	STMF③	木丿冂寸	饧	QNNR	𠂉乙乙丿	雄	DCWY③	ナ厶亻圭
廨	YQEH③	广用刀丨	兴	IWU②	𭕄八丶	熊	CEXO	厶月匕灬
懈	OQEG98	广用一		IGW98	𭕄一八			
	NQEH②	忄用刀丨	悻	NJTG	忄日丿一		**xiu**	
獬	NQEG98③	忄用一	狌	QTJG	犭丿日一	休	WSY②	亻木、
	QTQH	犭丿丿丨	腥	EJTG③	月日丿一	修	WHTE③	亻丨夂彡
薤	QTQG98	犭丿丿一	刑	GAJH	一廾刂丨	咻	KWSY③	口亻木
邂	AGQG	艹一夕一	行	TFHH②	彳二丨丨	庥	YWSI	广亻木
燮	QEVP	夕用刀辶		TGS98	彳一丁		OWS98	广亻木
	OYOC③	火言火又	邢	GABH③	一廾阝丨	羞	UDNF③	丷𦍌乙土
瀣	YOOC98	言火火又	形	GAET	一廾彡		UNH98	𦍌乙丨
蟹	IHQG③	氵丨ク一	陉	BCAG	阝又工一	鸺	WSQG③	亻木勹一
躞	QEVJ	夕用刀虫	型	GAJF	一廾刂土	貅	EEWS③	爫𧰨亻木
	KHOC	口止火又	硎	DGAJ	石一廾刂		EWS98	豸亻木
	KHYC98	口止言又	醒	SGJG	西一日一	馐	QNUF	勹乙丷土
	xin		擤	RTHJ	扌丿目刂		QNUG98	勹乙𦍌一
心	NYNY②	心、乙、						

附录A 五笔字根速查表

髹	DEWS③	镸彡亻木	叙	OC98	广マ	璇	GYTH	王方𠂉疋
朽	SGNN	木一乙乙		WTCY③	人禾又丶	选	TFQP	丿土儿辶
秀	TEB	禾乃《		WGSC98	人一木又	癣	UQGD③	疒鱼一手
	TB98	禾乃	恤	NTLG③	忄丿皿一		UQG98	疒鱼一
岫	MMG	山由一	洫	ITLG	氵丿皿一	泫	IYXY③	氵亠幺丶
绣	XTEN	纟禾乃乙	畜	YXLF③	亠幺田二	炫	OYXY③	火亠幺丶
	XTB98	纟禾乃	勖	JHLN③	曰目力乙	绚	XQJG③	纟勹日一
袖	PUMG③	礻丨由一		JHE98	曰目力	眩	HYXY②	目亠幺丶
锈	QTEN	钅禾乃乙	绪	XFTJ③	纟土丿日		HYX98	目亠幺
	QTBT98	钅禾乃丿	续	XFND③	纟十乙大	铉	QYXY③	钅亠幺丶
溴	ITHD	氵丿目犬	酗	SGQB	西一乂凵	渲	IPGG	氵宀一一
嗅	KTHD	口丿目犬		SGR98	西一乂	楦	SPGG③	木宀一一
			婿	VNHE	女乙丨月	碹	DPGG	石宀一一
	xu		溆	IWTC	氵人禾又	镟	QYTH	钅方𠂉疋
需	FDMJ③	雨𠂉门丨	洫	IWGC98	氵人一又			
圩	FGF	土一十	絮	VKXI③	女口幺小		**xue**	
戌	DGNT③	厂一乙丿	煦	JQKO	日勹口灬	靴	AFWX	廿革亻匕
	DGD98	戌一三	蓄	AYXL③	艹亠幺田	削	IEJH③	丬月刂丨
盱	HGFH③	目一十丨	蓿	APWJ	艹宀亻日	薛	AWNU	艹亻㠯辛
胥	NHEF③	乙止月二	吁	KGFH	口一十丨		ATN98	艹亻㠯
须	EDMY③	彡𠂉贝丶				穴	PWU	宀八
项	GDMY③	王𠂉贝丶		**xuan**		学	IPBF②	𭕄宀子二
虚	HAOG③	广七业一	宣	PGJG③	宀一日一		IPB98③	𭕄宀子
	HO98	虍业	轩	LFH	车干丨	泶	IPIU③	𭕄宀水
嘘	KHAG	口广七一	谖	YEFC③	讠䚡二又	噱	RRKH	扌斤口丨
	KHO98	口虍业	喧	KPGG②	口宀一一	雪	FVF②	雨彐一
墟	FHAG	土广七一	揎	RPGG③	扌宀一一	鳕	QGFV	鱼一雨彐
	FHO98	土虍业	萱	APGG	艹宀一一	血	TLD	丿皿三
徐	TWTY③	彳人禾丶	暄	JPGG③	日宀一一	谑	YHAG	讠虍七一
	TWG98	彳人一	煊	OPGG③	火宀一一			
许	YTFH③	讠𠂉十丨	儇	WLGE	亻罒一衣		**xun**	
诩	YNG	讠羽一	玄	YXU	亠幺	勋	KMLN③	口贝力乙
栩	SNG	木羽一	痃	UYXI③	疒亠幺丶		KME98	口贝力
糈	ONHE③	米乙丨月	悬	EGCN	月一厶心	郇	QJBH③	勹日阝丨
醑	SGNE	西一乙月	旋	YTNH③	方𠂉乙丨	浚	ICWT	氵厶八夊
旭	VJD	九日三		YTNH	方𠂉乙丨	埙	FKMY	土口贝丶
序	YCBK③	广マ卩川	漩	IYTH	氵方𠂉疋		FKM98	土口贝

字	编码	拆分	字	编码	拆分	字	编码	拆分
熏	TGLO③	ノ一國灬	鸭	LQYG③	甲勹、一	崦	MDJN③	山大日乙
	TGL098	ノ一國灬		LQG98	甲鸟一	淹	IDJN③	氵大日乙
獯	QTTO	犭ノノ灬	牙	AHTE②	匚丨ノ彡	焉	GHGO③	一止一灬
薰	ATGO	艹ノ一灬	伢	WAHT③	亻匚丨ノ	菸	AYWU	艹方人丶
曛	JTGO	日ノ一灬	岈	MAHT③	山匚丨ノ	阉	UDJN	门大日乙
醺	SGTO	酉一ノ灬	芽	AAHT③	艹匚丨ノ		UDJ98	门大日
寻	VFU②	彐寸丶	琊	GAHB	王匚丨阝	湮	ISFG	氵西土一
巡	VPV	巛辶巛	蚜	JAHT③	虫匚丨ノ	腌	EDJN	月大日乙
旬	QJD	勹日三	崖	MDFF	山厂土土		EDJ98	月大日
驯	CKH	马川丨	涯	IDFF③	氵厂土土	鄢	GHGB	一止一阝
	CGK98	马一川	睚	HDFF③	目厂土土	嫣	VGHO③	女一止灬
询	YQJG③	讠勹日一	衙	TGKH③	彳五口丨	延	THPD③	ノ止廴三
峋	MQJG	山勹日一		TGKS98	彳五口丁		THNP98	ノト乙廴
	MQJ98	山勹日	哑	KGOG③	口一业一	闫	UDD	门三三
恂	NQJG③	忄勹日一	痖	UGOG	疒一业一	严	GODR③	一业厂丿
洵	IQJG③	氵勹日一		UG098	疒一业		GOT98	一业丿
浔	IVFY	氵彐寸丶	雅	AHTY	匚丨ノ圭	妍	VGAH③	女一井丨
荀	AQJF③	艹勹日土	亚	GOGD③	一业一三	芫	AFQB	艹二儿巜
循	TRFH	彳厂十目		G098	一业		AFQB98③	艹二儿巜
	TRF98	彳厂十	讶	YAHT③	讠匚丨ノ	言	YYYY③	言言言言
鲟	QGVF③	鱼一彐寸	迓	AHTP	匚丨ノ辶	岩	MDF	山石二
	QGVF98	鱼一彐寸	垭	FGOG③	土一业一	沿	IMKG③	氵几口一
训	YKH②	讠川丨	娅	VGOG	女一业一		IWK98	氵几口
讯	YNFH③	讠乙十丨	砑	DAHT③	石匚丨ノ	炎	OOU②	火火丶
汛	INFH③	氵乙十丨	氩	RNGG	气乙一一	研	DGAH③	石一井丨
	INFH98	氵乙十丨		RG098	气一业	盐	FHLF③	土卜皿二
迅	NFPK③	乙十辶巛	揠	RAJV	扌匚日女	阎	UQVD	门勹臼三
徇	TQJG③	彳勹日一					UQE98	门勹臼
逊	BIPI③	子小辶氵				筵	TTHP	竹ノ止廴
殉	GQQJ③	一夕勹日	**yan**				TTH98	竹ノ止
巽	NNAW③	巳巳艹八	烟	OLDY②	火囗大、	蜒	JTHP	虫ノ止廴
薰	ASJJ③	艹西早丨		OLD98	火囗大	颜	UTEM	立ノ彡贝
			剡	OOJH③	火火刂丨	檐	SQDY	木勹厂言
ya			阏	UYWU	门方人丶	兖	UCQB③	六厶儿巜
呀	KAHT②	口匚丨ノ	埏	FTHP	土ノ止廴	奄	DJNB③	大日乙巜
丫	UHK	丶丨川	咽	KLDY③	口囗大、	俨	WGOD③	亻一业厂
压	DFYI③	厂土、氵	恹	NDDY	忄厂犬、		WG098	亻一业
押	RLH②	扌甲丨	胭	ELDY③	月囗大、			
鸦	AHTG	匚丨ノ一						
桠	SGOG	木一业一						

附录A 五笔字根速查表

衍	TIFH③	彳氵二丨	餍	DDWE③	厂犬人𠄌	快	NMDY	忄冂大丶
	TIG98	彳氵一		DDWV98	厂犬人艮	恙	UGNU③	丷王心丶
偃	WAJV	亻匚日女	燕	AUKO②	廿丬口灬	样	SUDH②	木丷丰丨
厣	DDLK③	厂犬甲三		AKU98	廿口丷		SU98②	木羊丨
掩	RDJN	扌大日乙	赝	DWWM	厂亻亻贝	漾	IUGI	氵丷王水
	RDJ98	扌大日						
眼	HVEY②	目彐乀丶			**yang**			**yao**
	HV98	目艮	央	MDI②	冂大氵	腰	ESVG③	月西女一
郾	AJVB③	匚日女阝	泱	IMDY	氵冂大丶	幺	XNNY	幺乙乙丶
琰	GOOY③	王火火丶	殃	GQMD③	一夕冂大		XXXX98	幺幺幺幺
罨	LDJN	皿大日乙	秧	TMDY	禾冂大丶	夭	TDI	丿大氵
	LDJ98	皿大日	鸯	MDQG③	冂大𠂊一	吆	KXY	口幺丶
演	IPGW③	氵宀一八	鞅	AFMD	廿革冂大	妖	VTDY③	女丿大丶
	IPGW98	氵宀一八	扬	RNRT③	扌乙丿彡	邀	RYTP	白方攵辶
魇	DDRC③	厂犬白厶	羊	UDJ	丷丰丨	爻	QQU	乂乂
鼹	VNUV	臼乙丶女		UYT98	羊、丿丨		RRU98③	乂乂
	ENUV98	臼乙丶女	阳	BJG②	阝日一	尧	ATGQ	弋丿一儿
厌	DDI	厂犬氵	杨	SNRT②	木乙丿彡	肴	QDEF③	乂ナ月二
彦	UTER	立丿彡		SNR98	木乙丿		RDE98	乂ナ月
	UTEE98	立丿彡彡	炀	ONRT	火乙丿彡	姚	VIQN③	女兆儿乙
砚	DMQN③	石冂儿乙	佯	WUDH	亻丷丰丨		VQI98	女儿兆
唁	KYG	口言一		WUH98③	亻羊丨	轺	LVKG③	车刀口一
宴	PJVF③	宀日女二	疡	UNRE	疒乙丿彡	珧	GIQN③	王兆儿乙
晏	JPVF③	日宀女二	徉	TUDH③	彳丷丰丨		GQIY98	王儿兆丶
艳	DHQC③	三丨勹巴		TUH98	彳羊丨	窑	PWRM③	宀八𠂉山
验	CWGI③	马人一䒑	洋	IUDH②	氵丷丰丨		PWTB98	宀八𠂉山
	CGW98	马一人		IU98②	氵羊丨	谣	YERM③	讠𠂉山
谚	YUTE③	讠立丿彡	烊	OUDH③	火丷丰丨		YET98	讠𠂉山
堰	FAJV	土匚日女		OUH98	火羊丨	徭	TERM	彳𠂉山
焰	OQVG③	火𠂊臼一	鲜	JUDH③	虫丷丰丨		TET98	彳𠂉
	OQE98	火𠂊臼		JUH98	虫羊丨	摇	RERM③	扌𠂉山
焱	OOOU	火火火丶	仰	WQBH	亻𠂊卩丨		RET98	扌𠂉
雁	DWWY③	厂亻亻圭		WQB98	亻𠂊卩	遥	ERMP②	𠂉山辶
滟	IDHC	氵三丨巴	养	UDYJ	丷夫丶丿		ETF98	𠂉十
酽	SGGD	西一一厂		UGJ98③	丷夫丿丨	瑶	GERM③	王𠂉山
	SGGT98	西一一丿	氧	RNUD③	气乙丷丰		GET98	王𠂉
魇	YFMD③	讠十冂大		RUK98③	气羊川	繇	ERMI	𠂉山小
			痒	UUDK③	疒丷丰川			
				UUK98③	疒羊川			

字	编码	字根		字	编码	字根		字	编码	字根
	ETFI98	四丿十小			JNT98	曰乙丿			TBPV98	丿也辶
鳐	QGEM	鱼一"山	页	DMU	厂贝	饴	QNCK③	夕乙厶口
	QGEB98	鱼一"山	邺	OGBH③	业一阝丨	姨	KGXW③	口一弓人
杳	SJF	木日二		OBH98	业阝丨	姨	VGXW②	女一弓人
咬	KUQY③	口六乂丶	夜	YWTY③	亠亻夂丶		VGX98	女一弓
	KURY98③	口六乂丶	晔	JWXF③	日亻七十	荑	AGXW③	艹一弓人
窈	PWXL	宀八幺力	烨	OWXF③	火亻七十	贻	MCKG③	贝厶口一
	PWXE98	宀八幺力	掖	RYWY③	扌亠亻丶	眙	HCKG③	目厶口一
舀	EVF	爫臼二	液	IYWY③	氵亠亻丶	胰	EGXW③	月一弓人
	EEF98	爫臼二	谒	YJQN③	讠日勹乙	酏	SGBN③	西一也乙
崾	MSVG③	山西女一	腋	EYWY	月亠亻丶	痍	UGXW	疒一弓人
药	AXQY②	艹纟勹丶	厣	DDDL	厂犬厂口		UGX98	疒一弓
要	SVF①	西女二		DDDF98	厂犬厂二	移	TQQY③	禾夕夕丶
鹞	ERMG	爫缶山一					遗	KHGP	口丨一辶
	ETFG98	爫丿十一			**yi**		颐	AHKM	匚丨口贝
曜	JNWY③	日羽亻主	一	GGLL①	一(单笔)		AHK98	匚丨口
耀	IQNY	⺌儿羽主	伊	WTTT③	亻ヨ丿丿	疑	XTDH	匕丿大疋
	IGQY98	⺌一儿主	衣	YEU②	亠衣丶		XTD98	匕丿大
钥	QEG	钅月一	医	ATDI③	匚丿大氵	嶷	MXTH③	山匕丿疋
			依	WYEY③	亻亠衣丶	彝	XGOA③	彑一米廾
	ye		咿	KWVT	口亻彐丿		XOXA98	彑米幺廾
爷	WQBJ③	八乂卩丨	猗	QTDK	犭丿大口	乙	NNLL③	乙(单笔)
	WRB98	八乂卩	铱	QYEY③	钅亠衣丶	已	NNNN	已乙乙乙
椰	SBBH③	木耳阝丨	壹	FPGU③	士冖一丷	以	NYWY	乙丶人丶
噎	KFPU③	口士冖丷	揖	RKBG③	扌口耳一	钇	QNN	钅乙乙
耶	BBH	耳阝丨	漪	IQTK	氵犭丿口	矣	CTDU②	厶丿大丷
揶	RBBH③	扌耳阝丨	噫	KUJN	口立日心	苢	ANYW③	艹乙丶人
铘	QAHB	钅匚丨阝	黟	LFOQ	罒土灬夕		ANYW98	艹乙丶人
	QAH98	钅匚丨	仪	WYQY③	亻丶乂丶	舣	TEYQ	丿舟丶乂
也	BNHN②	也乙丨乙		WYR98	亻丶乂		TUYR98	丿舟丶乂
冶	UCKG③	冫厶口一	圯	FNN	土巳一	蚁	JYQY③	虫丶乂丶
野	JFCB③	日土マ阝	夷	GXWI③	一弓人氺		JYR98③	虫丶乂
	JFC98	日土マ	沂	IRH	氵斤丨	倚	WDSK	亻大丁口
业	OGD②	业一三	诒	YCKG③	讠厶口一	椅	SDSK③	木大丁口
	OHHG98②	业丨丨一	宜	PEGF③	宀月一二	旖	YTDK	方丿大口
叶	KFH②	口十丨	怡	NCKG③	忄厶口一	义	YQI	丶乂
曳	JXE	曰匕丿	迤	TBPV③	丿也辶		YR98	丶乂

附录A 五笔字根速查表

字	编码	字根	字	编码	字根	字	编码	字根
亿	WNN②	亻乙乙	驿	CCFH③	马又二丨	癔	UUJN	疒立日心
弋	AGNY	弋一乙丶		CGCG98	马一又丨	镱	QUJN	钅立日心
	AYI98③	弋丶氵	奕	YODU③	亠小大丷	懿	FPGN	士冖一心
刘	QJH	乂刂丨	弈	YOAJ③	亠小廾刂			**yin**
	RJH	乂刂丨	疫	UMCI③	疒几又氵			
忆	NNN②	忄乙乙		UWC98	疒几又	音	UJF	立日二
	NNN98③	忄乙乙	羿	NAJ	羽廾刂	因	LDI②	囗大丶
艺	ANB	艹乙《	轶	LRWY③	车𠂉人丶	窨	PWUJ	宀八立日
	AN98	艹乙		LTG98	车丿夫	阴	BEG②	阝月一
议	YYQY③	讠丶乂丶	悒	NKCN③	忄口巴乙	姻	VLDY③	女囗大丶
	YYR98	讠丶乂	挹	RKCN③	扌口巴乙	洇	ILDY	氵囗大丶
亦	YOU	亠小丷	益	UWLF③	丷八皿二	茵	ALDU	艹囗大丷
	Y098	亠小	谊	YPEG③	讠宀月一	荫	ABEF③	艹阝月二
屹	MTNN	山𠂉乙乙		YPEG98	讠宀月一	殷	RVNC	厂彐乙又
	MTN98	山𠂉乙	埸	FJQR③	土日勹丿	氤	RNLD	𠂉乙囗大
异	NAJ	巳廾刂	翊	UNG	立羽一		RLD98	气囗大
	NA98	巳廾	翌	NUF	羽立二	铟	QLDY	钅囗大丶
佚	WRWY③	亻𠂉人丶	逸	QKQP	勹口儿辶	喑	KUJG③	口立日一
	WTGY98	亻丿夫丶	意	UJNU③	立日心丷	堙	FSFG③	土西土一
呓	KANN③	口艹乙乙	溢	IUWL③	氵丷八皿		FSFG98	土西土一
	KANN98	口艹乙乙	缢	XUWL③	纟丷八皿	吟	KWYN	口人丶乙
役	TMCY③	彳几又丶	肄	XTDH	匕𠂉大丨	垠	FVEY③	土彐𧘇丶
	TWC98	彳几又		XTDG98	匕𠂉大丰		FVY98	土艮丶
抑	RQBH③	扌𠂉卩丨	裔	YEMK③	亠衣冂口	狺	QTYG	犭丿言一
译	YCFH③	讠又二丨		YEMK98	亠衣冂口	寅	PGMW③	宀一由八
	YCG98	讠又丰	瘗	UGUF	疒一丷土	淫	IETF③	氵爫丿士
邑	KCB	口巴《	蜴	JJQR	虫日勹丿	银	QVEY③	钅彐𧘇丶
佾	WWEG③	亻八月一	毅	UEMC③	立彡几又		QVY98	钅艮丶
	WWEG98	亻八月一		UEW98	立彡几	鄞	AKGB	廿口丰阝
峄	MCFH③	山又二丨	熠	ONRG	火羽白一	夤	QPGW	夕宀一八
	MCG98	山又丰	镒	QUWL	钅丷八皿	龈	HWBE	止人凵𧘇
怿	NCFH③	忄又二丨	劓	THLJ	丿目田刂		HWBV98	止人凵艮
	NCG98	忄又丰	殪	GQFU	一夕士丷	霪	FIEF	雨氵爫士
易	JQRR③	日勹丿丿	薏	AUJN	艹立日心	尹	VTE	彐丿彡
绎	XCFH③	纟又二丨	翳	ATDN	匚𠂉大羽	引	XHH②	弓丨丨
	XCG98	纟又丰	翼	NLAW③	羽田艹八	吲	KXHH	口弓丨丨
诣	YXJG③	讠匕日一	臆	EUJN③	月立日心	饮	QNQW③	𠂇乙𠂇人

字	编码	拆分	字	编码	拆分	字	编码	拆分
蚓	JXHH③	虫弓丨丨	楹	SECL③	木乃又皿		FOVH98	士广彐丨
隐	BQVN②	阝勹彐心		SBC98	木乃又	慵	NYVH	忄广彐丨
	BQV98	阝勹彐	滢	IAPY	氵艹冖丶		NOVH98	忄广彐丨
瘾	UBQN③	疒阝勹心	蓥	APQF	艹冖金二	雍	YXTF	亠幺丿丰
印	QGBH③	匚一卩丨	潆	IAPI	氵艹冖小	镛	QYVH	钅广彐丨
茚	AQGB	艹匚一卩	蝇	JKJN②	虫口日乙		QOV98	钅广彐
胤	TXEN	丿幺月乙	赢	YNKY	亠乙口丶	臃	EYXY③	月亠幺丶
				YEV98	言月女	鳙	QGYH	鱼一广丨
ying			蠃	YNKY	亠乙口丶		QGOH98	鱼一广丨
英	AMDU③	艹门大丶		YEM98	言月贝	饔	YXTE	亠幺丿丰
应	YID	广䒑三	瀛	IYNY	氵亠乙丶		YXTV98	亠幺丿艮
	OIGD98②	广䒑一三	郢	IYE98	氵亠月	喁	KJMY③	口日冂丶
莺	APQG③	艹冖勹一	颖	KGBH	口王阝丨	永	YNII③	丶乙丿丶
婴	MMVF③	贝贝女二	颍	XIDM③	匕水厂贝	甬	CEJ	マ用丨
瑛	GAMD③	王艹门大		XTDM③	匕禾厂贝	咏	KYNI③	口丶乙丿
嘤	KMMV③	口贝贝女		XTDM98	匕禾厂贝	泳	IYNI	氵丶乙丿
撄	RMMV③	扌贝贝女	影	JYIE	日亠小彡	俑	WCEH③	亻マ用丨
缨	XMMV③	纟贝贝女	瘿	UMMV③	疒贝贝女	勇	CELB③	マ用力《
罂	MMRM③	贝贝匚山	映	JMDY③	日门大丶		CEE98	マ用力
	MMTB98③	贝贝冂山	硬	DGJQ③	石一日乂	涌	ICEH③	氵マ用丨
樱	SMMV	木贝贝女		DGJ98	石一日	恿	CENU③	マ用心丶
	SMM98	木贝贝	媵	EUDV	月䒑大女	蛹	JCEH	虫マ用丨
鹦	MMVG	贝贝女一		EUGV98	月䒑夫女	踊	KHCE③	口止マ用
鹰	YWWE	广亻亻月				用	ETNH②	用丿乙丨
	OWWE98	广亻亻月	**yo**					
鹰	YWWG	广亻亻一	哟	KXQY②	口纟勹丶	**you**		
	OWWG98	广亻亻一	唷	KYCE③	口亠厶月	优	WDNN③	亻ナ乙乙
迎	QBPK③	匚卩辶Ⅲ				忧	NDNN③	忄ナ乙乙
茔	APFF	艹冖土二	**yong**			攸	WHTY	亻丨攵丶
盈	ECLF③	乃又皿二	拥	REH	扌用丨	呦	KXLN③	口幺力乙
	BCL98	乃又皿	佣	WEH	亻用丨		KXET98	口幺力丿
荥	APIU③	艹冖水丶	痈	UEK	疒用川	幽	XXMK③	幺幺山川
荧	APOU③	艹冖火丶	邕	VKCB③	巛口巴《		MXXI98	山幺幺丨
莹	APGY	艹冖王丶	庸	YVEH	广彐月丨	悠	WHTN	亻丨攵心
萤	APJU③	艹冖虫丶		OVE98	广彐月	尤	DNV	ナ乙丶
营	APKK③	艹冖口口	雍	YXTY③	亠幺丿丰		DNY98③	ナ乙丶
萦	APXI③	艹冖幺小	墉	FYVH	土广彐丨	由	MHNG②	由丨乙一

附录A 五笔字根速查表

犹	QTDN	犭丿ナ乙		YTBT98	讠禾乃丿		QNWS98	夕乙人木
	QTDY98	犭丿ナ丶	蜘	JXLN③	虫幺力乙	渔	IQGG	氵角一一
油	IMG	氵由一		JXE98	虫幺	萸	AVWU③	艹臼人氵
柚	SMG	木由一	釉	TOMG③	丿米由一		AEWU98	艹臼人氵
疣	UDNV	疒ナ乙巛	鼬	VNUM	臼乙丶由	隅	BJMY③	阝日冂丶
	UDN98	疒ナ乙		ENUM98	臼乙丶由	雩	FFNB	雨二乙《
莜	AWHT③	艹亻丨夂				嵛	MWGJ③	山人一刂
莸	AQTN	艹犭丿乙		**yu**		愉	NWGJ③	忄人一刂
	AQTY98	艹犭丿丶					NWG98	忄人一
铀	QMG	钅由一	纡	GFK②	一十Ⅲ	揄	RWGJ	扌人一刂
蚰	JMG	虫由一	迂	XGFH③	纟一十丨	腴	EVWY③	月臼人丶
游	IYTB	氵方⺀子	淤	GFPK③	一十辶Ⅲ		EEWY98	月臼人丶
鱿	QGDN③	鱼一ナ乙	瘀	IYWU	氵方人丶	逾	WGEP	人一月辶
	QGDY98	鱼一ナ丶	渝	UYWU	疒方人丶	愚	JMHN	日冂丨心
猷	USGD	丷西一犬	予	IWGJ	氵人一刂	榆	SWGJ	木人一刂
蝣	JYTB	虫方⺀子		CBJ	マ卩刂	瑜	GWGJ③	王人一刂
友	DCU②	ナ又氵		CN98	マ乙	虞	HAKD③	广七口大
有	DEF	ナ月二	余	WTU	人禾氵		HKG98	虍口一
卣	HLNF③	卜口ユ二		WGS98	人一木	觎	WGEQ	人一月儿
酉	SGD	西一三	妤	VCBH	女マ卩丨	窬	PWWJ	宀八人刂
莠	ATEB	艹禾乃《		VCNH98	女マ乙丨	舆	WFLW③	亻二车八
	ATB98	艹禾乃	欤	GNGW	一乙一人		ELGW98	臼车一八
铕	QDEG	钅ナ月一	於	YWUY③	方人丶丶	蝓	JWGJ	虫人一刂
牖	THGY	丿丨一丶	盂	GFLF③	一十皿二	与	GNGD②	一乙一三
	THGS98	丿丨一甫	臾	VWI	臼人氵	伛	WAQY	亻匚乂
黝	LFOL	囗土灬力		EWI98	臼人氵		WAR98	亻匚乂
	LFOE98	囗土灬力	鱼	QGF	鱼一二	宇	PGFJ③	宀一十刂
又	CCCC③	又又又又	俞	WGEJ	人一月刂	屿	MGNG②	山一乙一
	CCC98	又又又	禺	JMHY	日冂丨丶	羽	NNYG②	羽乙、一
右	DKF②	ナ口二	竽	TGFJ③	竹一十刂	雨	FGHY	雨一丨丶
幼	XLN	幺力乙	吁	VAJ	臼廾刂	俣	WKGD	亻口一大
	XET98③	幺力丿		EAJ98	臼廾刂	禹	TKMY③	丿口冂丶
佑	WDKG	亻ナ口一	娱	VKGD	女口一大	语	YGKG③	讠五口一
侑	WDEG③	亻ナ月一	馀	QTWT	犭丿人禾	圄	LGKD	口五口三
囿	LDED③	口ナ月三		QTWS98	犭丿人木	圉	LFUF③	口土丷十
宥	PDEF	宀ナ月二	谀	YVWY	讠臼人丶	庚	YVWI	广臼人
诱	YTEN③	讠禾乃乙		YEW98	讠臼人		OEW98	广臼人
			狳	QNWT③	犭乙人禾			

字	编码	拆分	字	编码	拆分	字	编码	拆分
瘦	UWI③	疒臼人⺆	蓣	ACBM	艹マ卩贝	源	IDRI③	氵厂白小
	UEWI98	疒臼人		ACNM98	艹マ乙贝	猿	QTFE	犭丿土𧘇
窳	PWRY	宀八厂丶	誉	IWYF	⺌八言二	辕	LFKE③	车土口𧘇
龉	HWBK	止人人口		IGWY98	⺌一八言	橼	SXXE	木幺幺豕
玉	GYI②	王丶氵	毓	TXGQ	𠂉母一儿	螈	JDRI③	虫厂白小
	GY98②	王丶		TXY98	𠂉母丶	远	FQPV③	二儿辶
驭	CCY	马又丶	蜮	JAKG③	虫戈口一	苑	AQBB③	艹夕巳
	CGC98	马一又	豫	CBQE③	マ卩勹豕	怨	QBNU③	夕巳心
吁	KGFH	口一十丨		CNHE98	マ乙丨豕	院	BPFQ③	阝宀二儿
聿	VFHK	ヨ二丨川	燠	OTMD③	火丿冂大	垸	FPFQ③	土宀二儿
	VGK98	ヨ丰川	鹬	CBTG	マ卩丿一	媛	VEFC	女爫二又
芋	AGFJ③	艹一十丨		CNHG98	マ乙丨一		VEGC98	女爫一又
妪	VAQY③	女匚乂	鸳	XOXH	弓米弓丨	掾	RXEY③	扌彑豕丶
	VAR98	女匚乂					RXEY98	扌彑豕丶
饫	QNTD	勹乙丿大	**yuan**			瑗	GEFC	王爫二又
育	YCEF③	亠厶月二	渊	ITOH③	氵丿米丨		GEGC98	王爫一又
	YCE98	亠厶月	鸢	AQYG	弋勹丶一	愿	DRIN	厂白小心
郁	DEBH③	ナ月阝丨		AYQ98	弋丶鸟			
昱	JUF	日立二	冤	PQKY③	冖夕口丶	**yue**		
狱	QTYD	犭丿讠犬	鸳	QBQG③	夕巳勹一	约	XQYY②	纟勹丶丶
峪	MWWK	山八人口	箢	TPQB③	𥫗宀夕巳	曰	JHNG	曰丨乙一
浴	IWWK③	氵八人口	元	FQB	二儿《	月	EEEE③	月月月月
钰	QGYY	钅王丶丶	员	KMU②	口贝氵	刖	EJH	月刂丨
预	CBDM③	マ卩厂贝	园	LFQV③	囗二儿巛	岳	RGMJ③	丘一山丨
	CNHM98	マ乙丨贝	沅	IFQN	氵二儿乙	悦	NUKQ③	忄丷口儿
域	FAKG	土戈口一	垣	FGJG	土一日一		NUK98	忄丷口
欲	WWKW	八人口人	爰	EFTC③	爫二丿又	阅	UUKQ③	门丷口儿
谕	YWGJ	讠人一刂	原	EGDC98	爫一ナ又	跃	KHTD	口止丿大
阈	UAKG③	门戈口一		DRII②	厂白小氵	粤	TLON③	丿囗米乙
喻	KWGJ	口人一刂	圆	LKMI	囗口贝	越	FHAT③	土止厂丿
寓	PJMY	宀日冂丶		LKM98	囗口贝	樾	SFHT	木土止丿
御	TRHB③	彳𠂉止阝	袁	FKEU③	土口𧘇		SFHN98	木土止乙
	TTG98	彳𠂉一	援	REFC③	扌爫二又	龠	WGKA	人一口丰
裕	PUWK③	衤八人口		REG98	扌爫一	瀹	IWGA	氵人一丰
遇	JMHP②	日冂丨辶	缘	XXEY③	纟彑豕丶			
愈	WGEN	人一月心	橼	FQKN	二儿口乙	**yun**		
煜	OJUG③	火日立一		FDRI	土厂白小	晕	JPLJ②	日冖车刂

附录A 五笔字根速查表

字	编码	字根	字	编码	字根	字	编码	字根
	JPL98	日宀车	咋	KTHF	口丿丨二		**zao**	
云	FCU	二厶丶		**zai**		遭	GMAP	一门艹辶
匀	QUD②	勹冫三	栽	FASI	十戈木丿		GMA98	一门艹
纭	XFCY③	纟二厶丶	灾	POU②	宀火丶	糟	OGMJ	米一门日
芸	AFCU	艹二厶丶	甾	VLF	巛田二	凿	OGUB③	业丷一凵
昀	JQUG③	日勹冫一	哉	FAKD③	十戈口三		OUFB98	业丷十凵
郧	KMBH③	口贝阝丨	宰	PUJ	宀辛刂	早	JHNH②	早丨乙丨
耘	DIFC	三小二厶	载	FALK②	十戈车川	枣	GMIU	一门小丶
氲	FSFC98	二木二厶		FALI98③	十戈车丿		SMUU98	木门丷丶
	RNJL	丿乙日皿	崽	MLNU③	山田心丶	蚤	CYJU②	又丶虫丶
	RJL98	气日皿	再	GMFD③	一门土三	澡	IKKS②	氵口口木
允	CQB②	厶儿巛	在	DHFD	犬丨土三		IKK98	氵口口
	CQB98	厶儿巛		**zan**		藻	AIKS③	艹氵口木
犹	QTCQ③	犭丿厶儿	糌	OTHJ	米夂卜日	灶	OFG②	火土一
	QTCQ98	犭丿厶儿	簪	TAQJ③	竹二儿日		OFG98③	火土一
陨	BKMY③	阝口贝丶	咱	KTHG	口丿目一	皂	RAB	白七巛
殒	GQKM③	一夕口贝	昝	THJF	夂卜日二	唣	KRAN③	口白七乙
	GQKM98	一夕口贝	攒	RTFM	扌丿土贝	造	TFKP	丿土口辶
孕	EBF	乃子二	趱	FHTM	土止丿贝	噪	KKKS	口口口木
运	FCPI③	二厶辶丶	暂	LRJF	车斤日二	燥	OKKS③	火口口木
郓	PLBH③	宀车阝丨	瓒	GTFM	王丿土贝	躁	KHKS	口止口木
恽	NPLH③	忄宀车丨		**zang**			**ze**	
酝	SGFC③	西一二厶	脏	EYFG③	月广土一	则	MJH②	贝刂丨
	SGFC98	西一二厶		EOFG98②	月广土一	择	RCFH③	扌又二丨
愠	NJLG	忄日皿一	赃	MYFG	贝广土一		RCG98	扌又丰
韫	FNHL	二乙丨皿	臧	MOFG②	贝广土一	泽	ICFH③	氵又二丨
韵	UJQU	立日勹丶		DNDT③	厂乙丿丶		ICG98	氵又丰
熨	NFIO	尸二小火		AUA98	戈丬丶	责	GMU	丰贝丶
蕴	AXJL③	艹纟日皿	驵	CEGG③	马目一一	啧	KGMY③	口丰贝丶
	za			CGE98	马一目	帻	MHGM	门丨丰贝
匝	AMHK③	匚门丨川	奘	NHDD	乙丨丅大	笮	TTHF	竹丿丨二
咂	KAMH③	口匚门丨		UFDU98	丬士大丶		TTHF98	竹丿丨二
拶	RVQY③	扌巛夕丶	葬	AGQA③	艹一夕廾	舴	TETF	丿舟丿二
	RVQ98	扌巛夕					TUTF98	丿丬丿二
杂	VSU②	九木丶				簧	TGMU	竹丰贝丶
砸	DAMH	石匚门丨				赜	AHKM	匚丨口贝
						仄	DWI	厂人丶
						昃	JDWU③	日厂人丶

字	编码	字根	字	编码	字根	字	编码	字根
	JDWU98	日厂人冫	诈	YTHF③	讠⺊丨二	栈	SGT	木戈丿
zei				YTHF98	讠⺊丨二		SGA98	木一戈
贼	MADT	贝戈丿丿	咤	KPTA	口宀丿七	站	UHKG②	立⺊口一
zen			栅	SMMG③	木冂冂一		UHKG98	立⺊口一
				SMMG98	木冂冂一	绽	XPGH③	纟宀一⺊
怎	THFN	丿丨二心	炸	OTHF③	火丿⺊二	湛	IADN③	氵艹三乙
谮	YAQJ	讠匚儿日	痄	UTHF	疒丿⺊二		IDW98	氵甘八
zeng			蚱	JTHF	虫丿⺊二	蘸	ASGO	艹西一灬
增	FULJ②	土䒑罒日	榨	SPWF③	木宀八二	**zhang**		
憎	NULJ③	忄䒑罒日	**zhai**			章	UJJ	立早丨
缯	XULJ③	纟䒑罒日	摘	RUMD③	扌立冂古	张	XTAY②	弓丿七丶
罾	LULJ③	罒䒑罒日		RYUD98	扌㐌丷古		XTA98	弓丿七
锃	QKGG③	钅口王一	斋	YDMJ③	文厂冂丨	鄣	UJBH③	立早阝丨
甑	ULJN	䒑罒日乙	宅	PTAB③	宀丿七𠃌	嫜	VUJH	女立早丨
	ULJY98	䒑罒日丶	翟	NWYF	羽亻圭二	彰	UJET③	立早彡丿
赠	MULJ②	贝䒑罒日	窄	PWTF	宀八丿二	漳	IUJH③	氵立早丨
zha			债	WGMY	亻㇀贝丶	獐	QTUJ	犭丿立早
扎	RNN	扌乙乙	砦	HXDF	止匕石二	樟	SUJH③	木立早丨
揸	QTSG③	犭丿木一	寨	PFJS	宀二刂木	璋	GUJH③	王立早丨
	QTSG98	犭丿木一		PAWS98	宀艹八木	蟑	JUJH	虫立早丨
吒	KTAN	口丿七乙	瘵	UWFI③	疒癶二小	仉	WMN	亻几乙
哳	KRRH	口扌斤丨	**zhan**				WWN98	亻几乙
喳	KSJG③	口木日一	沾	IHKG③	氵⺊口一	涨	IXTY②	氵弓丿丶
揸	RSJG③	扌木日一	旃	YTMY	方𠂉冂丶	掌	IPKR	䃼冖口手
	RSJG98	扌木日一	詹	QDWY③	⺈厂八言	丈	DYI	𠂇丶氵
渣	ISJG	氵木日一	谵	YQDY	讠⺈厂言	仗	WDYY	亻𠂇丶丶
楂	SSJG③	木木日一	瞻	HQDY③	目⺈厂言	帐	MHTY③	冂丨丿丶
齄	THLG	丿目田一	斩	LRH②	车斤丨	杖	SDYY③	木𠂇丶丶
札	SNN	木乙乙	展	NAEI③	尸艹𧘇氵	胀	ETAY③	月丿七丶
轧	LNN	车乙乙	盏	GLF	戈皿二	账	MTAY③	贝丿七丶
闸	ULK	门甲川		GAL98	一戈皿	障	BUJH③	阝立早丨
铡	QMJH③	钅贝刂丨	崭	MLRJ②	山车斤丨	嶂	MUJH③	山立早丨
眨	HTPY③	目丿之丶	辗	LNAE③	车尸艹𧘇	幛	MHUJ	冂丨立早
砟	DTHF③	石丿⺊二	占	HKF②	⺊口二	瘴	UUJK	疒立早川
乍	THFD③	丿⺊二三	战	HKAT	⺊口戈丿	**zhao**		
				HKA98	⺊口戈	招	RVKG③	扌刀口一
						钊	QJH	钅刂丨

附录A 五笔字根速查表

昭	JVKG③	日刀口一	浙	IRRH③	氵斤斤丨	**zheng**		
啁	KMFK③	口门土口	蔗	AYAO③	艹广廿灬	征	TGHG③	彳一止一
找	RAT②	扌戈丿		AOA98③	艹广廿	争	QVHJ②	ク⇃丨
	RA98②	扌戈				怔	NGHG③	忄一止一
沼	IVKG③	氵刀口一	**zhen**			峥	MQVH	山ク⇃丨
召	VKF	刀口二	针	QFH	钅十丨	挣	RQVH	扌ク⇃丨
兆	IQV	丷儿巛	贞	HMU	卜贝丷		RQV98	扌ク⇃
	QII98	儿丷丶	侦	WHMY③	亻卜贝丶	狰	QTQH	犭丿ク丨
诏	YVKG③	讠刀口一	浈	IHMY③	氵卜贝丶	钲	QGHG	钅一止一
赵	FHQI③	土疋乂丶	珍	GWET②	王人彡丶	睁	HQVH	目ク⇃丨
	FHR98	土疋乂	真	FHWU②	十且八丷	铮	QQVH	钅ク⇃丨
笊	TRHY	⺮厂丨丶	砧	DHKG	石卜口一	筝	TQVH	⺮ク⇃丨
棹	SHJH③	木卜早丨	祯	PYHM	礻丶卜贝	蒸	ABIO	艹了丷灬
照	JVKO	日刀口灬	斟	ADWF	艹三八十	徵	TMGT	彳山一夂
罩	LHJJ③	罒卜早丨		DWNF98	三八乙十	拯	RBIG③	扌了丷一
肇	YNTH	丶尸夂丨	甄	SFGN	西土一乙	整	GKIH	一口小止
	YNTG98	丶尸夂一		SFGY98	西土一丶		SKT98③	木口夂
			蓁	ADWT	艹三人禾	正	GHD③	一止三
zhe			榛	SDWT	木三人禾	证	YGHG③	讠一止一
遮	YAOP	广廿灬辶	箴	TDGT	⺮戊一丿	诤	YQVH	讠ク⇃丨
	OAOP98	广廿灬辶	臻	TDGK98	丿戊一口	郑	UDBH③	丷大阝丨
蜇	RRJU③	扌斤虫丷	诊	GCFT	一厶土禾	帧	MHHM	门丨卜贝
折	RRH②	扌斤丨		YWET③	讠人彡丶	政	GHTY③	一止夂丶
哲	RRKF③	扌斤口二	枕	SPQN③	木冖儿乙			
辄	LBNN③	车耳乙乙	胗	EWET③	月人彡丶	**zhi**		
蛰	RVYJ	扌九丶虫	轸	LWET③	车人彡丶	之	PPPP②	之之之之
谪	YUMD③	讠立门古	畛	LWET	田人彡丶	支	FCU	十又丷
	YYUD98	讠丶立古	疹	UWEE③	疒人彡彡	汁	IFH	氵十丨
摺	RNRG	扌羽白一	缜	XFHW③	纟十且八	芝	APU②	艹之丷
磔	DQAS	石夕匚木	稹	TFHW	禾十且八	吱	KFCY③	口十又丶
	DQGS98	石夕丰木	圳	FKH	土川丨	枝	SFCY③	木十又丶
辙	LYCT③	车一厶夂	阵	BLH②	阝车丨	知	TDKG②	丿大口一
者	FTJF	土丿日二	振	RDFE③	扌厂二乀	织	XKWY③	纟口八丶
锗	QFTJ③	钅土丿日		RDFE98	扌厂二乀	肢	EFCY③	月十又丶
赭	FOFJ	土灬土日	朕	EUDY	月丷大丶	栀	SRGB	木厂一巴
褶	PUNR	衤丷羽白	赈	MDFE	贝厂二乀	祗	PYQY	礻丶一丶
这	YPI	文辶丷	镇	QFHW	钅十且八			
柘	SDG	木石一						

字	码	拆分	字	码	拆分	字	码	拆分
胝	EQAY③	月匚七、	制	RMHJ	𠂉门一刂	踵	KHRM	口止厂贝
脂	EXJG②	月匕日一		TGM98	𠂉一门			
蜘	JTDK	虫𠂉大口	帙	MHRW	冂丨𠂉人		**zhong**	
执	RVYY③	扌九、、		MHTG98	冂丨丿夫	忠	KHNU③	口丨心丷
侄	WGCF	亻一厶土	帜	MHKW	冂丨口八	中	KHK①	口丨丨
直	FHF②	十且二	治	ICKG③	氵厶口一		K98①	一级简码
值	WFHG	亻十且一	炙	QOU	夕火丷	盅	KHLF③	口丨皿二
埴	FFHG	土十且一	质	RFMI③	厂十贝氵	终	XTUY③	纟夂丷
职	BKWY②	耳口八、	郅	GCFB	一厶土阝	钟	QKHH	钅口丨丨
植	SFHG	木十且一	峙	MFFY③	山土寸丶	肿	TEKH③	丿舟口丨
殖	GQFH③	一夕十且	栉	SABH③	木艹卩丨		TUKH98	丿舟口丨
跖	KHDG	口止石一	陟	BHIT	阝止小丿	衷	YKHE	亠口丨𧘇
摭	RYAO③	扌广廿灬		BHH98	阝止少	螽	TUJJ	夂丷虫虫
	ROA98③	扌广廿灬	挚	RVYR	扌九、手	肿	EKHH②	月口丨丨
蹠	KHUB	口止丷耳	桎	SGCF	木一厶土		EKH98	月口丨
止	HHHG②	丨丨丨一	秩	TRWY③	禾𠂉人、	种	TKHH③	禾口丨丨
	HHG98③	卜丨一		TT98	禾丿	冢	PEYU③	冖豖丷
只	KWU②	口八丷	致	GCFT	一厶土攵		PGEY98	冖一豖、
旨	XJF②	匕日二	贽	RVYM	扌九、贝	踵	KHTF	口止丿土
址	FHG	土止一	轾	LGCF	车一厶土	仲	WKHH	亻口丨丨
纸	XQAN③	纟匚七乙	掷	RUDB	扌丷大阝	众	WWWU③	人人人丷
芷	AHF	艹止二	痔	UFFI	疒土寸氵			
祉	PYHG③	礻止一	窒	PWGF	宀八一土		**zhou**	
	PYHG98	礻止一	鸷	RVYG	扌九、一	舟	TEI	丿舟氵
咫	NYKW③	尸、口八	彘	XGXX	彐一匕匕		TUI98	丿舟氵
指	RXJG③	扌匕日一		XTDX98	彑丿大匕	州	YTYH	、丿、丨
枳	SKWY③	木口八、	智	TDKJ	𠂉大口日	诌	YQVG	讠⺈彐一
轵	LKWY③	车口八、	滞	IGKH	氵一川丨	周	MFKD③	冂土口三
趾	KHHG③	口止止一	痣	UFNI	疒士心氵	洲	IYTH	氵、丿丨
黹	OGUI	业一丷小	蛭	JGCF③	虫一厶土	粥	XOXN③	弓米弓乙
	OIU98③	业肖丷	鸷	BHIC	阝止小马	妯	VMG	女由一
酯	SGXJ③	西一匕日		BHHG98	阝止少一	轴	LMG②	车由一
至	GCFF③	一厶土二	稚	TWYG	禾亻圭		LM98	车由
志	FNU②	士心丷	置	LFHF	罒十且二	碡	DGXU②	石丰乙丷
忮	NFCY	忄十又、	雉	TDWY	𠂉大亻圭		DGX98	石丰乙
豸	EER	四豕	膣	EPWF	月宀八土	肘	EFY	月寸、
	ETY98	豕丿	觯	QEUF	夕用丷十	帚	VPMH③	彐冖门丨

纣	XFY	纟寸、	潴	IQTJ	氵丿日		TAW98③	艹工几
咒	KKMB③	口口几丷	橥	QTFS	丿丿土木	铸	QDTF③	钅三丿寸
	KKW98	口口几	竹	TTGH③	丿一丨	箸	TFTJ③	艹土丿日
宙	PMF②	宀由二		THT98	丿一丨	翥	FTJN	土丿日羽
绉	XQVG③	纟夕ヨ一	竺	TFF	艹二二	倬	WHJH	亻卜早丨
昼	NYJG③	尸乀日一	烛	OJY③	火虫丶			
胄	MEF	由月二	逐	EPI	豕辶丶		zhua	
荮	AXFU③	艹纟寸丶		GEP98	一豕辶	抓	RRHY	扌厂丨丶
酎	SGFY	西一寸丶	躅	TEMG	丿舟由一			
骤	CBCI③	马耳又水		UEYI③	疒豕丶		zhuai	
	CGB98	马一耳		UGEY98	疒一豕丶	拽	RJXT③	扌日匕丿
籀	TRQL	艹扌夕田	躅	KHLJ	口止罒虫		RJN98③	扌日乙
			主	YGD②	丶王三			
zhu			拄	RYGG③	扌丶王一		zhuan	
朱	RII②	二小丶	渚	IFTJ③	氵土丿日	专	FNYI③	二乙、丶
	TFI98	丿未丶	煮	FTJO	土丿日灬	砖	DFNY	石二乙、
侏	WRIY③	亻二小丶	嘱	KNTY③	口尸丿丶	颛	MDMM	山厂冂贝
	WTFY98	亻丿未丶	麈	YNJG	广コ丨王	转	LFNY③	车二乙、
诛	YRIY③	讠二小丶		OXXG98	卢匕匕一	啭	KLFY	口车二、
	YTFY98	讠丿未丶	瞩	HNTY③	目尸丿丶	赚	MUVO③	贝丷ヨ小
邾	RIBH③	二小阝丨	伫	WPGG③	亻宀一一		MUV98③	贝丷ヨ八
	TFBH98	丿未阝丨	住	WYGG	亻丶王一	撰	RNNW	扌巳巳八
洙	IRIY③	氵二小丶	助	EGLN③	月一力乙	篆	TXEU③	艹彑豕
	ITFY98	氵丿未丶		EGE98	月一力	馔	QNNW	勹乙巳八
茱	ARIU③	艹二小丶	杼	SCBH③	木マ卩丨			
	ATFU98	艹丿未丶		SCNH98	木マ乙丨		zhuang	
株	SRIY③	木二小丶	注	IYGG③	氵丶王一	庄	YFD③	广土三
	STF98	木丿未		IYG98③	氵丶王一		OF98②	广土
珠	GRIY②	王二小丶	贮	MPGG③	贝宀一一	妆	UVG②	丬女一
	GTF98	王丿未	驻	CYGG③	马丶王一	桩	SYFG③	木广土一
诸	YFTJ	讠土丿日		CGYG98	马一丶王		SOF98	木广土
猪	QTFJ	犭土丿日	炷	OYGG③	火丶王一	装	UFYE③	丬士一
铢	QRIY③	钅二小丶	祝	PYKQ③	礻丶口儿	壮	UFG③	丬士一
	QTFY98	钅丿未丶	疰	UYGD③	疒丶王三	状	UDY③	丬犬丶
蛛	JRIY③	虫二小丶	著	AFTJ③	艹土丿日	撞	RUJF③	扌立日土
	JTF98	虫丿未	蛀	JYGG③	虫丶王一			
槠	SYFJ	木讠土日	筑	TAMY③	艹工几丶		zhui	
						追	WNNP	亻乛乛辶

	TNP98③	丿目辶		GGE98	王一豕	怂	UQWN	冫勹人心
骓	CWYG	马亻圭一	禚	PYUO	礻丷灬	渍	IGMY③	氵圭贝丶
	CGWY98	马一亻圭	擢	RNWY	扌羽亻圭	眦	HHXN③	目止匕乙
椎	SWYG③	木亻圭一	濯	INWY③	氵羽亻圭			
锥	QWYG③	钅亻圭一	镯	QLQJ	钅罒勹虫	**zong**		
坠	BWFF	阝人土二				宗	PFIU③	宀二小冫
缀	XCCC③	纟又又又	**zi**			综	XPFI③	纟宀二小
惴	NMDJ	忄山厂刂				棕	SPFI③	木宀二小
赘	GQTM	圭勹攵贝	资	UQWM	冫勹人贝	腙	EPFI	月宀二小
			呲	KHXN	口止匕乙	踪	KHPI③	口止宀小
zhun			仔	WBG	亻子一	鬃	DEPI③	镸彡宀小
谆	YYBG	讠亩子一	孜	BTY	子攵丶	总	UKNU③	丷口心冫
肫	EGBN③	月一凵乙	兹	UXXU③	丷幺幺冫	偬	WQRN	亻勹⺈心
准	UWYG③	冫亻圭一	咨	UQWK	冫勹人口	纵	XWWY③	纟人人丶
	UWYG98	冫亻圭一	姿	UQWV	冫勹人女	粽	OPFI	米宀二小
			淄	IVLG③	氵巛田一			
zhuo			缁	XVLG③	纟巛田一	**zou**		
捉	RKHY③	扌口止丶	谘	YUQK③	讠冫勹口	邹	QVBH③	⺈彐阝丨
焯	OHJH③	火卜早丨	嵫	MUXX③	山丷幺幺	驺	CQVG③	马⺈彐一
卓	HJJ	卜早刂	滋	IUXX③	氵丷幺幺		CGQV98	马一⺈彐
拙	RBMH③	扌凵山丨	粢	UQWO	冫勹人米	诹	YBCY③	讠耳又丶
倬	WHJH③	亻卜早丨	辎	LVLG③	车巛田一	陬	BBCY③	阝耳又丶
着	UDHF③	丷𦍌目二	觜	HXQE③	止匕⺈用	鄹	BCTB	耳又丿阝
	UH98②	𦍌目	赵	FHUW	土走冫人		BCIB98	耳又氵阝
桌	HJSU③	卜日木冫	锱	QVLG③	钅巛田一	鲰	QGBC	鱼一耳又
涿	IEYY	氵豕丶	眦	HWBX	止山人匕	走	FHU	土走冫
	IGEY98	氵一豕丶	髭	DEHX③	镸彡止匕	奏	DWGD③	三人一大
灼	OQYY	火勹丶丶	籽	OBG②	米子一		DWGD98	三人一大
茁	ABMJ③	艹凵山刂	子	BBBB②	子子子子	揍	RDWD	扌三人大
斫	DRH	石斤丨	姊	VTNT	女丿乙丿			
浊	IJY②	氵虫丶	秭	TTNT	禾丿乙丿	**zu**		
浞	IKHY	氵口止丶	笫	TTNT	𥫗丿乙丿	租	TEGG③	禾月一一
诼	YEYY③	讠豕丶丶	梓	SUH	木辛丨	菹	AIEG③	艹氵月一
	YGEY98	讠一豕丶	紫	HXXI③	止匕幺小	足	KHU	口止冫
酌	SGQY③	酉一勹丶	滓	IPUH③	氵宀丷辛	卒	YWWF	亠人人十
	SGQ	酉一勹	訾	HXYF	止匕言二	族	YTTD③	方⸃丿大
琢	GEYY	王豕丶丶	字	PBF②	宀子二	诅	YEGG③	讠月一一
			自	THD	丿目三			

附录A 五笔字根速查表

阻	BEGG	阝月一一	嘴	KHXE③	口止匕用		JTHF98③	日𠂇丨二
组	XEGG③	纟月一一	罪	LDJD③	罒三刂三	嘬	KJBC③	口日耳又
俎	WWEG	人人月一		LHD98③	罒丨三三	左	DAF②	ナ工二
祖	PYEG③	礻月一	蕞	AJBC③	艹日耳又	佐	WDAG③	亻ナ工一
阼	BTHF③	阝𠂇丨二	醉	SGYF③	西一亠十	作	WTHF②	亻𠂇丨二
				SGYF98	西一亠十		WTHF98	亻𠂇丨二
zuan						坐	WWFF③	人人土二
钻	QHKG③	钅卜口一	**zun**			怍	NTHF③	忄𠂇丨二
躜	KHTM	口止丿贝	尊	USGF③	丷西一寸		NTHF98	忄𠂇丨二
缵	XTFM	纟丿土贝	遵	USGP	丷西一辶	柞	STHF③	木𠂇丨二
纂	THDI	𥫗目大小	鳟	QGUF	鱼一丷寸	祚	PYTF③	礻丿𠂇二
攥	RTHI	扌𥫗目小	撙	RUSF③	扌丷西寸	唑	KWWF③	口人人土
						座	YWWF③	广人人土
zui			**zuo**				OWW98	广人人
最	JBCU②	曰耳又丷	昨	JTHF②	日𠂇丨二			

反侵权盗版声明

电子工业出版社依法对本作品享有专有出版权。任何未经权利人书面许可，复制、销售或通过信息网络传播本作品的行为；歪曲、篡改、剽窃本作品的行为，均违反《中华人民共和国著作权法》，其行为人应承担相应的民事责任和行政责任，构成犯罪的，将被依法追究刑事责任。

为了维护市场秩序，保护权利人的合法权益，我社将依法查处和打击侵权盗版的单位和个人。欢迎社会各界人士积极举报侵权盗版行为，本社将奖励举报有功人员，并保证举报人的信息不被泄露。

举报电话：（010）88254396；（010）88258888

传　　真：（010）88254397

E-mail: dbqq@phei.com.cn

通信地址：北京市万寿路173信箱　电子工业出版社总编办公室

邮　　编：100036